応用解析の基礎

大野博道・加藤幹雄・河邊 淳
鈴木章斗
共著

培風館

まえがき

多くの理工系の大学や高等専門学校では，微分積分学と線形代数学を学んだ後に，専門科目への橋渡しとして，微分方程式，ラプラス変換，フーリエ解析，ベクトル解析，複素関数の5単元，あるいはその中の一部からなる応用解析を履修するカリキュラムを設定している．しかし，これら応用解析の多岐にわたる学習内容の中から必須事項を精選し，それらをすべて網羅したうえで，その全体像を1冊の教科書として俯瞰できる成書は意外と少ない．そのため，学生は，微分方程式を学ぶには微分方程式の教科書，ラプラス変換やフーリエ解析を学ぶには，また別の教科書というように，記号や用語も，難易度も，執筆方針も違う別々の教科書を使用し，各単元相互の関係もわからずに学ばざるを得ない．意外に思うかもしれないが，こんな些細なことでも，昨今の学生にとっては，数学を学ぶ際の1つの障害になっている．そこで，上記5単元からなる応用解析の学習内容を1冊の教科書としてまとめ，それを学ぶ学生の障害を少しでも取り除くことができないかと考えたのが，本書を執筆した動機である．

本書の執筆にあたり，まず下記の基本方針を定めた．

- 内容を論理的に正しく理解するのに必要な最低限の定義・定理・公式を精選し，それらを適切な順序で配置する．
- 定義・定理・公式の導出過程の説明には十分に注意を払い，内容を精選したとしても，決して公式集や問題集と似たものにならないようにする．
- 本書1冊で応用解析の学習内容のおおよその全体像が俯瞰できるようにする．
- 精選した内容さえ確実に理解していれば，その他の関連する知識は，他の成書を参考にして，自ら学ぶことができる力が身につくようにする．

この基本方針に基づき，理工系の学生が各自の専門科目を学ぶ際に，真に必要な応用解析の知識と問題解法の技法は何かを著者たちで何度も議論し，取捨選択する題材を詳細に検討することにより，「微分方程式」，「ラプラス変換」，「フーリエ解析」，「ベクトル解析」，「複素関数」の内容を，1冊の教科書にまとめ上げたのが本書である．

本書のもう１つの特長は，豊富な例や例題と演習問題が盛り込まれていることである．スポーツは，ルールを覚えたり，上達本を読んだだけでは上手にはならない．それと同様に，数学も，教科書に書かれている定義や公式を丸暗記しただけでは，内容を理解することはできない．そのため，限りある紙数の中で，あえてできるだけ多くの例題や演習問題を盛り込んだ．これらは，定義や公式の説明の直後に配置されているので，読者自らが必ずペンをとり，丁寧に解くことを心がけてもらいたい．そうすることで，定義や公式が意味する内容をより深く理解し，それらを確実に身につけることができると確信している．

終わりに，本書の出版に尽力された培風館および関係者の方々に感謝の意を表したい．

2013 年 5 月

著　者

目　　次

1
微分方程式

微分方程式は，ニュートン力学の問題や，流体，重力場，電磁場などの場に関する物理法則を記述する基礎方程式として誕生した．17 世紀から 18 世紀にかけては，微分方程式の解を具体的に求めることに，研究の焦点が当てられていた．しかし，19 世紀になると，必ずしも具体的な解を求めることができない重要な微分方程式が数多く存在することが認識され，現在では，解の存在と一意性や，解のもつ定性的な性質の解明に，研究の重点が移っている．

自然現象や工学的現象，さらには社会現象などを数理的に解明するには，具体的な現象を微分方程式を用いて近似し，その解の性質を調べることで，現象そのものの性質を理解するのが，1 つの有効な方法である．この章では，自然現象や工学的現象などで出現する重要な微分方程式の解を，具体的に求める標準的な方法を解説する．

1.1 微分方程式と解

変数 x の関数 $y = y(x)$ と，その何階かの導関数を含む方程式を，**常微分方程式**という．たとえば

$$y' = \sin x + 1 \tag{1.1}$$

$$y' = 2(1-y)y \tag{1.2}$$

$$y' - 3xy + xy^2 = -2x \tag{1.3}$$

$$y'' - 3(1-y^2)y' + y = 0 \tag{1.4}$$

などは常微分方程式である．(1.2) は**ロジスティック方程式**で，数理生態学や学習理論における現象をモデル化する際に出現する．(1.3) は**リッカチの微分方程式**とよばれ，制御理論で重要な方程式の 1 つである．また，(1.4) は**ファン・デル・ポル方程式**の特殊な場合で，真空管を含む電気回路の研究や地震学における断層のモデル化に利用されている．

常微分方程式に対して，2 つ以上の変数の関数と，その 1 階あるいは高階の偏導関数を含む方程式を**偏微分方程式**という．たとえば，2 変数関数 $u(x, y)$ に関する方程式

$$\frac{\partial^2 u}{\partial x^2} + \frac{\partial^2 u}{\partial y^2} = 0 \tag{1.5}$$

$$\frac{\partial^4 u}{\partial x^4} + 2\frac{\partial^4 u}{\partial x^2 \partial y^2} + \frac{\partial^4 u}{\partial y^4} = 0 \tag{1.6}$$

や，3 変数関数 $u(x, y, t)$ に関する方程式

$$\frac{\partial^2 u}{\partial t^2} = c^2 \left(\frac{\partial^2 u}{\partial x^2} + \frac{\partial^2 u}{\partial y^2} \right) \quad (c \text{ は定数}) \tag{1.7}$$

は偏微分方程式である．(1.5) は温度分布の定常状態を求める際に利用され，**2 次元ラプラス方程式**とよばれる．(1.6) はビルや橋で使われる梁などの弾性板のたわみを計算するときに出現する．また，(1.7) は **2 次元波動方程式**とよばれ，太鼓の皮のような膜の振動を記述する方程式である．

この他，2 つ以上の関数を含む微分方程式の系，すなわち，**連立微分方程式**としてモデル化される現象もある．たとえば，連結振り子やループをもつ電気回路など，一般に相互作用をもつ現象は，2 つの未知関数 y_1，y_2 に関する

$$\begin{cases} y_1'' = -y_1 + 2(y_2 - y_1) \\ y_2'' = -2(y_2 - y_1) \end{cases}$$

のような連立微分方程式で記述される．

常微分方程式に含まれる導関数の最高の階数が n のとき，その微分方程式の**階数**は n であるという．たとえば，(1.1)，(1.2)，(1.3) は 1 階，(1.4) は 2 階の常微分方程式である．同様に，偏微分方程式に含まれる偏導関数の最高階が n のとき，**n 階偏微分方程式**という．(1.5) と (1.7) は 2 階，(1.6) は 4 階の偏微分方程式である．

本書では主に常微分方程式を取り扱い，偏微分方程式は 2 章と 3 章の一部でしか登場しない．そこで，以下では，常微分方程式のことを微分方程式または単に方程式という．

微分方程式を満たす x と y の関係式をその**解**という．微分方程式は常に解をもつとは限らない．たとえば

$$|y'| = -1$$

は解をもたないし

$$(y')^2 + y^2 = 0$$

の解は $y = 0$ だけである．しかし，多くの場合，微分方程式は無限に多くの解をもつ．そこで，微分方程式を満たすすべての解を求めることを，微分方程式を**解く**という．

微分方程式の解は，必ずしも

$$y = y(x)$$

のように陽関数の形で表す必要はない．陰関数

$$\varphi(x, y) = 0$$

の形で表したり，媒介変数 t を用いて，媒介変数表示

$$x = x(t), \quad y = y(t)$$

の形で表してもよい．微分方程式の解のこのような表現方法を，それぞれ，**陽関数表示**，**陰関数表示**，**媒介変数表示**という．

例題 1.1.1　次の (1)–(4) について，左の関数が右の微分方程式の解になっていることを確かめよ．また，その解の表現が，陽関数表示か，陰関数表示か，媒介変数表示かを答えよ．

(1)　$y = e^x(\sin x + \cos x)$　　　$y'' - 2y' + 2y = 0$

(2)　$\sin y - x^2 + 1 = 0$　　　$y' = \dfrac{2x}{\cos y}$

(3)　$\begin{cases} x = t - \sin t \\ y = 1 - \cos t \end{cases}$　　　$y'' + \dfrac{1}{y^2} = 0$

(4)　$\begin{cases} y = e^x + e^{-2x} \\ z = e^x + 4e^{-2x} \end{cases}$　　　$\begin{cases} y' = 2y - z \\ z' = 4y - 3z \end{cases}$

解　(1)　左の式を x で微分すると

$$y' = e^x(\sin x + \cos x) + e^x(\cos x - \sin x) = 2e^x \cos x$$

$$y'' = 2e^x \cos x - 2e^x \sin x$$

である．よって

$$\begin{aligned}y''-2y'+2y &= (2e^x\cos x-2e^x\sin x)-2(2e^x\cos x)\\ &\quad +2e^x(\sin x+\cos x)\\ &=0\end{aligned}$$

となり，左の式は陽関数表示解である．

(2) 左の式の両辺を x で微分すると，合成関数の微分法より

$$y'\cos y-2x=0$$

となるので，左の式は陰関数表示解である．

(3) x，y を，それぞれ t で微分すると

$$\frac{dx}{dt}=1-\cos t,\quad \frac{dy}{dt}=\sin t$$

となる．よって，微分法の公式より

$$\begin{aligned}\frac{dy}{dx} &= \frac{dy}{dt}\Big/\frac{dx}{dt}=\frac{\sin t}{1-\cos t}\\ \frac{d^2y}{dx^2} &= \frac{d}{dt}\left(\frac{dy}{dx}\right)\Big/\frac{dx}{dt}=\frac{\cos t(1-\cos t)-\sin^2 t}{(1-\cos t)^2}\cdot\frac{1}{1-\cos t}\\ &= -\frac{1}{(1-\cos t)^2}=-\frac{1}{y^2}\end{aligned}$$

となる．よって，左の式は媒介変数表示解である．

(4) $y'=e^x-2e^{-2x}$，$z'=e^x-8e^{-2x}$ なので

$$\begin{aligned}y'-2y+z &= (e^x-2e^{-2x})-2(e^x+e^{-2x})+(e^x+4e^{-2x})=0\\ z'-4y+3z &= (e^x-8e^{-2x})-4(e^x+e^{-2x})+3(e^x+4e^{-2x})=0\end{aligned}$$

となる．よって，左の式は陽関数表示解である． □

一般に，n 階微分方程式に対して，n 個の**任意定数**を含む解があるとき，その解を**一般解**といい，一般解のすべての任意定数に特定の値を代入して得られる解を**特殊解**という．特に，「$x=x_0$ のとき $y=y_0$」などの条件を満たす特殊解を求める問題を**初期値問題**，与えられた条件を**初期条件**という．

例題 1.1.2 $y=x^2+c_1x\log x+c_2x$ (c_1, c_2 は任意定数) は，$x^2y''-xy'+y=x^2$ の一般解であることを示せ．また，$x=1$ のとき $y=y'=1$ となる特殊解を求めよ．

解　$y = x^2 + c_1 x \log x + c_2 x$ を微分すると

$$y' = 2x + c_1(\log x + 1) + c_2, \quad y'' = 2 + \frac{c_1}{x}$$

となる．よって

$$\begin{aligned} x^2 y'' - xy' + y &= x^2\left(2 + \frac{c_1}{x}\right) - x\{2x + c_1(\log x + 1) + c_2\} \\ &\qquad + (x^2 + c_1 x \log x + c_2 x) \\ &= x^2 \end{aligned}$$

を得る．ゆえに，$y = x^2 + c_1 x \log x + c_2 x$ は与えられた微分方程式の解であり，2 つの任意定数を含んでいるので，一般解である．

次に初期条件より

$$1 + c_2 = 1, \quad 2 + c_1 + c_2 = 1$$

が成り立つ．これを解くと，$c_1 = -1$，$c_2 = 0$ となるので，初期条件を満たす特殊解は $y = x^2 - x \log x$ である．　□

一般解に含まれる任意定数は，本当に任意の値をとることができる場合もあるが，解が意味をもたなくなることを避けるために，取り得る値の範囲に制限がつく場合もある．たとえば

$$(1 + x^2)(1 + y^2) = c^2 x^2 \quad (c \text{ は任意定数})$$

は 1 階微分方程式

$$xy(1 + x^2)y' = 1 + y^2$$

の一般解であるが，この解が意味をもつためには，$|c| > 1$ が必要である．

微分方程式の中には，一般解の任意定数にどんな値を代入しても得られない解が存在することがあり，それを**特異解**という．たとえば，微分方程式

$$y^2(y')^2 + y^2 = 1$$

は，一般解 $(x - c)^2 + y^2 = 1$ （c は任意定数) の他に，特異解 $y = 1$，$y = -1$ をもつ (図 1.1)．しかし，自然現象や工学現象の解明を目的として微分方程式を解く際には，特殊な現象を取り扱う場合を除けば，特異解は重要な意味をもたないことも多い．また，微分方程式を初めて学ぶ学習者にとっては，特異解の存在に気を取られるのは，あまり得策とはいえない．そこで，本書では特異解については取り扱わないこととする．

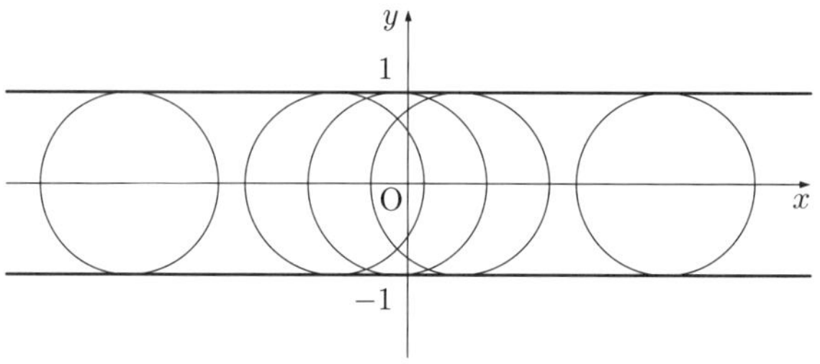

図 1.1 微分方程式 $y^2(y')^2+y^2=1$ の特異解

微分方程式は，ほとんどの場合，自然現象，工学現象，社会現象の数学的モデルを記述する際に出現する．一方，任意定数を含む x，y の関係式を何回か微分した式から任意定数を消去すると，その関係式を一般解にもつ微分方程式を導出することができる．実際，n 個の任意定数 c_1，c_2，$\cdots$，c_n を含む x，y の関係式

$$\varphi(x, y, c_1, c_2, \cdots, c_n)=0 \tag{1.8}$$

が与えられたとする．これを x について n 回微分して得られる n 個の式と，もとの式 (1.8) から，c_1，c_2，$\cdots$，c_n を消去すると，(1.8) を一般解にもつ n 階微分方程式

$$F(x, y, y', y'', \cdots, y^{(n)})=0 \tag{1.9}$$

が得られる．こうして得られた微分方程式 (1.9) は，もとの式 (1.8) がもつ共通の性質を表していると考えてよい．

例題 1.1.3 円の方程式の一般形 $x^2+y^2+2c_1x+2c_2y+c_3=0$ (c_1，c_2，c_3 は任意定数) から導かれる微分方程式を求め，円が共通してもつ性質を調べよ．

解 与式の両辺を x で続けて 3 回微分すると

$$x+yy'+c_1+c_2y'=0$$
$$1+(y')^2+yy''+c_2y''=0$$
$$3y'y''+yy'''+c_2y'''=0$$

となる．最後の 2 式から c_2 を消去すれば，3 階微分方程式

$$\{1+(y')^2\}y'''-3y'(y'')^2=0$$

が得られる．この式を変形すると

$$\frac{d}{dx}\left[\frac{\{1+(y')^2\}^{\frac{3}{2}}}{y''}\right]=0$$

となるが，これは曲率半径が一定という円のもつ幾何的性質を示している．　□

問題 1.1

1.　次の微分方程式を，常微分方程式と偏微分方程式に分け，その階数を示せ．

(1)　$\log y' + 6xy' = \sin x$　　(2)　$\dfrac{\partial u}{\partial x} = 4\dfrac{\partial^2 u}{\partial y^2}$

(3)　$x\dfrac{\partial u}{\partial x} = (2x+y)\dfrac{\partial u}{\partial y}$　　(4)　$(y'')^4 + y''' + y = 0$

(5)　$y' + \sqrt{(y'')^2+4} = x$　　(6)　$\dfrac{\partial^2 u}{\partial x^2} + 3\dfrac{\partial^4 u}{\partial y^4} = 0$

2.　次の微分方程式に対して，与えられた関数が解であることを示せ．また，かっこ内の初期条件を満たす特殊解を求めよ．ただし，c，c_1，c_2 は任意定数，t は媒介変数とする．

(1)　$y' + y\tan x = 0, \quad y = c\cos x \quad (y(0)=1)$

(2)　$y' + \tan y = \dfrac{x}{\cos y}, \quad \sin y = x - 1 + ce^{-x} \quad \left(y(0) = \dfrac{\pi}{6}\right)$

(3)　$y = x(y')^2 - (y')^2, \quad \begin{cases} x = 1 + \dfrac{c}{(t-1)^2} \\ y = \dfrac{ct^2}{(t-1)^2} \end{cases} \quad (x=0 \text{ のとき } y=0)$

(4)　$y'' - y = 0, \quad y = c_1e^x + c_2e^{-x} \quad (y(0)=0,\ y(1)=1)$

3.　与えられた関数を一般解にもつ微分方程式を求めよ．ただし，c，c_1，c_2 は任意定数とする．

(1)　$cy = x + \dfrac{c^2}{2}$　　(2)　$y = x\tan(x+c)$

(3)　$y = x^c$　　(4)　$y = c_1e^x + c_2xe^{2x}$

(5)　$y = \dfrac{1}{c_1x + c_2} + 1$　　(6)　$c_1x^2 + c_2y^2 = 1$

1.2 微分方程式の求積解法

この節では，与えられた微分方程式の解の存在を仮定したうえで，その解を，有限回の式変形，変数変換，不定積分で見いだす標準的な方法を学ぶ．この方法は**求積法**とよばれ，微分方程式の初等的解法として非常に重要である．

具体的な解法に話を進める前に，求積解法を用いて微分方程式を解く際の基本的な考え方を説明する．求積解法は，次の 3 つの手順を踏んで行う．

1. **解の候補の発見**: 計算途中の式変形，変数変換，不定積分は形式的に行い，とにかく解の候補を発見する．たとえば，導関数 $\dfrac{dy}{dx}$ は，dy を dx で割った分数と考えて変形する．また，y で割るときに，$y \neq 0$ だとか，$\sqrt{x}$ や，$\log z$ を考えるときに，$x \geqq 0$ や $z > 0$ とするとかは，いちいち考慮しない．また，$\dfrac{f'(x)}{f(x)}$ の積分は本来は $\log|f(x)|$ だが，$\log f(x)$ として計算し，最終段階で，必要に応じて log の真数に絶対値をつけたものを解の候補とすればよい．もちろん $\log|f(x)|$ として計算してもよい．
2. **検算**: 発見した解の候補が与えられた微分方程式を満たすことを確認する．
3. **解の吟味**: 検算の過程で，解の定義域や，任意定数の取り得る値の範囲など，解の性質を詳細に吟味する．場合によっては，特異解の存在についても注意する必要がある．

本書で解説する求積法の標準的手法に従って発見された解の候補は，すべて与えられた微分方程式を満たし，一般解となる．また，解の吟味は，特異解に関する議論を除けば，微分方程式の解法それ自身とは別な作業である．そこで，以下の求積解法では，これら検算と解の吟味の作業については省略する．

1.2.1 変数分離形

一般に，$p(x)$，$q(y)$ を，それぞれ x，y の関数とするとき

$$\frac{dy}{dx} = p(x)q(y)$$

の形の微分方程式を (x と y についての) **変数分離形**という．この形の微分方程式は次のように解く．

まず両辺を $q(y)$ で割ると

$$\frac{1}{q(y)}\frac{dy}{dx} = p(x)$$

となる．次に，上式の両辺を x で積分すれば

$$\int \frac{1}{q(y)}dy = \int p(x)dx + c \quad (c\text{ は任意定数})$$

となり，一般解が求まる．

変数分離形の方程式は，次のような形式的な計算で解くことが多い．まず，左辺に y だけに関する部分，右辺に x だけに関する部分が集まるように

$$\frac{1}{q(y)}dy = p(x)dx$$

と形式的に変形し，変数を分離する．次に，両辺をやはり形式的に積分して，一般解

$$\int \frac{dy}{q(y)} = \int p(x)dx + c \quad (c\text{ は任意定数})$$

を求める．

例題 1.2.1　$y' \sin x = y \cos x$ の一般解を求めよ．

解　変数を分離すると，$\dfrac{1}{y}dy = \dfrac{\cos x}{\sin x}dx$ となる．両辺を積分して

$$\int \frac{dy}{y} = \int \frac{\cos x}{\sin x}dx + c$$

$$\therefore \quad \log y = \log \sin x + c = \log e^c \sin x \qquad \therefore \quad y = e^c \sin x$$

ここで，e^c を新たに任意定数 c で置き換えて，一般解 $y = c\sin x$ を得る．　□

先に進む前に，これ以降ひんぱんに登場する "e^c を新たに任意定数 c で置き換える" などの言い回しについて説明しておく．これは，関数 $y = e^c \sin x$ の定数部分 e^c を新たな定数 c で置き換えた関数 $y = c\sin x$ を考えると，任意の c の値に対して，与えられた微分方程式の解となるので (検算)，そうするという意味である．

例題 1.2.2　$y' = (x-y)^2$ の一般解を求めよ．

解　この形のままでは変数分離形ではない．しかし，$u = x - y$ と変数変換すると

$$\frac{du}{dx} = 1 - \frac{dy}{dx} \qquad \therefore \quad \frac{du}{dx} = 1 - u^2$$

となり，x と u についての変数分離形に変形できる．よって

$$\int \frac{du}{1-u^2} = \int dx + c \quad \therefore \quad \frac{1}{2}\log\frac{1+u}{1-u} = x + c \quad \therefore \quad \frac{1+u}{1-u} = e^{2c}e^{2x}$$

となる．ここで，e^{2c} を新たに任意定数 c で置き換えれば，一般解

$$\frac{1+x-y}{1-x+y} = ce^{2x} \qquad \therefore \quad y = \frac{1+x+c(x-1)e^{2x}}{1+ce^{2x}}$$

が得られる. □

問題 1.2.1

1. 次の微分方程式の一般解を求めよ.

(1) $xy' + y + 1 = 0$　　(2) $(y+1)y' + x = 1$

(3) $y' = (\tan y)(\tan x)$　　(4) $xy(1+x^2)y' = 1 + y^2$

(5) $(1+x)y + 2(1-y)xy' = 0$　　(6) $yy' = xe^{x^2+y^2}$

(7) $(1-x^2)y' + (1-y^2) = 0$　　(8) $y' + \sqrt{\dfrac{1-y^2}{1-x^2}} = 0$

2. かっこ内の変数変換を用いて, 次の微分方程式の一般解を求めよ.

(1) $y' = (y-x)^2 \quad (u = y - x)$

(2) $y' = (x + e^y - 1)e^{-y} \quad (u = x + e^y)$

(3) $(1-xy)y' = y^2 \quad (u = xy)$

(4) $y' = 1 + (x-y)\tan x \quad (u = x - y)$

3. a, b, c は定数で $b \neq 0$ とする. 変数変換 $u = ax + by + c$ により, 微分方程式 $y' = f(ax+by+c)$ は, x と u について変数分離形となることを示せ.

4. 次の (1)–(4) のそれぞれについて, 与えられた性質をもつ xy 平面上の曲線をすべて求めよ.

(1) 接線がすべて原点を通る.

(2) 法線がすべて原点を通る.

(3) 曲線上の任意の点 $\mathrm{P}(x,y)$ における接線と法線が x 軸と交わる点が, 点 P から等しい距離にある.

(4) 曲線上の任意の点 $\mathrm{P}(x,y)$ における接線を x 軸と y 軸で区切った線分は, その接点で 2 等分される.

1.2.2 同 次 形

一般に, $F(t)$ を 1 変数関数とするとき

$$\frac{dy}{dx} = F\left(\frac{y}{x}\right) \tag{1.10}$$

の形の微分方程式を**同次形**という. 同次形の微分方程式を解くには, 変数変換

$$v = \frac{y}{x} \quad \text{すなわち} \quad y = xv$$

を行う．y と v は x の関数なので，積の微分法より

$$\frac{dy}{dx} = \frac{d}{dx}(xv) = v + x\frac{dv}{dx}$$

となる．これらの式を (1.10) に代入すると，x と v について変数分離形の微分方程式

$$\frac{dv}{dx} = \frac{1}{x}\{F(v) - v\}$$

が得られる．これを解いた式に $v = y/x$ を代入すれば，(1.10) の一般解が求まる．

例題 1.2.3 $y' = \dfrac{2xy}{x^2 - y^2}$ の一般解を求めよ．

解 与式は

$$\frac{dy}{dx} = \frac{2\left(\dfrac{y}{x}\right)}{1 - \left(\dfrac{y}{x}\right)^2}$$

と表せるので同次形である．そこで，$v = y/x$ とおくと

$$v + x\frac{dv}{dx} = \frac{2v}{1 - v^2} \qquad \therefore \quad x\frac{dv}{dx} = \frac{v^3 + v}{1 - v^2}$$

となる．これは x と v について変数分離形なので，変数を分離し，両辺を積分すると

$$\int \left(\frac{2v}{v^2 + 1} - \frac{1}{v} \right) dv = -\int \frac{dx}{x} + c$$

$$\therefore \quad \log(v^2 + 1) - \log v = -\log x + c \qquad \therefore \quad x\left(\frac{v^2 + 1}{v}\right) = e^c$$

となる．この式に $v = y/x$ を代入して，e^c を新たに任意定数 c で置き換えれば，一般解 $x^2 + y^2 = cy$ が得られる． □

例題 1.2.4 $y' = \dfrac{x - y - 1}{x - 2y - 1}$ の一般解を求めよ．

解 与式の右辺の分母，分子の 1 次式の定数部分がともに 0 であれば同次形となることに着目する．そこで，2 直線

$$x - y - 1 = 0, \quad x - 2y - 1 = 0$$

の交点 $(x, y) = (1, 0)$ が新たな座標系の原点となるように，座標軸の平行移動 $x = p + 1$，$y = q$ を行う．このとき，$dx = dp$，$dy = dq$ なので，与式は同次形

$$\frac{dq}{dp} = \frac{p-q}{p-2q}$$

に変形できる．$v = q/p$ とおくと，$\dfrac{dq}{dp} = v + p\dfrac{dv}{dp}$ となる．これらを上式に代入すると

$$v + p\frac{dv}{dp} = \frac{1-v}{1-2v} \quad \therefore \quad \frac{2v-1}{2v^2-2v+1}dv = -\frac{dp}{p}$$

$$\therefore \quad \frac{1}{2}\log(2v^2-2v+1) = -\log p + c \qquad \therefore \quad 2v^2-2v+1 = \frac{e^{2c}}{p^2}$$

$$\therefore \quad p^2 - 2pq + 2q^2 = e^{2c}$$

となる．そこで，上式に $p = x-1$，$q = y$ を代入し，e^{2c} を新たに任意定数 c で置き換えれば，一般解 $(x-1)^2 - 2(x-1)y + 2y^2 = c$ が求まる．　□

問題 1.2.2

1. 次の微分方程式の一般解を求めよ．

(1) $(x^2+y^2)y' = 2xy$　　(2) $xyy' = y^2 - x^2$

(3) $(x-y)y' + x + y = 0$　　(4) $xy' = y + x\tan\dfrac{y}{x}$

(5) $x^2y' = y^2 + xy + x^2$　　(6) $xy' = y + \sqrt{x^2+y^2}$

2. 次の微分方程式の一般解を求めよ．

(1) $y' = \dfrac{2x-y-1}{x-2y+3}$　　(2) $y' = \dfrac{6x-2y-3}{2x+2y-1}$

3. 2つの曲線の交点において，その点における各曲線の接線が直交するとき，その2曲線は**直交する**という．2つの曲線族 $\mathcal{C}_1$ と $\mathcal{C}_2$ は，$\mathcal{C}_1$ に属するどの曲線も，$\mathcal{C}_2$ に属するすべての曲線と直交するとき，互いに**直交曲線族**であるという．任意定数 c を含む関係式 $\Phi(x,y,c) = 0$ で定まる曲線族 $\mathcal{C}_1$ の直交曲線族を求めるには，まず，$\Phi(x,y,c) = 0$ を一般解にもつ微分方程式 $\varphi(x,y,y') = 0$ を導く．このとき，曲線族 $\mathcal{C}_1$ に属する各曲線の接線の傾きは y' なので，直交曲線族に属する各曲線の接線の傾きは $-1/y'$ となる．よって，直交曲線族の各曲線が満たす微分方程式は

$$\varphi\left(x, y, -\frac{1}{y'}\right) = 0$$

で与えられる．これを利用して，円の族 $x^2 + y^2 = cy$ (c は0でない任意定数) の直交曲線族の中で，点 $(1,1)$ を通る曲線を求めよ．

1.2.3 1階線形微分方程式

一般に，$P(x)$，$Q(x)$ を x の関数とするとき

$$\frac{dy}{dx} + P(x)y = Q(x) \tag{1.11}$$

の形の微分方程式を**1階線形微分方程式**または単に**線形微分方程式**という．線形微分方程式の一般解は，次の解の公式を用いて求めることができる．

定理 1.2.1 線形微分方程式 (1.11) の一般解は

$$y = e^{-\int P(x)dx}\left\{\int Q(x)e^{\int P(x)dx}dx + c\right\} \quad (c\text{ は任意定数}) \tag{1.12}$$

で与えられる．

証明 (1.11) に解が存在すると仮定して，その任意の解を y とし

$$z = e^{\int P(x)dx}y$$

とおく．両辺を x で微分し，y が (1.11) の解であることを利用すると

$$\frac{dz}{dx} = e^{\int P(x)dx}P(x)y + e^{\int P(x)dx}\frac{dy}{dx} = Q(x)e^{\int P(x)dx}$$

$$\therefore \quad z = \int Q(x)e^{\int P(x)dx}dx + c \quad (c\text{ は任意定数})$$

となる．ゆえに

$$y = e^{-\int P(x)dx}\left\{\int Q(x)e^{\int P(x)dx}dx + c\right\}$$

となり，(1.12) が得られる．逆に，(1.12) で与えられる y が (1.11) を満たすことは，容易に確かめられる． □

注意 上の証明より，線形微分方程式のすべての解は (1.12) で与えられ，特異解は存在しないことがわかる．

線形微分方程式の一般解を求めるには，定理 1.2.1 の解の公式を利用してもよいが，次に述べる**ラグランジュ (Lagrange) の定数変化法**を用いて求めることが多い．この方法では，まず，(1.11) の $Q(x)$ の部分を 0 とおいた

$$\frac{dy}{dx} + P(x)y = 0$$

を解く．これは変数分離形で，一般解として

$$y = ce^{-\int P(x)dx} \quad (c\text{ は任意定数})$$

が得られる．次に，上式の定数 c を x の関数 $v = v(x)$ で置き換えた

$$y = ve^{-\int P(x)dx} \tag{1.13}$$

が，もとの方程式 (1.11) を満たすように $v(x)$ を定める．そこで，(1.13) を (1.11) に代入すると

$$\frac{dv}{dx}e^{-\int P(x)dx} - vP(x)e^{-\int P(x)dx} + P(x)ve^{-\int P(x)dx} = Q(x)$$

$$\therefore \quad \frac{dv}{dx} = Q(x)e^{\int P(x)dx} \qquad \therefore \quad v = \int Q(x)e^{\int P(x)dx}dx + c$$

となる．よって，(1.13) より，解の公式

$$y = e^{-\int P(x)dx}\left\{\int Q(x)e^{\int P(x)dx}dx + c\right\}$$

が得られる．

注意 求積法で微分方程式を解く場合，ラグランジュの解法のように，任意定数 c を x の関数 $v(x)$ で置き換えた式が与式の解となるように $v(x)$ を定める手法が，有効に機能することがある．このような解法を，広く一般に**定数変化法**という．

例題 1.2.5 $y' - \dfrac{2y}{x} = x^2 \cos x$ の一般解を求めよ．

解 まず

$$\frac{dy}{dx} - \frac{2y}{x} = 0 \quad \text{すなわち} \quad \frac{dy}{dx} = \frac{2y}{x}$$

を解く．これは変数分離形で，その一般解は $y = cx^2$ (c は任意定数) である．そこで，この一般解の任意定数 c を x の関数 $v(x)$ に置き換えた $y = vx^2$ が与式を満たすように v を定める (定数変化法)．$y = vx^2$ を与式に代入すると

$$x^2\frac{dv}{dx} + 2vx - 2vx = x^2\cos x \qquad \therefore \quad \frac{dv}{dx} = \cos x$$

よって，$v = \sin x + c$ である (ここで，任意定数 c をつけ忘れてはいけない)．ゆえに，一般解は $y = x^2(\sin x + c)$ となる． □

例題 1.2.6 1 階微分方程式

$$\frac{dy}{dx} + P(x)y = Q(x)y^a \quad (a \neq 0, 1)$$

を**ベルヌーイ (Bernoulli) の微分方程式**という．これは線形ではないが，変数変換 $z = y^{1-a}$ により，線形となることを示せ．また，これを利用して，$y' + \dfrac{y}{x} = x^2y^3$ の一般解を求めよ．

解 $z = y^{1-a}$ の両辺を x で微分すると

$$\frac{dz}{dx} = (1-a)y^{-a}\frac{dy}{dx}$$

となる．これを与式の左辺の第 1 項に代入して整理すると，線形微分方程式

$$\frac{dz}{dx} + (1-a)P(x)z = (1-a)Q(x)$$

を得る．

次に，$y' + \dfrac{y}{x} = x^2y^3$ はベルヌーイの微分方程式 $(a=3)$ なので，$z = y^{-2}$ とおくと

$$\frac{dz}{dx} = -2y^{-3}\frac{dy}{dx} \qquad \therefore \quad \frac{dy}{dx} = -\frac{y^3}{2}\frac{dz}{dx}$$

である．これを与式に代入すると

$$-\frac{y^3}{2}\frac{dz}{dx} + \frac{1}{x}y = x^2y^3 \qquad \therefore \quad \frac{dz}{dx} - \frac{2}{x}y^{-2} = -2x^2$$

となる．よって，線形微分方程式

$$\frac{dz}{dx} - \frac{2}{x}z = -2x^2$$

を得る．まず，変数分離形の微分方程式

$$\frac{dz}{dx} - \frac{2}{x}z = 0 \quad \text{すなわち} \quad \frac{dz}{dx} = \frac{2}{x}z$$

を解いて，一般解 $z = cx^2$ (c は任意定数) を得る．そこで，この一般解の任意定数 c を x の関数 $v(x)$ で置き換えた $z = vx^2$ が与式を満たすように $v(x)$ を定める．

$$\frac{dz}{dx} = \frac{dv}{dx}x^2 + 2vx$$

なので，これを与式に代入すれば

$$x^2\frac{dv}{dx} + 2xv - 2xv = -2x^2 \qquad \therefore \quad \frac{dv}{dx} = -2$$

となる．よって，$v = -2x + c$ である．ここで，$v = \dfrac{z}{x^2} = \dfrac{1}{x^2y^2}$ なので，一般解は $x^2y^2(c-2x) = 1$ となる． □

問題 1.2.3

1. 次の微分方程式の一般解を求めよ．

(1) $y' + 2xy = x$　　(2) $xy' + y = \sin x$

(3) $xy' + 4y = x^{-4}$　　(4) $y'\cos x - y\sin x = \sin 2x$

(5) $xy' - (x+1)y = x^2$ (6) $xy' - 2y = x^4 e^{-x^2}$

(7) $y' + y\tan x = \cos x$ (8) $(x\log x)y' + y = \log x$

2. 次のベルヌーイの微分方程式の一般解を求めよ．

(1) $xy' + y = x^3y^6$ (2) $y' + 2y = 2xy^{\frac{3}{2}}$

(3) $y' - xy = xy^2e^{-x^2}$ (4) $xy' + y = y^3\log x$

3. かっこ内の変数変換により線形となることを利用して，次の微分方程式の一般解を求めよ．

(1) $y'\cos y + x\sin y = 2x$ $(z = \sin y)$

(2) $2yy' - \dfrac{1}{x^2}y^2 = e^{\frac{x^2-1}{x}}$ $(z = y^2)$

(3) $2xyy' + (x-1)y^2 = x^2e^x$ $(y^2 = xz)$

4. 線形微分方程式 $y' + P(x)y = Q(x)$ の 1 つの特殊解を y_1 とすると，一般解 y は

$$y = ce^{-\int P(x)dx} + y_1 \quad (c \text{ は任意定数})$$

で与えられることを示せ．また，これを利用して，$xy' + y = 3x^2$ の 1 つの特殊解が $y_1 = x^2$ であることから，一般解を求めよ．

5. 線形微分方程式の初期値問題 $y' + y = r(x)$，$y(0) = 0$ を考える．正の定数 M が存在して，すべての $x \geqq 0$ に対して $|r(x)| \leqq M$ であるとする．この初期値問題の解を $y = y(x)$ とすると，すべての $x \geqq 0$ に対して $|y(x)| \leqq M$ となることを示せ．

1.2.4 全微分方程式

ここでは，1 階微分方程式を 2 変数関数の理論を用いて解く方法を解説する．例題 1.2.6 によれば，ベルヌーイの微分方程式

$$\frac{dy}{dx} + \frac{y}{x} = x^2y^3 \tag{1.14}$$

の一般解は

$$x^2y^2(c - 2x) = 1 \quad (c \text{ は任意定数}) \tag{1.15}$$

である．さて，(1.14) を形式的に変形すると

$$\left(x^2y^3 - \frac{y}{x}\right)dx - dy = 0$$

となる．さらに，両辺を x^2y^3 で割ると

$$\left(1-\frac{1}{x^3y^2}\right)dx-\frac{1}{x^2y^3}dy=0 \tag{1.16}$$

を得る．ここで

$$\frac{\partial}{\partial x}\left(x+\frac{1}{2x^2y^2}\right)=1-\frac{1}{x^3y^2},\quad \frac{\partial}{\partial y}\left(x+\frac{1}{2x^2y^2}\right)=-\frac{1}{x^2y^3} \tag{1.17}$$

であることに気がつけば，(1.16) は

$$\frac{\partial}{\partial x}\left(x+\frac{1}{2x^2y^2}\right)dx+\frac{\partial}{\partial y}\left(x+\frac{1}{2x^2y^2}\right)dy=0$$

と書ける．そこで，上式の左辺を 2 変数関数 $u=u(x,y)$ の全微分

$$du=\frac{\partial u}{\partial x}dx+\frac{\partial u}{\partial y}dy$$

を用いて書き直すと

$$d\left(x+\frac{1}{2x^2y^2}\right)=0$$

となる．よって，$x+\dfrac{1}{2x^2y^2}$ は定数，すなわち

$$x^2y^2(c-2x)=1 \quad (c\text{ は任意定数})$$

となり，微分方程式 (1.14) を直接解いて得られる一般解 (1.15) と一致する．この解法がうまく機能するかどうかは，(1.17) を満たす具体的な関数

$$u(x,y)=x+\frac{1}{2x^2y^2}$$

が見つけられるかどうかにかかっている．

一般に，1 階微分方程式

$$\frac{dy}{dx}=-\frac{P(x,y)}{Q(x,y)}$$

の一般解を求めるには，上式を形式的に変形した式

$$P(x,y)dx+Q(x,y)dy=0 \tag{1.18}$$

に対して

$$\frac{\partial u}{\partial x}=P(x,y),\quad \frac{\partial u}{\partial y}=Q(x,y) \tag{1.19}$$

を満たす関数 $u(x,y)$ を見つけて

$$u(x,y)=c \quad (c\text{ は任意定数}) \tag{1.20}$$

とおけばよい．(1.18) の形で与えられた微分方程式を**全微分方程式**，(1.20) をその**一般解**という．また，(1.19) を満たす関数 $u(x,y)$ が存在するとき，(1.18) は**完全**であるという．完全な全微分方程式を，単に**完全微分方程式**という．

定理 1.2.2 2 変数関数 $P(x,y)$，$Q(x,y)$ は x，y について偏微分可能で，P_y，Q_x は連続とする．全微分方程式

$$P(x,y)dx + Q(x,y)dy = 0 \tag{1.21}$$

が完全であるための必要十分条件は

$$\frac{\partial P}{\partial y} = \frac{\partial Q}{\partial x} \tag{1.22}$$

である．このとき，一般解は

$$\int P(x,y)dx + \int \left\{ Q(x,y) - \frac{\partial}{\partial y}\int P(x,y)dx \right\} dy = c \quad (c\text{ は任意定数})$$

で与えられる．

証明 (1.21) が完全ならば，関数 $u(x,y)$ が存在して，(1.19) を満たす．仮定より，偏微分の順序交換が可能なので

$$\frac{\partial P}{\partial y} = \frac{\partial^2 u}{\partial y \partial x} = \frac{\partial^2 u}{\partial x \partial y} = \frac{\partial Q}{\partial x}$$

が成り立つ．

逆に，(1.22) が成り立つと仮定して，(1.19) を満たす関数 $u(x,y)$ が存在することを，具体的に $u(x,y)$ を構成することにより示す．まず，$u_x = P$ を満たす u を求めると

$$u(x,y) = \int P(x,y)dx + w(y) \tag{1.23}$$

となる．ただし，上式の右辺の第 1 項は，y を定数とみなしたときの x に関する不定積分を表す．また，$w(y)$ は y だけの関数である．次に，この u が $u_y = Q$，すなわち

$$\frac{dw}{dy} = Q(x,y) - \frac{\partial}{\partial y}\int P(x,y)dx \tag{1.24}$$

を満たすように $w(y)$ を定める．仮定より，偏微分の順序交換が可能なので

$$\frac{\partial}{\partial x}\left\{ Q(x,y) - \frac{\partial}{\partial y}\int P(x,y)dx \right\} = \frac{\partial Q}{\partial x} - \frac{\partial P}{\partial y} = 0$$

となる．よって

$$Q(x,y) - \frac{\partial}{\partial y}\int P(x,y)dx$$

は y だけの関数である．そこで，(1.24) の両辺を y で積分して

$$w(y) = \int \left\{ Q(x,y) - \frac{\partial}{\partial y} \int P(x,y)dx \right\} dy$$

を得る．最後に，上式を (1.23) に代入すれば $u(x,y)$ が求まる．　□

完全微分方程式は，定理 1.2.2 の解の公式を用いて解くこともできるが，複雑な公式を覚えるのは大変であるし，また覚え違いによる誤りも起こりやすい．そこで以下では，解の公式ではなく，その公式の導出過程をそのままなぞる解法を用いて例題を解くことにする．

例題 1.2.7　$(2xy - \cos x)dx + (x^2 - 2y)dy = 0$ の一般解を求めよ．

解　与式の dx，dy の係数をそれぞれ $P = 2xy - \cos x$，$Q = x^2 - 2y$ とおくと，$P_y = 2x = Q_x$ となるので，定理 1.2.2 より，与式は完全である．まず，$u_x = P$ を満たす u を求めると

$$u = \int (2xy - \cos x)dx + w(y) = x^2 y - \sin x + w(y)$$

となる．次に，この u が $u_y = Q$ を満たすように $w(y)$ を定める．

$$u_y = x^2 + \frac{dw}{dy}$$

なので

$$x^2 + \frac{dw}{dy} = x^2 - 2y \qquad \therefore \quad \frac{dw}{dy} = -2y \qquad \therefore \quad w(y) = -y^2$$

ゆえに，$u = x^2 y - \sin x - y^2$ となり，一般解は $x^2 y - \sin x - y^2 = c$ (c は任意定数) で与えられる．　□

全微分方程式

$$P(x,y)dx + Q(x,y)dy = 0 \tag{1.25}$$

それ自身は完全ではないが，両辺に適当な関数 $\mu = \mu(x,y)$ をかけた

$$\mu(x,y)P(x,y)dx + \mu(x,y)Q(x,y)dy = 0 \tag{1.26}$$

が完全であるとき，μ を (1.25) の**積分因子**という．積分因子をうまく見つけることができれば，完全微分方程式 (1.26) を解いて，もとの方程式 (1.25) の一般解が求められる．

例題 1.2.8 $(2xy^2 - y)dx + xdy = 0$ の一般解を求めよ．

解 与式の dx，dy の係数に対して

$$\frac{\partial}{\partial y}(2xy^2 - y) = 4xy - 1 \neq 1 = \frac{\partial}{\partial x}(x)$$

なので，与式は完全でない．そこで，積分因子として，$\mu = x^m y^n$ という形の関数を仮定してみる．両辺に $\mu = x^m y^n$ をかけて

$$(2x^{m+1}y^{n+2} - x^m y^{n+1})dx + x^{m+1}y^n dy = 0$$

が完全となるように m，n の値を定める．上式の dx，dy の係数を

$$P = 2x^{m+1}y^{n+2} - x^m y^{n+1}, \quad Q = x^{m+1}y^n$$

とおくと

$$P_y = 2(n+2)x^{m+1}y^{n+1} - (n+1)x^m y^n, \quad Q_x = (m+1)x^m y^n$$

となり，$m = 0$，$n = -2$ のとき，$P_y = Q_x$，すなわち，完全になる．そこで，与式の両辺に積分因子 $1/y^2$ をかけて，完全微分方程式

$$\left(2x - \frac{1}{y}\right)dx + \frac{x}{y^2}dy = 0$$

を得る．まず，$u_x = P$ となる u は

$$u = \int \left(2x - \frac{1}{y}\right)dx + w(y) = x^2 - \frac{x}{y} + w(y)$$

である．次に，この u が $u_y = Q$ を満たすように $w(y)$ を定める．

$$u_y = \frac{x}{y^2} + \frac{dw}{dy}$$

なので

$$\frac{x}{y^2} + \frac{dw}{dy} = \frac{x}{y^2} \qquad \therefore \quad \frac{dw}{dy} = 0 \qquad \therefore \quad w(y) = 0$$

である．よって，一般解は $x^2 - \dfrac{x}{y} = c$ （c は任意定数）で与えられる． □

問題 1.2.4

1. 次の全微分方程式が完全であることを示し，一般解を求めよ．

(1) $(\cos x + 2xy)dx + x^2 dy = 0$

(2) $(2x + e^y)dx + xe^y dy = 0$

(3) $2xydx + (1 + x^2)dy = 0$

(4)　$(x^3+2xy+y)dx+(y^3+x^2+x)dy=0$

(5)　$(x^3+5xy^2)dx+(5x^2y+2y^3)dy=0$

(6)　$(y^2+e^x\sin y)dx+(2xy+e^x\cos y)dy=0$

2.　次の全微分方程式について，右側の関数が積分因子であることを示し，一般解を求めよ．

(1)　$\sin y dx+\cos y dy=0,\quad \dfrac{1}{\sin y}$

(2)　$(2x+x^2y)dx+x^3dy=0,\quad \dfrac{1}{x^2}$

(3)　$(y+\cos x)dx+(x+xy+\sin x)dy=0,\quad e^y$

(4)　$ydx+(x^2+y^2-x)dy=0,\quad \dfrac{1}{x^2+y^2}$

(5)　$xy^3dx+(x^2y^2-1)dy=0,\quad e^{-\frac{x^2y^2}{2}}$

3.　積分因子を見つけ，次の全微分方程式の一般解を求めよ．

(1)　$2xydx+(y^2-x^2)dy=0$

(2)　$(xy+y^2)dx+(xy-x^2)dy=0$

(3)　$(y^2-xy)dx+x^2dy=0$

(4)　$(x^2y+2y^3)dx+(x^3+xy^2)dy=0$

(5)　$y(y^3+2x^4)dx+x(x^4-2y^3)dy=0$

4.　全微分方程式 $P(x,y)dx+Q(x,y)dy=0$ について，次の (1)–(4) を示せ．

(1)　$(Q_x-P_y)/Q$ が定数または x だけの関数のときは，これを $\varphi(x)$ とおけば，$\exp\left\{-\displaystyle\int\varphi(x)dx\right\}$ は積分因子となる．

(2)　$(Q_x-P_y)/P$ が定数または y だけの関数のときは，これを $\psi(y)$ とおけば，$\exp\left\{\displaystyle\int\psi(y)dy\right\}$ は積分因子となる．

(3)　$(Q_x-P_y)/(xQ-yP)$ が定数または x^2+y^2 だけの関数のときは，これを $\theta(u)$ $(u=x^2+y^2)$ とおけば，$\exp\left\{-\dfrac{1}{2}\displaystyle\int\theta(u)du\right\}$ は積分因子となる．

(4)　$(Q_x-P_y)/(xP-yQ)$ が定数または積 xy の関数のときは，これを $\xi(v)$ $(v=xy)$ とおけば，$\exp\left\{\displaystyle\int\xi(v)dv\right\}$ は積分因子となる．

また，これを利用して，**2** の (1)–(5) の積分因子を求めよ．

1.2.5 その他の1階微分方程式

一般に，導関数に関する $(y')^3$, $\sqrt{y'}$, $\sin y'$ などの項を含む微分方程式の解を求めることは困難である．しかし，その方程式が $y = f(x, y')$ または $x = g(y, y')$ のように x または y で解いた形で表せるときは，一般解を比較的容易に求めることができる場合がある．以下では，計算を見やすくするため，$p = y'$ とおく．

(a)　$\boldsymbol{y = f(x, p)}$ の場合　両辺を x で微分すると

$$p = \frac{\partial f}{\partial x} + \frac{\partial f}{\partial p}\frac{dp}{dx}$$

となる．上式は x の関数 p についての1階微分方程式なので，その一般解

$$\varphi(x, p, c) = 0 \quad (c \text{ は任意定数})$$

が求まれば，それと与式 $y = f(x, p)$ から p を消去するか，あるいは，p を媒介変数 t で置き換えて，$y = f(x, p)$ の一般解が得られる．

(b)　$\boldsymbol{x = g(y, p)}$ の場合　x を y の関数と考えて，両辺を y で微分すると

$$\frac{1}{p} = \frac{\partial g}{\partial y} + \frac{\partial g}{\partial p}\frac{dp}{dy}$$

となる．上式は y の関数 p についての1階微分方程式なので，その一般解が求まれば，それと与式 $x = g(y, p)$ から，上と同様にして一般解が得られる．

例題 1.2.9　$y = p\cos p - \sin p \quad (p = y')$ の一般解を求めよ．

解　両辺を x で微分すると

$$p = \frac{dp}{dx}\cos p + p\left(-\sin p\frac{dp}{dx}\right) - \cos p\frac{dp}{dx} \qquad \therefore \quad p = -p\sin p\frac{dp}{dx}$$

$$\therefore \quad -\sin p dp = dx \qquad \therefore \quad \int(-\sin p)dp = x + c \qquad \therefore \quad x = \cos p - c$$

となる．そこで，p を媒介変数 t で置き換えると，一般解の媒介変数表示

$$\begin{cases} x = \cos t - c \\ y = t\cos t - \sin t \end{cases} \qquad (c \text{ は任意定数})$$

が得られる．　□

問題 1.2.5

1. 次の微分方程式の一般解を求めよ．ただし，$p = y'$ とする．

(1) $px = y - x$ (2) $p = xy - x$

(3) $3y = p^3 + 3p^2$ (4) $y^2p^2 + 3xp - y = 0$

(5) $y = x(p + \sqrt{1 + p^2})$ (6) $e^{4x}(p - 1) + e^{2y}p^2 = 0$

2. n 個の微分方程式 $F_i(x, y, p) = 0$ $(p = y', i = 1, 2, \cdots, n)$ の積で表される方程式

$$F_1(x, y, p) \cdot F_2(x, y, p) \cdots F_n(x, y, p) = 0$$

の一般解は，各方程式 $F_i(x, y, p) = 0$ の一般解を $\varphi_i(x, y, c_i) = 0$ (c_iは任意定数) とすれば

$$\varphi_1(x, y, c) \cdot \varphi_2(x, y, c) \cdots \varphi_n(x, y, c) = 0 \quad (c \text{ は任意定数})$$

で与えられる．このことを利用して，次の微分方程式の一般解を求めよ．

(1) $p^2 + 5yp + 6y^2 = 0$ (2) $x^2p^2 + 3xyp + 2y^2 = 0$

(3) $x^2p^2 + xy(1 + y)p + y^3 = 0$ (4) $p(p + y) = x(x + y)$

3. $y = xp + f(p)$ ($p = y'$, f は p の関数) の形の微分方程式を**クレロー (Clairaut) の微分方程式**という．この方程式について，次の (a), (b) を示せ．

(a) 一般解は $y = cx + f(c)$ (c は任意定数) である．

(b) t を媒介変数とするとき，次式は特異解である．

$$\begin{cases} x = -f'(t) \\ y = -tf'(t) + f(t) \end{cases}$$

上の (a), (b) を用いて，クレローの微分方程式の一般解と特異解を求めよ．

(1) $y = px - \log p$ (2) $y = px + \sqrt{1 + p^2}$

(3) $y = xp + p^2$ (4) $y = xp + \dfrac{1}{p}$

1.2.6 高階微分方程式

y'' や y''' などの高階の導関数を含む微分方程式の解を求めることは，1.3 節と 1.4 節で取り扱う線形の微分方程式の場合を除けば，一般には難しい．そこで，ここでは，比較的容易に解を求めることができる場合に限って，その解法を述べる．

(a) $y^{(n)}$ と x だけを含む方程式

$$y^{(n)} = f(x)$$

の場合は，単に両辺を x で n 回積分すれば，一般解が求まる．

例題 1.2.10 $y''' = e^{2x} + x$ の一般解を求めよ．

解 両辺を x で 3 回積分すると

$$y'' = \frac{1}{2}e^{2x} + \frac{x^2}{2} + c_1, \quad y' = \frac{1}{4}e^{2x} + \frac{x^3}{6} + c_1 x + c_2$$

$$y = \frac{1}{8}e^{2x} + \frac{x^4}{24} + \frac{c_1}{2}x^2 + c_2 x + c_3$$

となり，一般解を得る． □

上で述べた場合を除けば，高階微分方程式を解くときの標準的な技法は，適当な変数変換で，より低い階数の微分方程式に帰着させることである．

(b) y を含まない方程式

$$F\left(x, y', y'', \cdots, y^{(n)}\right) = 0$$

の場合は，$p = y'$ とおくと

$$F\left(x, p, \frac{dp}{dx}, \cdots, \frac{d^{n-1}p}{dx^{n-1}}\right) = 0$$

となり，x の関数 p についての $n-1$ 階の微分方程式に帰着される．同様に

(c) y，y' などを含まず m 階以上の導関数しか含まない方程式

$$F\left(x, y^{(m)}, \cdots, y^{(n)}\right) = 0$$

の場合も，$p = y^{(m)}$ とおくと，$n-m$ 階の微分方程式に帰着される．よって，p が求まれば，それを単に m 回積分することにより，与式の一般解が得られる．

例題 1.2.11 $xy'' + y' = 2$ の一般解を求めよ．

解 $p = y'$ とおくと与式は

$$x\frac{dp}{dx} = 2 - p$$

となる．これは変数分離形で，一般解は $y' = p = \dfrac{c_1}{x} + 2$ である．よって，両辺を x で積分して，与式の一般解 $y = c_1 \log|x| + 2x + c_2$ を得る． □

(d)　$\boldsymbol{x}$ を含まない方程式

$$F\left(y, y', y'', \cdots, y^{(n)}\right) = 0$$

の場合は，$p = y'$ とおいて，y を独立変数，p を y の関数と考えると

$$\frac{d^2y}{dx^2} = \frac{dp}{dx} = \frac{dp}{dy}\cdot\frac{dy}{dx} = p\frac{dp}{dy}$$

$$\frac{d^3y}{dx^3} = \frac{d}{dx}\left(p\frac{dp}{dy}\right) = \left\{\frac{d}{dy}\left(p\frac{dp}{dy}\right)\right\}\frac{dy}{dx} = p\left\{\left(\frac{dp}{dy}\right)^2 + p\frac{d^2p}{dy^2}\right\}$$

となるので，与式は y の関数 p についての $n-1$ 階の微分方程式

$$F\left(y, p, p\frac{dp}{dy}, p\left\{\left(\frac{dp}{dy}\right)^2 + p\frac{d^2p}{dy^2}\right\}, \cdots\right) = 0$$

に帰着される．よって，p が求まれば，x の関数 y についての 1 階微分方程式が得られる．そこで，さらにそれを解けば，与式の一般解が求まる．

例題 1.2.12　$yy'' = (y')^2$ の一般解を求めよ．

解　$p = y'$ とおく．このとき $y'' = p\dfrac{dp}{dy}$ なので，与式は

$$yp\frac{dp}{dy} = p^2 \qquad \therefore \quad y\frac{dp}{dy} = p$$

となり，その一般解は $p = c_1y$ である．ここで $p = y'$ なので

$$\frac{dy}{dx} = c_1y \qquad \therefore \quad \frac{dy}{y} = c_1dx \qquad \therefore \quad \log y = c_1x + c_2$$

$$\therefore \quad y = e^{c_2}e^{c_1x}$$

となる．よって，e^{c_2} を新たに任意定数 c_2 で置き換えて，一般解 $y = c_2e^{c_1x}$ を得る．　□

(e)　$\boldsymbol{y^{(n)}}$ と $\boldsymbol{y^{(n-1)}}$ だけを含む方程式

$$y^{(n)} = f\left(y^{(n-1)}\right)$$

は，$p = y^{(n-1)}$ とおくと，x と p についての変数分離形

$$\frac{dp}{dx} = f(p)$$

に帰着される．よって，これを p について解けば，$y^{(n-1)}$ と x だけを含む式が得られるので，単に $n-1$ 回積分して，与式の一般解が求まる．

例題 1.2.13 $y'' = (y')^2 + 1$ の一般解を求めよ．

解 $p = y'$ とおくと

$$\frac{dp}{dx} = p^2 + 1 \qquad \therefore \quad \frac{dp}{p^2+1} = dx \qquad \therefore \quad \tan^{-1} p = x + c_1$$

なので，$y' = \tan(x + c_1)$ となる．よって両辺を積分すれば，一般解

$$y = -\log|\cos(x + c_1)| + c_2$$

を得る． □

(f) $\boldsymbol{y^{(n)}}$ と $\boldsymbol{y^{(n-2)}}$ だけを含む方程式

$$y^{(n)} = f\left(y^{(n-2)}\right) \tag{1.27}$$

は，$p = y^{(n-2)}$ とおくと

$$\frac{d^2p}{dx^2} = f(p) \tag{1.28}$$

となる．この形の 2 階微分方程式に対する以下の標準的な解法は，それ自身，重要であり役に立つ．

まず，(1.28) の両辺に $2\dfrac{dp}{dx}$ をかけると

$$2\frac{dp}{dx}\frac{d^2p}{dx^2} = 2f(p)\frac{dp}{dx} \tag{1.29}$$

となる．ここで

$$\frac{d}{dx}\left(\frac{dp}{dx}\right)^2 = 2\frac{dp}{dx}\frac{d^2p}{dx^2}$$

が成り立つので，(1.29) の両辺を x で積分すると

$$\left(\frac{dp}{dx}\right)^2 = 2\int f(p)dp + c_1 \quad \text{すなわち} \quad \frac{dp}{dx} = \pm\sqrt{2\int f(p)dp + c_1}$$

となる．よって，(1.28) は x と p についての変数分離形の方程式に帰着され，その一般解 p が求まる．

さて，(1.27) の解法に戻ろう．上の方法で p を求めれば，$p = y^{(n-2)}$ なので，$y^{(n-2)}$ と x だけを含む方程式が得られる．そこで，その式の両辺を x で単に $n-2$ 回積分すれば，与式 (1.27) の一般解が求まる．

例題 1.2.14 $y''' = y'$ の一般解を求めよ．

解 $p = y'$ とおくと与式は $\dfrac{d^2p}{dx^2} = p$ となる．

まず両辺に $2\dfrac{dp}{dx}$ をかけると

$$2\frac{dp}{dx}\frac{d^2p}{dx^2} = 2p\frac{dp}{dx}$$

となる．両辺を x で積分すると

$$\left(\frac{dp}{dx}\right)^2 = p^2 + c_1 \qquad \therefore \quad \frac{dp}{dx} = \pm\sqrt{p^2 + c_1}$$

となり，変数分離形の方程式が得られる．そこで，変数を分離して解くと

$$\frac{dp}{\sqrt{p^2+c_1}} = \pm dx \qquad \therefore \quad \int \frac{dp}{\sqrt{p^2+c_1}} = \pm x + c_2$$

$$\therefore \quad \log\left(p + \sqrt{p^2+c_1}\right) = \pm x + c_2$$

となる．よって

$$p + \sqrt{p^2+c_1} = e^{\pm x + c_2} \tag{1.30}$$

である．ここで，上式の両辺の逆数をとり，左辺の分母を有理化すると

$$p - \sqrt{p^2+c_1} = -c_1 e^{\mp x - c_2} \tag{1.31}$$

を得る．(1.30) と (1.31) の辺々を加えると

$$p = \frac{1}{2}\left(e^{\pm x + c_2} - c_1 e^{\mp x - c_2}\right) = \frac{1}{2}\left(e^{c_2}e^{\pm x} - c_1 e^{-c_2}e^{\mp x}\right)$$

となる．そこで，上式の定数部分を新たに任意定数 c_1，c_2 で置き換えると $y' = p = c_1e^x + c_2e^{-x}$ となり，$y = c_1e^x - c_2e^{-x} + c_3$ を得る．さらに，$-c_2$ を新たに任意定数 c_2 で置き換えて，一般解 $y = c_1e^x + c_2e^{-x} + c_3$ を得る．　□

問題 1.2.6

1.　次の微分方程式の一般解を求めよ．

(1)　$xy''' = 1$　　(2)　$y'' + y' = 2e^x$

(3)　$yy'' + (y')^2 + 1 = 0$　　(4)　$yy'' - (y')^2 = 2y'$

(5)　$y'''y'' = 1$　　(6)　$y''' + 2y'' = 0$

(7)　$4y^{(4)} = y''$　　(8)　$y^{(4)} - y'' + 1 = 0$

2.　曲線 $C : y = y(x)$ 上の点 $\mathrm{A}(0, 1)$ から点 $\mathrm{P}(x, y)$ $(x \geqq 0)$ までの弧の長さが，点 P におけるこの曲線の接線の傾きに等しいとき，曲線 C の方程式を求めよ．

1.3 2階線形微分方程式

一般に，$P(x)$，$Q(x)$，$R(x)$ を x の関数とするとき

$$y'' + P(x)y' + Q(x)y = R(x) \tag{1.32}$$

の形の方程式を**2階線形微分方程式**という．$R(x) \equiv 0$ のとき，(1.32) は

$$y'' + P(x)y' + Q(x)y = 0 \tag{1.33}$$

となるが，(1.33) を**2階同次線形微分方程式**という．また，(1.32) と (1.33) において，$P(x)$，$Q(x)$ が定数のとき，それらは**定数係数**であるという．以下では，まず同次な線形微分方程式の性質を調べる．

1.3.1 2階同次線形微分方程式

2階線形微分方程式は，それがたとえ同次であったとしても，1.2.3項で述べた1階線形微分方程式の場合と異なり，解の公式は存在しない．しかし，1つまたは2つの特殊解がわかれば，それから一般解を求めることができる．

定理 1.3.1 $y_1(x)$，$y_2(x)$ はともに2階同次線形微分方程式

$$y'' + P(x)y' + Q(x)y = 0 \tag{1.34}$$

の0でない解で，y_1/y_2 は定数でないとする．このとき，(1.34) の任意の解 y は

$$y = c_1 y_1(x) + c_2 y_2(x) \quad (c_1, c_2 \text{は任意定数}) \tag{1.35}$$

で与えられる．

証明 まず，(1.35) で与えられた y が (1.34) の解であることは明らか．

次に，(1.34) の任意の解を y とする．y，y_1，y_2 はすべて (1.34) を満たすので

$$y_1'' + P(x)y_1' + Q(x)y_1 = 0 \tag{1.36}$$

$$y_2'' + P(x)y_2' + Q(x)y_2 = 0 \tag{1.37}$$

$$y'' + P(x)y' + Q(x)y = 0 \tag{1.38}$$

である．(1.37) と (1.38) から $Q(x)$ を消去すれば

$$(y_2''y - y_2y'') + P(x)(y_2'y - y_2y') = 0 \tag{1.39}$$

を得る．ここで，$z = y_2'y - y_2y'$ とおくと

$$\frac{dz}{dx} = (y_2''y + y_2'y') - (y_2'y' + y_2y'') = y_2''y - y_2y''$$

なので，(1.39) は x と z についての変数分離形の方程式

$$\frac{dz}{dx} + P(x)z = 0$$

となる．よって，その一般解は

$$y_2'y - y_2y' = a_1e^{-\int P(x)dx} \quad (a_1\text{は任意定数}) \tag{1.40}$$

である．同様にして，(1.36) と (1.38)，(1.36) と (1.37) より

$$y'y_1 - yy_1' = a_2e^{-\int P(x)dx} \quad (a_2\text{は任意定数}) \tag{1.41}$$

$$y_1'y_2 - y_1y_2' = a_3e^{-\int P(x)dx} \quad (a_3\text{は任意定数}) \tag{1.42}$$

を得る．(1.40)，(1.41)，(1.42) の両辺にそれぞれ y_1，y_2，y をかけ，辺々を加えると

$$(a_1y_1 + a_2y_2 + a_3y)e^{-\int P(x)dx} = 0$$

となる．よって

$$a_1y_1 + a_2y_2 + a_3y = 0 \tag{1.43}$$

である．仮定より，y_1/y_2 は定数でないので

$$\left(\frac{y_1}{y_2}\right)' = \frac{y_1'y_2 - y_1y_2'}{(y_2)^2} \neq 0 \qquad \therefore\ y_1'y_2 - y_1y_2' \neq 0$$

である．ゆえに，(1.42) より $a_3 \neq 0$ となるので，(1.43) より

$$y = \left(-\frac{a_1}{a_3}\right)y_1 + \left(-\frac{a_2}{a_3}\right)y_2$$

となる．そこで，$-a_1/a_3 = c_1$，$-a_2/a_3 = c_2$ とおくと，$y = c_1y_1 + c_2y_2$ と表される．　□

注意　定理 1.3.1 より，2 階同次線形微分方程式のすべての解は，一般解 $y = c_1y_1 + c_2y_2$ の形で表され，特異解は存在しないことがわかる．

例題 1.3.1　$x^2y'' - 2xy' + 2y = 0$ の一般解を求めよ．

解　特殊解を求めるために，$y = x^m$ とおいてみる．

$$y' = mx^{m-1}, \quad y'' = m(m-1)x^{m-2}$$

なので，与式に代入すると

$$m(m-1)x^m - 2mx^m + 2x^m = 0 \qquad \therefore\quad (m-1)(m-2)x^m = 0$$

となる．上式は x についての恒等式なので，$m = 1, 2$．よって，$y_1 = x$ と $y_2 = x^2$ が特殊解となる．y_1/y_2 は定数でないので，一般解は $y = c_1x + c_2x^2$ である． □

定理 1.3.1 において，0 でない 2 つの解 y_1，y_2 に対して，y_1/y_2 が定数でないという仮定は重要である．そこで，このような性質をもつ関数の組を，一般の場合に定義しておこう．変数 x の関数 $y_1, y_2, \cdots, y_n$ と定数 $c_1, c_2, \cdots, c_n$ に対して

$$c_1y_1 + c_2y_2 + \cdots + c_ny_n \tag{1.44}$$

で定まる関数を，$y_1, y_2, \cdots, y_n$ の **1 次結合**という．1 次結合 (1.44) を 0 とおいて得られる 1 次関係式

$$c_1y_1 + c_2y_2 + \cdots + c_ny_n = 0 \tag{1.45}$$

が，区間 I のすべての点 x で成り立つならば，必ず $c_1 = c_2 = \cdots = c_n = 0$ となるとき，$y_1, y_2, \cdots, y_n$ は (区間 I で) **1 次独立**という．1 次独立でないとき，すなわち，1 次関係式 (1.45) が，少なくとも 1 つは 0 でない定数の組 $c_1, c_2, \cdots, c_n$ に対して成り立つとき，$y_1, y_2, \cdots, y_n$ は **1 次従属**という．このとき，$y_1, y_2, \cdots, y_n$ の中の少なくとも 1 つの関数は，他の関数の 1 次結合で表すことができる．

例題 1.3.2 関数の 1 次独立性と 1 次従属性に関して，次を示せ．

(1) 1，x，x^2 は 1 次独立．

(2) e^x，e^{2x}，e^{3x} は 1 次独立．

(3) $\sin x$, $\cos x$ は 1 次独立．

(4) $\sin x$，$\cos x$，$\sin\left(x + \dfrac{\pi}{4}\right)$ は 1 次従属．

(5) 2 つの 0 でない関数 y_1，y_2 が 1 次独立ならば，y_1/y_2 は定数でない．よって，定理 1.3.1 は，1 次独立な特殊解 y_1，y_2 に対しても成り立つ．

解 (1) 1 次関係式

$$c_1 + c_2x + c_3x^2 = 0$$

がすべての x で成り立つと仮定する．

$x = 0$ とおくと，$c_1 = 0$ となる．次に，1 次関係式の両辺を x で微分した式で $x = 0$ とおくと，$c_2 = 0$ を得る．さらに，1 次関係式の両辺を x で 2 回微分すると，$c_3 = 0$ を得る．よって，1，x，x^2 は 1 次独立である．

(2) 1 次関係式

$$c_1e^x + c_2e^{2x} + c_3e^{3x} = 0$$

がすべての x で成り立つと仮定して，(1) と同じ方法により，連立 1 次方程式

$$\begin{cases} c_1 + c_2 + c_3 = 0 \\ c_1 + 2c_2 + 3c_3 = 0 \\ c_1 + 4c_2 + 9c_3 = 0 \end{cases}$$

を得る．これを解くと，$c_1 = c_2 = c_3 = 0$ となるので，e^x，e^{2x}，e^{3x} は 1 次独立である．

(3)　1 次関係式

$$c_1 \sin x + c_2 \cos x = 0$$

がすべての x で成り立つと仮定する．$x = 0$ とおくと $c_2 = 0$ が，$x = \dfrac{\pi}{2}$ とおくと $c_1 = 0$ が得られる．よって，$\sin x$，$\cos x$ は 1 次独立となる．

(4)　加法定理より

$$\sin\left(x + \frac{\pi}{4}\right) = \frac{1}{\sqrt{2}} \sin x + \frac{1}{\sqrt{2}} \cos x$$

なので，1 次従属である．

(5)　$y_1/y_2 = c$ (c は定数) と仮定すると，$y_1 - cy_2 = 0$ となる．よって，y_1，y_2 は 1 次従属である．　□

一般に，n 個の関数 $y_1, y_2, \cdots, y_n$ の 1 次独立性の判定には，**ロンスキ行列式 (Wronskian)**

$$W(y_1, y_2, \cdots, y_n) := \begin{vmatrix} y_1(x) & y_2(x) & \cdots & y_n(x) \\ y_1'(x) & y_2'(x) & \cdots & y_n'(x) \\ \vdots & \vdots & \ddots & \vdots \\ y_1^{(n-1)}(x) & y_2^{(n-1)}(x) & \cdots & y_n^{(n-1)}(x) \end{vmatrix}$$

が用いられる．

定理 1.3.2　$y_1, y_2, \cdots, y_n$ は区間 I 上で定義された変数 x の関数で，$n-1$ 回微分可能とする．区間 I の少なくとも 1 つの点 x_0 に対して $W(y_1, y_2, \cdots, y_n) \neq 0$ ならば，$y_1, y_2, \cdots, y_n$ は 1 次独立である．

証明　$c_1y_1 + c_2y_2 + \cdots + c_ny_n = 0$ とおき，両辺を x で $n-1$ 回微分すると，$c_1, c_2, \cdots, c_n$ に関する連立 1 次方程式

$$\begin{pmatrix} y_1(x_0) & y_2(x_0) & \cdots & y_n(x_0) \\ y_1'(x_0) & y_2'(x_0) & \cdots & y_n'(x_0) \\ \vdots & \vdots & \ddots & \vdots \\ y_1^{(n-1)}(x_0) & y_2^{(n-1)}(x_0) & \cdots & y_n^{(n-1)}(x_0) \end{pmatrix} \begin{pmatrix} c_1 \\ c_2 \\ \vdots \\ c_n \end{pmatrix} = \begin{pmatrix} 0 \\ 0 \\ \vdots \\ 0 \end{pmatrix}$$

を得る．上式の係数行列の行列式はロンスキ行列式 $W(y_1, y_2, \cdots, y_n)$ の点 x_0 における値なので，仮定より 0 ではない．よって，$c_1 = c_2 = \cdots = c_n = 0$ となり，$y_1, y_2, \cdots, y_n$ は 1 次独立である． □

例題 1.3.3 y_1 は 2 階同次線形微分方程式

$$y'' + P(x)y' + Q(x)y = 0 \tag{1.46}$$

の 0 でない解とする．

$$y_2 = y_1 \int \frac{1}{y_1^2} e^{-\int P dx} dx \tag{1.47}$$

とおくと，y_1，y_2 は (1.46) の 1 次独立な解となることを示せ．また，これを利用して，$x^2y'' - xy' + y = 0$ の一般解を求めよ．

解 $y_2 = v(x)y_1$ が (1.46) の解となるように x の関数 $v(x)$ を定める．まず

$$y_2 = vy_1, \quad y_2' = v'y_1 + vy_1', \quad y_2'' = v''y_1 + 2v'y_1' + vy_1''$$

を (1.46) に代入すると

$$v''y_1 + 2v'y_1' + vy_1'' + P(v'y_1 + vy_1') + Qvy_1 = 0 \tag{1.48}$$

となる．また，y_1 は (1.46) の解なので，$y_1'' + Py_1' + Qy_1 = 0$ である．よって，(1.48) は

$$v''y_1 + v'(2y_1' + Py_1) = 0$$

となる．$p = v'$ とおくと，上式は x と p についての変数分離形

$$y_1 \frac{dp}{dx} + (2y_1' + Py_1)p = 0$$

に変形できるので，これを解くと

$$\log p = -2\log y_1 - \int P dx \qquad \therefore \quad v' = p = \frac{1}{y_1^2} e^{-\int P dx}$$

$$\therefore \quad v = \int \frac{1}{y_1^2} e^{-\int P dx} dx$$

となる．よって，(1.47) で y_2 を定めると，y_2 は (1.46) の解となる．さらに，ロンスキ行列式を計算すると

$$W(y_1, y_2) = y_1 y_2' - y_1' y_2 = e^{-\int P dx} > 0$$

なので，定理 1.3.2 より，y_1，y_2 は 1 次独立である．

次に，与えられた微分方程式を変形すると

$$y'' - \frac{1}{x}y' + \frac{1}{x^2}y = 0$$

となる．この方程式の特殊解を求めるために，$y = x^m$ とおいてみる．$y' = mx^{m-1}$，$y'' = m(m-1)x^{m-2}$ なので，与式に代入すると

$$m(m-1)x^{m-2} - mx^{m-2} + x^{m-2} = 0 \qquad \therefore \quad (m-1)^2 x^{m-2} = 0$$

となるので，$m = 1$ が得られる．よって，$y_1 = x$ は 1 つの解である．そこで，(1.47) を用いてもう 1 つの解 y_2 を計算すると

$$y_2 = x \int \frac{1}{x^2} e^{\log x} dx = x \int \frac{1}{x} dx = x \log |x|$$

となる．ゆえに，定理 1.3.1 より，一般解は $y = c_1 x + c_2 x \log |x|$ で与えられる．□

問題 1.3.1

1.　次の関数の組が，1 次独立か，1 次従属かを調べよ．

(1)　$1 + x + 3x^2, \quad 1 + 2x - x^3, \quad -2 - 4x + x^2 - x^3$

(2)　$1 + x + 3x^2, \quad 1 + 2x - x^3, \quad 1 + 3x - 3x^2 - 2x^3$

(3)　$e^x, \quad xe^x, \quad x^2 e^x$

(4)　$1, \quad \sin x, \quad \sin^2 x$

2.　$y_1(x) = x^3$，$y_2(x) = |x|^3$ とおく．以下の (1)，(2) を示すことにより，定理 1.3.2 の逆は成り立たないことを確かめよ．

(1)　y_1，y_2 は 1 次独立．

(2)　すべての x に対して，$W(y_1, y_2) = 0$.

3.　特殊解を $y = x^m$ と推測して，次の微分方程式の一般解を求めよ．

(1)　$x^2 y'' + xy' - 2y = 0$　　(2)　$x^2 y'' + 4xy' - 4y = 0$

4.　かっこ内の関数が 1 つの特殊解であることを用いて，次の微分方程式の一般解を求めよ．

(1) $y'' + \dfrac{1}{x}y' - \dfrac{4}{x^2}y = 0 \qquad (y_1 = x^2)$

(2) $xy'' - (x+1)y' + y = 0 \qquad (y_1 = e^x)$

(3) $x^2y'' - 5xy' + 9y = 0 \qquad (y_1 = x^3)$

1.3.2 定数係数 2 階同次線形微分方程式

定数係数の 2 階同次線形微分方程式

$$y'' + ay' + by = 0 \quad (a, b \text{ は実定数}) \tag{1.49}$$

の一般解は，対応する 2 次方程式

$$\lambda^2 + a\lambda + b = 0 \tag{1.50}$$

の解を用いて求めることができる．方程式 (1.50) を (1.49) の**特性方程式**，その解を**特性解**という．また，(1.50) の左辺の多項式を**特性多項式**という．

定理 1.3.3 定数係数 2 階同次線形微分方程式 (1.49) の一般解は，その特性方程式 (1.50) の解を用いて，次式で与えられる．

(1) 異なる 2 つの実数解 λ_1, λ_2 をもつとき，$y = c_1e^{\lambda_1 x} + c_2e^{\lambda_2 x}$

(2) 重解 λ をもつとき，$y = (c_1 + c_2x)e^{\lambda x}$

(3) 虚数解 $\lambda = \mu \pm \nu i$ をもつとき，$y = e^{\mu x}(c_1 \sin \nu x + c_2 \cos \nu x)$

証明 (1) $y_1 = e^{\lambda_1 x}$，$y_2 = e^{\lambda_2 x}$ とおくと

$$y_1'' + ay_1' + by_1 = (\lambda_1^2 + a\lambda_1 + b)e^{\lambda_1 x} = 0$$
$$y_2'' + ay_2' + by_2 = (\lambda_2^2 + a\lambda_2 + b)e^{\lambda_2 x} = 0$$

となる．よって，y_1，y_2 は (1.49) の解である．ロンスキ行列式を計算すると

$$W(y_1, y_2) = \begin{vmatrix} e^{\lambda_1 x} & e^{\lambda_2 x} \\ \lambda_1 e^{\lambda_1 x} & \lambda_2 e^{\lambda_2 x} \end{vmatrix} = (\lambda_2 - \lambda_1)e^{(\lambda_1 + \lambda_2)x} \neq 0$$

なので，y_1，y_2 は 1 次独立である．よって，定理 1.3.1 より結論の式を得る．

(2) $y_1 = e^{\lambda x}$ とおくと，y_1 は (1.49) の解である．次に，$y_2 = xe^{\lambda x}$ も解であることを示す．λ は特性方程式 (1.50) の重解なので

$$\lambda^2 + a\lambda + b = 0, \quad 2\lambda + a = 0$$

を満たす．よって

$$y_2'' + ay_2' + by_2 = \left\{(\lambda^2 + a\lambda + b)x + (2\lambda + a)\right\}e^{\lambda x} = 0$$

となる．ゆえに，y_2 も (1.49) の解である．ロンスキ行列式は

$$W(y_1, y_2) = \begin{vmatrix} e^{\lambda x} & xe^{\lambda x} \\ \lambda e^{\lambda x} & e^{\lambda x} + \lambda xe^{\lambda x} \end{vmatrix} = e^{2\lambda x} \not\equiv 0$$

なので，y_1，y_2 は 1 次独立となり，結論の式を得る．

(3)　$y_1 = e^{\mu x}\sin\nu x$，$y_2 = e^{\mu x}\cos\nu x$ とおく．$\mu + \nu i$ は特性方程式 (1.50) の解なので

$$(\mu + \nu i)^2 + a(\mu + \nu i) + b = 0 \qquad \therefore \quad (\mu^2 - \nu^2 + a\mu + b) + \nu(2\mu + a)i = 0$$
$$\therefore \quad \mu^2 - \nu^2 + a\mu + b = 0, \quad \nu(2\mu + a) = 0$$

が成り立つ．よって

$$y_1'' + ay_1' + by_1 = (\mu^2 - \nu^2 + a\mu + b)e^{\mu x}\sin\nu x + \nu(2\mu + a)e^{\mu x}\cos\nu x = 0$$
$$y_2'' + ay_2' + by_2 = (\mu^2 - \nu^2 + a\mu + b)e^{\mu x}\cos\nu x - \nu(2\mu + a)e^{\mu x}\sin\nu x = 0$$

となり，y_1，y_2 は解である．ロンスキ行列式は

$$W(y_1, y_2) = \begin{vmatrix} e^{\mu x}\sin\nu x & e^{\mu x}\cos\nu x \\ e^{\mu x}(\mu\sin\nu x + \nu\cos\nu x) & e^{\mu x}(\mu\cos\nu x - \nu\sin\nu x) \end{vmatrix}$$
$$= e^{2\mu x}\begin{vmatrix} \sin\nu x & \cos\nu x \\ \nu\cos\nu x & -\nu\sin\nu x \end{vmatrix} = -\nu e^{2\mu x} \not\equiv 0$$

なので，y_1，y_2 は 1 次独立となり，結論の式を得る．　□

例題 1.3.4　次の微分方程式の一般解を求めよ．

(1)　$y'' - y' - 6y = 0$　　(2)　$y'' + 2y' + y = 0$　　(3)　$y'' - 4y' + 7y = 0$

解　(1)　特性方程式は $\lambda^2 - \lambda - 6 = (\lambda + 2)(\lambda - 3) = 0$ なので，$\lambda = -2, 3$ である．よって，一般解は $y = c_1e^{-2x} + c_2e^{3x}$ となる．

(2)　特性方程式は $\lambda^2 + 2\lambda + 1 = (\lambda + 1)^2 = 0$ なので，$\lambda = -1$ (重解) である．よって，一般解は $y = (c_1 + c_2x)e^{-x}$ となる．

(3)　特性方程式 $\lambda^2 - 4\lambda + 7 = 0$ を解くと，$\lambda = 2 \pm \sqrt{3}i$ である．よって，一般解は $y = e^{2x}\left(c_1\sin\sqrt{3}x + c_2\cos\sqrt{3}x\right)$ となる．　□

例題 1.3.5　2 階同次線形微分方程式

$$x^2y'' + axy' + by = 0 \quad (a,\ b \text{ は実定数},\ x > 0) \tag{1.51}$$

をオイラー (**Euler**) の**微分方程式**という．変数変換 $u = \log x$ により，(1.51)

は定数係数 2 階同次線形微分方程式

$$\frac{d^2y}{du^2} + (a-1)\frac{dy}{du} + by = 0$$

になることを示せ．これを利用して，$x^2y'' - xy' + 2y = 0$ の一般解を求めよ．

解　$u = \log x$ とおくと

$$\frac{dy}{dx} = \frac{dy}{du} \cdot \frac{du}{dx} = \frac{1}{x}\frac{dy}{du}$$

$$\frac{d^2y}{dx^2} = -\frac{1}{x^2}\frac{dy}{du} + \frac{1}{x}\frac{d}{dx}\left(\frac{dy}{du}\right) = -\frac{1}{x^2}\frac{dy}{du} + \frac{1}{x^2}\frac{d^2y}{du^2}$$

となる．よって，これらを (1.51) に代入すればよい．

与式はオイラーの微分方程式 $(a = -1, b = 2)$ なので，$u = \log x$ とおくと

$$\frac{d^2y}{du^2} - 2\frac{dy}{du} + 2y = 0$$

となる．特性方程式 $\lambda^2 - 2\lambda + 2 = (\lambda - 1)^2 + 1 = 0$ の解は $\lambda = 1 \pm i$ なので，一般解は $y = c_1e^u \sin u + c_2e^u \cos u$ となる．変数をもとに戻せば，$y = c_1x\sin(\log x) + c_2x\cos(\log x)$ となる．　□

問題 1.3.2

1. 次の微分方程式の一般解を求めよ．

(1) $y'' - 2y' - 8y = 0$　　(2) $y'' - 6y' + 9y = 0$

(3) $y'' + y' = 0$　　(4) $y'' - 2y' + 2y = 0$

(5) $y'' + 3y = 0$　　(6) $y'' - 4y' + 6y = 0$

2. 次のオイラーの微分方程式の一般解を求めよ．ただし，$x > 0$ とする．

(1) $x^2y'' - xy' - 3y = 0$　　(2) $x^2y'' - 3xy' + 5y = 0$

(3) $x^2y'' + 5xy' + 4y = 0$　　(4) $x^2y'' + 7xy' + 11y = 0$

1.3.3　2 階非同次線形微分方程式

2 階線形微分方程式

$$y'' + P(x)y' + Q(x)y = R(x) \tag{1.52}$$

に対して，右辺の $R(x)$ を 0 とおいて得られる 2 階同次線形微分方程式

$$y'' + P(x)y' + Q(x)y = 0 \tag{1.53}$$

を (1.52) の**補助方程式**という．補助方程式 (1.53) の 1 次独立な 2 つの解 y_1，y_2 を**基本解**という．また，$R(x) \neq 0$ のとき，(1.52) は**非同次**であるといい，$R(x)$ をその**非同次項**という．

定理 1.3.4 y_0 を 2 階線形微分方程式 (1.52) の 1 つの解，y_1，y_2 を補助方程式 (1.53) の基本解とする．このとき，(1.52) の任意の解 y は，基本解の 1 次結合と y_0 の和として

$$y = c_1y_1 + c_2y_2 + y_0 \quad (c_1, c_2 \text{ は任意定数})$$

で与えられる．

証明 y を (1.52) の任意の解とする．y_0 も (1.52) の解なので

$$y'' + P(x)y' + Q(x)y = R(x), \quad y_0'' + P(x)y_0' + Q(x)y_0 = R(x)$$

$$\therefore \quad (y - y_0)'' + P(x)(y - y_0)' + Q(x)(y - y_0) = 0$$

となる．よって，$y - y_0$ は補助方程式 (1.53) の解なので，定理 1.3.1 より

$$y - y_0 = c_1y_1 + c_2y_2 \quad (c_1, c_2 \text{ は任意定数})$$

と表される． □

例題 1.3.6 $y'' + 2y' - 3y = 5e^{2x}$ の一般解を求めよ．

解 補助方程式の特性方程式は $\lambda^2 + 2\lambda - 3 = (\lambda - 1)(\lambda + 3) = 0$ なので，その基本解は $y_1 = e^x$，$y_2 = e^{-3x}$ である．

次に，与式の特殊解を $y_0 = ae^{2x}$ (a は定数) と推測する．$y_0' = 2ae^{2x}$，$y_0'' = 4ae^{2x}$ なので，これらを与式に代入すると

$$(4a + 4a - 3a)e^{2x} = 5e^{2x} \qquad \therefore \quad 5ae^{2x} = 5e^{2x}$$

となる．上式はすべての x について成り立つので，係数を比較して，$a = 1$ を得る．よって，特殊解は $y_0 = e^{2x}$ である．ゆえに，一般解は $y = c_1e^x + c_2e^{-3x} + e^{2x}$ となる． □

定理 1.3.4 より，2 階線形微分方程式の一般解を求めるには，補助方程式の基本解と，もとの方程式の 1 つの解 (特殊解) がわかればよい (図 1.2)．定数係数の場合は，補助方程式の基本解は，その特性方程式の解から求まる (定理 1.3.3)．一方，もとの方程式の特殊解を求めるのは，一般には容易ではない．特殊解を求める 1 つの方法として，微分演算子を用いた演算子法があるが，本書では，

2 階線形微分方程式の一般解	=	補助方程式の基本解の 1 次結合	+	特殊解

図 **1.2** 2 階線形微分方程式の一般解

非同次項 $R(x)$ の形から，特殊解の形を推測し，それを与式に代入して特殊解を決定する**未定係数法**を解説する．ラプラス変換を利用したより強力な方法については，2 章で取り扱う．

以下では，補助方程式の特性方程式，特性多項式，基本解のことを，単に，特性方程式，特性多項式，基本解とよぶことにする．

(a)　$R(x)$ が m 次の多項式のとき　特殊解 y_0 を

$$y_0 = a_0 x^m + a_1 x^{m-1} + \cdots + a_{m-1} x + a_m$$

と推測する．ただし，特性方程式が 0 を解にもつときは，y_0 に x をかけた xy_0 を推測特殊解とする．

例題 1.3.7　$y'' - 2y' + 2y = x^2 - 1$ の一般解を求めよ．

解　特性方程式 $\lambda^2 - 2\lambda + 2 = 0$ の解は $\lambda = 1 \pm i$ なので，基本解は $y_1 = e^x \sin x$, $y_2 = e^x \cos x$ となる．

次に，推測特殊解を $y_0 = a_0 x^2 + a_1 x + a_2$ とおく．$y_0' = 2a_0 x + a_1$，$y_0'' = 2a_0$ なので，これらを与式に代入して整理すると

$$2a_0 x^2 + 2(-2a_0 + a_1)x + 2(a_0 - a_1 + a_2) = x^2 - 1$$

となる．上式は x に関する恒等式なので，両辺の係数を比較すると

$$2a_0 = 1, \quad 2(-2a_0 + a_1) = 0, \quad 2(a_0 - a_1 + a_2) = -1$$

となる．これを解いて，$a_0 = \dfrac{1}{2}$，$a_1 = 1$，$a_2 = 0$ を得る．ゆえに，特殊解は $y_0 = \dfrac{x^2}{2} + x$ である．よって，一般解は $y = e^x(c_1 \sin x + c_2 \cos x) + \dfrac{x^2}{2} + x$ となる．　□

例題 1.3.8　$y'' - 2y' = 16x - 8$ の一般解を求めよ．

解　特性方程式は $\lambda^2 - 2\lambda = \lambda(\lambda - 2) = 0$ なので，基本解は $y_1 = 1$，$y_2 = e^{2x}$ となる．

次に，与式の特殊解を求める．特性方程式が 0 を解にもつので，多項式 $16x-8$ に対する推測特殊解は，a_0x+a_1 に x をかけた $y_0=x(a_0x+a_1)$ としなければならない．$y_0'=2a_0x+a_1$，$y_0''=2a_0$ なので，与式に代入すると

$$2a_0-2(2a_0x+a_1)=16x-8, \quad -4a_0x+2(a_0-a_1)=16x-8$$

となる．両辺の係数を比較して，$a_0=-4$，$a_1=0$ を得る．よって，一般解は $y=c_1+c_2e^{2x}-4x^2$ となる．　□

(b)　$R(x)=ke^{\mu x}$ のとき　特殊解 y_0 を

$$y_0=ae^{\mu x}$$

と推測する．

例題 1.3.9　$y''-4y'+4y=3e^{-x}$ の一般解を求めよ．

解　特性方程式は $\lambda^2-4\lambda+4=(\lambda-2)^2=0$ なので，基本解は $y_1=e^{2x}$，$y_2=xe^{2x}$ となる．

次に，推測特殊解を $y_0=ae^{-x}$ とおく．$y_0'=-ae^{-x}$，$y_0''=ae^{-x}$ なので，これらを与式に代入すると

$$ae^{-x}-4(-ae^{-x})+4ae^{-x}=3e^{-x} \qquad \therefore \quad 9ae^{-x}=3e^{-x}$$

となる．両辺の係数を比較すれば，$a=\dfrac{1}{3}$ となり，特殊解は $y_0=\dfrac{1}{3}e^{-x}$ である．よって，一般解は $y=(c_1+c_2x)e^{2x}+\dfrac{1}{3}e^{-x}$ となる．　□

(c)　$R(x)=k\sin\nu x+l\cos\nu x$ のとき　特殊解 y_0 を

$$y_0=a\sin\nu x+b\cos\nu x$$

と推測する．

例題 1.3.10　$y''-3y'=10\sin x$ の一般解を求めよ．

解　特性方程式は $\lambda^2-3\lambda=\lambda(\lambda-3)=0$ なので，基本解は $y_1=1$，$y_2=e^{3x}$ となる．

次に，推測特殊解を $y_0=a\sin x+b\cos x$ とおく．$y_0'=a\cos x-b\sin x$，$y_0''=-a\sin x-b\cos x$ を与式に代入して整理すると

$$(-a+3b)\sin x+(-3a-b)\cos x=10\sin x$$

となる．両辺の係数を比較すれば，$-a+3b=10$，$-3a-b=0$ となるので，これを解いて，$a=-1$，$b=3$ を得る．よって，特殊解は $y_0=-\sin x+3\cos x$ となり，一般解は $y=c_1+c_2e^{3x}-\sin x+3\cos x$ である． □

(d)　$\boldsymbol{R(x)=kx^m e^{\mu x}\sin\nu x+lx^m e^{\mu x}\cos\nu x}$ のとき　特殊解 y_0 を

$$y_0=(a_0x^m+\cdots+a_{m-1}x+a_m)e^{\mu x}\sin\nu x \\ +(b_0x^m+\cdots+b_{m-1}x+b_m)e^{\mu x}\cos\nu x$$

と推測する．

例題 1.3.11　$y''+y=5e^x\cos x$ の一般解を求めよ．

解　特性方程式 $\lambda^2+1=0$ の解は $\lambda=\pm i$ なので，基本解は $y_1=\sin x$，$y_2=\cos x$ となる．

次に，推測特殊解を $y_0=ae^x\sin x+be^x\cos x$ とおく．

$$y_0'=(a-b)e^x\sin x+(a+b)e^x\cos x,\quad y_0''=-2be^x\sin x+2ae^x\cos x$$

なので，これらを与式に代入して整理すると

$$(a-2b)e^x\sin x+(2a+b)e^x\cos x=5e^x\cos x$$

となる．両辺を比較すると，$a-2b=0$，$2a+b=5$ で，これを解いて，$a=2$，$b=1$ を得る．よって，特殊解は $y_0=e^x(2\sin x+\cos x)$ となり，一般解は $y=c_1\sin x+c_2\cos x+e^x(2\sin x+\cos x)$ である． □

(e)　$\boldsymbol{R(x)=R_1(x)+\cdots+R_n(x)}$ のとき　各 $R_i(x)$ に対する推測特殊解 y_{0i} $(i=1,2,\cdots,n)$ の和

$$y_0=y_{01}+\cdots+y_{0n}$$

を推測特殊解とする．

例題 1.3.12　$y''+4y'+5y=5x+8\sin x$ の一般解を求めよ．

解　特性方程式 $\lambda^2+4\lambda+5=0$ の解は $\lambda=-2\pm i$ なので，基本解は $y_1=e^{-2x}\sin x$，$y_2=e^{-2x}\cos x$ となる．

次に，与式の特殊解を求める．与式の右辺のうち，$5x$ に対する推測特殊解は a_0x+a_1，$8\sin x$ に対する推測特殊解は $b_1\sin x+b_2\cos x$ なので，特殊解を

$$y_0=a_0x+a_1+b_1\sin x+b_2\cos x$$

と推測する．$y_0' = a_0 + b_1 \cos x - b_2 \sin x$，$y_0'' = -b_1 \sin x - b_2 \cos x$ なので，これらを与式に代入して整理すると

$$5a_0x + (4a_0 + 5a_1) + 4(b_1 - b_2)\sin x + 4(b_1 + b_2)\cos x = 5x + 8\sin x$$

となる．両辺の係数を比較すると

$$5a_0 = 5, \quad 4a_0 + 5a_1 = 0, \quad 4(b_1 - b_2) = 8, \quad 4(b_1 + b_2) = 0$$

となるので，これを解いて，$a_0 = 1$，$a_1 = -\dfrac{4}{5}$，$b_1 = 1$，$b_2 = -1$ を得る．これより，特殊解 y_0 が定まり，一般解は

$$y = e^{-2x}(c_1 \sin x + c_2 \cos x) + x - \frac{4}{5} + \sin x - \cos x$$

となる．□

(f)　$R(x) = R_1(x) + \cdots + R_n(x)$ のどれかの項が基本解に含まれる関数の定数倍のとき　たとえば，$R_1(x)$ が基本解に含まれる関数の定数倍のときは，$R_1(x)$ に対する推測特殊解 y_{01} に x をかけた xy_{01} を $R_1(x)$ に対する推測特殊解とする．もし，xy_{01} もまた基本解に含まれる関数の定数倍のときは，x^2y_{01} を $R_1(x)$ に対する推測特殊解とする．

例題 1.3.13　$y'' + y' - 6y = x^2 - x + e^{2x}$ の一般解を求めよ．

解　特性方程式は $\lambda^2 + \lambda - 6 = (\lambda - 2)(\lambda + 3) = 0$ なので，基本解は $y_1 = e^{2x}$，$y_2 = e^{-3x}$ となる．

次に，与式の特殊解を求める．与式の右辺の多項式部分 $x^2 - x$ に対する特殊解は $a_0x^2 + a_1x + a_2$ と推測すればよい．しかし，e^{2x} は基本解 y_1 と同じ関数なので，e^{2x} に対する特殊解は，be^{2x} に x をかけた bxe^{2x} と推測しなければならない．そこで，推測特殊解を

$$y_0 = a_0x^2 + a_1x + a_2 + bxe^{2x}$$

とおく．

$$y_0' = 2a_0x + a_1 + be^{2x} + 2bxe^{2x}, \quad y_0'' = 2a_0 + 4be^{2x} + 4bxe^{2x}$$

なので，これらを与式に代入して整理すると

$$-6a_0x^2 + 2(a_0 - 3a_1)x + (2a_0 + a_1 - 6a_2) + 5be^{2x} = x^2 - x + e^{2x}$$

となる．両辺の係数を比較すると

$$-6a_0 = 1, \quad 2(a_0 - 3a_1) = -1, \quad 2a_0 + a_1 - 6a_2 = 0, \quad 5b = 1$$

となるので，これを解いて，$a_0 = -\dfrac{1}{6}$，$a_1 = \dfrac{1}{9}$，$a_2 = -\dfrac{1}{27}$，$b = \dfrac{1}{5}$ を得る．よって，一般解は

$$y = c_1 e^{2x} + c_2 e^{-3x} - \frac{1}{6}x^2 + \frac{1}{9}x - \frac{1}{27} + \frac{1}{5}xe^{2x}$$

となる． □

未定係数法による特殊解の求め方

<table>
<tr><th>$R(x)$</th><th>推測特殊解 y_0 の形</th></tr>
<tr><td>(a) m 次の多項式</td><td>$a_0x^m + a_1x^{m-1} + \cdots + a_{m-1}x + a_m$
ただし，特性方程式が 0 を解にもつときは，上式に x をかけた関数</td></tr>
<tr><td>(b) $ke^{\mu x}$</td><td>$ae^{\mu x}$</td></tr>
<tr><td>(c) $k\sin\nu x + l\cos\nu x$</td><td>$a\sin\nu x + b\cos\nu x$</td></tr>
<tr><td>(d) $kx^m e^{\mu x}\sin\nu x + lx^m e^{\mu x}\cos\nu x$</td><td>$(a_0x^m + \cdots + a_{m-1}x + a_m)e^{\mu x}\sin\nu x$
$+ (b_0x^m + \cdots + b_{m-1}x + b_m)e^{\mu x}\cos\nu x$</td></tr>
<tr><td colspan="2">(e) $R(x) = R_1(x) + \cdots + R_n(x)$ のときは，各 $R_i(x)$ に対する推測特殊解 y_{0i} の和 $y_0 = y_{01} + \cdots + y_{0n}$ を推測特殊解とする．
(f) $R(x) = R_1(x) + \cdots + R_n(x)$ のどれかの項が基本解に含まれる関数の定数倍のとき，たとえば，$R_1(x)$ が基本解に含まれる関数の定数倍のときは，$R_1(x)$ に対する推測特殊解 y_{01} に x をかけた xy_{01} を $R_1(x)$ に対する推測特殊解とする．もし，xy_{01} もまた基本解に含まれる関数の定数倍のときは，x^2y_{01} を $R_1(x)$ に対する推測特殊解とする．</td></tr>
</table>

次の定理を用いれば，(a) から (f) の方法で特殊解を推測できない場合でも，基本解とそれらのロンスキ行列式から，特殊解を求めることができる．

定理 1.3.5 2 階線形微分方程式 (1.52) の補助方程式 (1.53) の基本解を y_1，y_2 とする．このとき

$$y_0 = y_1 \int \frac{-R(x)y_2}{W(y_1, y_2)}dx + y_2 \int \frac{R(x)y_1}{W(y_1, y_2)}dx \tag{1.54}$$

は (1.52) の特殊解となる．

証明　補助方程式 (1.53) の一般解 $y = c_1y_1 + c_2y_2$ の任意定数 c_1，c_2 を，x の関数 $u(x)$，$v(x)$ で置き換えた

$$y_0 = uy_1 + vy_2 \tag{1.55}$$

が，(1.52) の特殊解となるように u，v を定めてみよう (定数変化法)．上式を微分すると

$$y_0' = u'y_1 + uy_1' + v'y_2 + vy_2'$$

となるが，ここでさらに u，v に対して，次の関係式

$$u'y_1 + v'y_2 = 0 \tag{1.56}$$

を仮定する．このとき，y_0' をさらに微分すると

$$y_0'' = u'y_1' + uy_1'' + v'y_2' + vy_2''$$

となる．これらを (1.52) に代入して整理すると

$$u(y_1'' + P(x)y_1' + Q(x)y_1) + v(y_2'' + P(x)y_2' + Q(x)y_2) + u'y_1' + v'y_2' = R(x)$$

となるが，y_1，y_2 は補助方程式 (1.53) の解なので，上式は

$$u'y_1' + v'y_2' = R(x) \tag{1.57}$$

となる．

さて，y_1，y_2 は基本解なので，ロンスキ行列式は

$$W(y_1, y_2) = \begin{vmatrix} y_1 & y_2 \\ y_1' & y_2' \end{vmatrix} = y_1y_2' - y_2y_1' \neq 0$$

である．よって，(1.56) と (1.57) を連立させた式から u'，v' を求めると

$$u' = \frac{-R(x)y_2}{W(y_1, y_2)}, \quad v' = \frac{R(x)y_1}{W(y_1, y_2)}$$

となる．これらを積分して (1.55) に代入すれば，結論の式が得られる．　□

例題 1.3.14　$y'' - y' = \dfrac{1}{1 + e^x}$ の一般解を求めよ．

解　特性方程式は $\lambda^2 - \lambda = \lambda(\lambda - 1) = 0$ なので，基本解は $y_1 = 1$，$y_2 = e^x$ である．ロンスキ行列式は

$$W(y_1, y_2) = \begin{vmatrix} 1 & e^x \\ 0 & e^x \end{vmatrix} = e^x$$

なので

$$\int \frac{-R(x)y_2}{W(y_1, y_2)}dx = -\int \frac{1}{1+e^x}dx = -\int \left(1 - \frac{e^x}{1+e^x}\right)dx$$
$$= -x + \log(1+e^x)$$
$$\int \frac{R(x)y_1}{W(y_1, y_2)}dx = \int \frac{1}{e^x(1+e^x)}dx = \int \left(\frac{1}{e^x} - \frac{1}{1+e^x}\right)dx$$
$$= -e^{-x} - x + \log(1+e^x)$$

となる．ゆえに，一般解は $y = c_1 + c_2e^x + (e^x+1)\{\log(1+e^x) - x\} - 1$ である． □

問題 1.3.3

1. 次の微分方程式の一般解を求めよ．

(1) $y'' - 3y' + 2y = 2x^2 - 6x + 6$ (2) $y'' + 4y' + 4y = 9e^x$

(3) $2y'' - y' - y = 4xe^{-x}$ (4) $y'' + 4y' + 5y = 4(\sin x + \cos x)$

(5) $y'' - 2y' + 4y = e^x \cos x$ (6) $y'' - 4y = 2e^{3x} + \sin x$

(7) $y'' - 7y' + 10y = 6x + 8e^{2x}$ (8) $y'' - 2y' + 5y = 5x^2$

(9) $y'' + 4y = xe^x \sin 2x$ (10) $y'' + 2y' + 5y = \cos 2x + 5x$

(11) $y'' + y' = 2x + 3\cos x + e^{-x}$ (12) $y'' - 2y' + y = \cos^2 x$

2. 次の微分方程式の一般解を求めよ．

(1) $y'' + 6y' + 8y = \dfrac{2}{1+e^{2x}}$ (2) $y'' + y = \dfrac{1}{\cos x}$

1.4 線形微分方程式

1 階または 2 階線形微分方程式の場合と同様に，$P_1(x), \cdots, P_n(x), R(x)$ を x の関数とするとき

$$y^{(n)} + P_1(x)y^{(n-1)} + \cdots + P_{n-1}(x)y' + P_n(x)y = R(x) \tag{1.58}$$

の形の方程式を **n 階線形微分方程式**という．特に，$R(x) \equiv 0$ のとき，(1.58) は

$$y^{(n)} + P_1(x)y^{(n-1)} + \cdots + P_{n-1}(x)y' + P_n(x)y = 0 \tag{1.59}$$

となるが，(1.59) を **n 階同次線形微分方程式**という．また，(1.59) を (1.58) の**補助方程式**といい，補助方程式 (1.59) の 1 次独立な n 個の解 $y_1, \cdots, y_n$ を基本

解という．$R(x) \neq 0$ のときは，(1.58) は**非同次**であるといい，$R(x)$ をその**非同次項**という．特に，方程式 (1.58) と (1.59) において，$P_1(x), \cdots, P_n(x)$ がすべて定数のとき，それらは**定数係数**であるという．

n 階線形微分方程式も，2 階の場合と同様に，その任意の解は，補助方程式の基本解の 1 次結合と，もとの方程式の特殊解の和で表される (図 1.3)．しかし，2 階の場合 (定理 1.3.4) と異なり，一般の n 階の場合の証明には，線形微分方程式の解の存在と一意性に関する定理が必要となるので，本書では結果だけを述べるにとどめる．

| n 階線形微分方程式の一般解 | = | 補助方程式の基本解の 1 次結合 | + | 特殊解 |

図 1.3　n 階線形微分方程式の一般解

定理 1.4.1 (線形微分方程式の解の存在と一意性)　$P_k(x)$ $(k = 1, 2, \cdots, n)$, $R(x)$ は閉区間 $[x_0 - a, x_0 + a]$ で連続とする．このとき，初期条件

$$y(x_0) = y_{0,0}, \quad y^{(k)}(x_0) = y_{0,k} \quad (k = 1, \cdots, n-1)$$

を満たす n 階線形微分方程式 (1.58) の解 y は，閉区間内でただ 1 つ存在する．

定理 1.4.2　n 階同次線形微分方程式 (1.59) の基本解を $y_1, y_2, \cdots, y_n$ とする．このとき，(1.59) の任意の解 y は

$$y = c_1 y_1 + c_2 y_2 + \cdots + c_n y_n \quad (c_1,\ c_2,\ \cdots,\ c_n \text{ は任意定数})$$

で与えられる．

定理 1.4.3　y_0 を n 階線形微分方程式 (1.58) の 1 つの解，$y_1, y_2, \cdots, y_n$ を補助方程式 (1.59) の基本解とする．このとき，(1.58) の任意の解 y は

$$y = c_1 y_1 + c_2 y_2 + \cdots + c_n y_n + y_0 \quad (c_1,\ c_2,\ \cdots,\ c_n \text{ は任意定数})$$

で与えられる．

1.4.1　定数係数同次線形微分方程式

定数係数 2 階同次線形微分方程式の基本解は，定理 1.3.3 を用いて，特性方程式の解から求めることができる．ここでは，より高階の場合の基本解の求め方を解説する．

定数係数 3 階同次線形微分方程式

$$y''' - 3y'' + 4y' - 2y = 0 \tag{1.60}$$

を変形すると

$$(y'' - 2y' + 2y)' - (y'' - 2y' + 2y) = 0$$

となる．よって，$y'' - 2y' + 2y = 0$ の基本解 $y_1 = e^x \sin x$，$y_2 = e^x \cos x$ は (1.60) の解である．また，(1.60) は

$$(y' - y)'' - 2(y' - y)' + 2(y' - y) = 0$$

とも変形できるので，$y' - y = 0$ の解 $y_3 = e^x$ も (1.60) の解となる．この 3 つの解は 1 次独立なので，y_1，y_2，y_3 は (1.60) の基本解である．定数係数同次線形微分方程式の基本解を，この方法で能率よく求めるには，微分演算子の考え方を導入すると便利である．

一般に，関数に関数を対応させる写像を，演算子，作用素，変換などという．微分方程式の解法では，関数 $y = y(x)$ にその導関数 y' を対応させる演算子が役に立つ．これを**微分演算子**といい，記号 D で表す．

演算子は写像なので，演算子 S，T に対して，その和 $S + T$，積 ST，定数倍 aS，べき乗 S^n が定義できる．関数 y にそれ自身を対応させる演算子を I または 1 で表し，**恒等演算子**という．また，関数 y に常に 0 の値をとる関数，すなわち，零関数を対応させる演算子を O または 0 で表し，**零演算子**という．以下では，定数 a，b に対して，演算子 $aD + bI$，aI，$D(aI)$ を，それぞれ $aD + b$，a，Da と略記する．このとき，関数 y に対して

$$(aD + b)y = ay' + by, \quad (Da)y = ay', \quad D^n y = y^{(n)}$$

などが成り立つ．

一般に，定数 $a_1, a_2, \cdots, a_n$ を係数とする多項式

$$f(t) = t^n + a_1 t^{n-1} + \cdots + a_{n-1} t + a_n$$

に対して，演算子

$$f(D) = D^n + a_1 D^{n-1} + \cdots + a_{n-1} D + a_n$$

を**微分多項式**という．これを用いれば，定数係数 n 階線形微分方程式

$$y^{(n)} + a_1 y^{(n-1)} + \cdots + a_{n-1} y' + a_n y = R(x)$$

を，簡単に

$$f(D)y = R(x)$$

と表せる．微分の線形性より，x の関数 y，z と定数 a，b に対して

$$f(D)(ay + bz) = af(D)y + bf(D)z$$

が成り立つので，微分多項式 $f(D)$ は線形写像である．もう少しだけ，微分演算子や微分多項式の性質を調べておこう．

定理 1.4.4　微分演算子 D と微分多項式は次の性質をもつ．

(1)　$D^mD^n = D^nD^m = D^{m+n}$，$(D^m)^n = D^{mn}$　(m，n は自然数)

(2)　定数 a に対して $Da = aD$

(3)　多項式 $f(t)$，$g(t)$ に対して，$h(t) = f(t)g(t)$ とおくと

$$f(D)g(D) = g(D)f(D) = h(D)$$

証明　(1) と (2) は明らか．よって (3) を示す．

多項式 $f(t)$，$g(t)$ を

$$f(t) = \sum_{i=0}^{m} a_i t^{m-i}, \quad g(t) = \sum_{j=0}^{n} b_j t^{n-j}$$

とおく．このとき

$$h(t) = f(t)g(t) = \sum_{i=0}^{m}\sum_{j=0}^{n} a_i b_j t^{m+n-i-j}$$

なので，$D^0 = I$ とすると

$$h(D) = \sum_{i=0}^{m}\sum_{j=0}^{n} a_i b_j D^{m+n-i-j} = \sum_{i=0}^{m}\sum_{j=0}^{n} a_i D^{m-i}\left(b_j D^{n-j}\right)$$

$$= \left(\sum_{i=0}^{m} a_i D^{m-i}\right)\left(\sum_{j=0}^{n} b_j D^{n-j}\right) = f(D)g(D)$$

となる．また，$h(t) = g(t)f(t)$ なので，$h(D) = g(D)f(D)$ も成り立つ．　□

以上の結果から，微分多項式は普通の多項式のように展開したり，因数分解したりしてよいことがわかる．たとえば，定数係数 3 階同次線形微分方程式

$$y''' - 3y'' + 4y' - 2y = 0 \tag{1.61}$$

を，微分多項式を用いて表すと

$$(D^3 - 3D^2 + 4D - 2)y = 0$$

となるが，左辺の微分多項式は

$$\begin{aligned} D^3 - 3D^2 + 4D - 2 &= (D-1)(D^2 - 2D + 2) \\ &= (D^2 - 2D + 2)(D-1) \end{aligned}$$

と因数分解できる．よって，任意の関数 y に対して

$$\begin{aligned} y''' - 3y'' + 4y' - 2y &= (D-1)(D^2 - 2D + 2)y \\ &= (D-1)(y'' - 2y' + 2y) \\ &= (y'' - 2y' + 2y)' - (y'' - 2y' + 2y) \end{aligned}$$

$$\begin{aligned} y''' - 3y'' + 4y' - 2y &= (D^2 - 2D + 2)(D-1)y \\ &= (D^2 - 2D + 2)(y' - y) \\ &= (y' - y)'' - 2(y' - y)' + 2(y' - y) \end{aligned}$$

が成り立つ．この式変形は，定数係数線形微分方程式の基本解を求める際に行った式変形と同じである．

さて，微分方程式 (1.61) の基本解は，2 つの微分方程式 $(D^2 - 2D + 2)y = 0$ と $(D-1)y = 0$ の基本解を合わせたものであった．このことを一般に述べると次のようになる．

定理 1.4.5 $f(t)$ と $g(t)$ は互いに素な多項式とする．関数 y が次の 2 つの微分方程式

$$f(D)y = 0 \tag{1.62}$$

$$g(D)y = 0 \tag{1.63}$$

を同時に満たす解ならば，$y = 0$ となる．

証明 互いに素な多項式の性質より

$$p(t)f(t) + q(t)g(t) = 1$$

を満たす多項式 $p(t)$ と $q(t)$ が存在する．よって

$$p(D)f(D) + q(D)g(D) = 1$$

である．関数 y は (1.62) と (1.63) の解なので

$$y=\{p(D)f(D)+q(D)g(D)\}y=p(D)f(D)y+q(D)g(D)y=0$$

となる． □

定理 1.4.6 $f(t)$ と $g(t)$ は互いに素な多項式とする．定数係数同次線形微分方程式

$$f(D)g(D)y=0 \tag{1.64}$$

の基本解は，$f(D)y=0$ の基本解と，$g(D)y=0$ の基本解を合わせたものである．

証明 方程式 $f(D)y=0$，$g(D)y=0$ の階数をそれぞれ m，n とし，基本解をそれぞれ $y_1,\cdots,y_m$，$z_1,\cdots,z_n$ とする．$f(D)g(D)=g(D)f(D)$ より，これら $m+n$ 個の関数は，(1.64) の解となる．よって，それらが 1 次独立であることを示せばよい．

$m+n$ 個の定数 $a_1,\cdots,a_m$, $b_1,\cdots,b_n$ に対して

$$a_1y_1+\cdots+a_my_m+b_1z_1+\cdots+b_nz_n=0$$

とおく．このとき

$$a_1y_1+\cdots+a_my_m=-b_1z_1-\cdots-b_nz_n$$

の左辺は $f(D)y=0$ の解，右辺は $g(D)y=0$ の解なので，上式は 2 つの方程式 $f(D)y=0$ と $g(D)y=0$ を同時に満たす解となる．よって，定理 1.4.5 より

$$a_1y_1+\cdots+a_my_m=0, \quad b_1z_1+\cdots+b_nz_n=0$$

となる．$y_1,\cdots,y_m$ および $z_1,\cdots,z_n$ はそれぞれ 1 次独立なので

$$a_1=\cdots=a_m=0, \quad b_1=\cdots=b_n=0$$

となり，$m+n$ 個の関数 $y_1,\cdots,y_m,z_1,\cdots,z_n$ の 1 次独立性が示された． □

実数係数の多項式は，実数の範囲で，$(t-\alpha)^n$，$(t^2+at+b)^m$ $(a^2-4b<0)$ の形の互いに素な多項式のいくつかの積に因数分解できる．よって，定理 1.4.2 と定理 1.4.6 より，定数係数同次線形微分方程式の一般解を求めるには，方程式 $(D-\alpha)^ny=0$ と $(D^2+aD+b)^my=0$ の基本解がわかればよい．そこで，以下では，上の 2 つの形の同次方程式の基本解を求める．次の定理はそのための準備である．

定理 1.4.7 関数 $y = y(x)$ と微分多項式 $f(D)$ に対して，以下が成り立つ．

(1) $f(D)(xy) = xf(D)y + f'(D)y$

(2) $f(D)y = 0$ ならば，自然数 m と $p = 0, 1, \cdots, m-1$ に対して

$$f(D)^m(x^p y) = 0$$

ここで，$f'(D)$ は多項式 f を微分した式に D を代入して得られる微分多項式を表す．

証明 (1) 積の微分法より，$D(xy) = y + xDy$，$D^2(xy) = 2Dy + xD^2y, \cdots$，$D^n(xy) = nD^{n-1}y + xD^n y$ なので

$$\begin{aligned} f(D)(xy) &= (D^n + a_1 D^{n-1} + \cdots + a_{n-1}D + a_n)(xy) \\ &= \{nD^{n-1}y + xD^n y\} + a_1\{(n-1)D^{n-2}y + xD^{n-1}y\} \\ &\quad + \cdots + a_{n-1}(y + xDy) + a_n xy \\ &= x(D^n + a_1 D^{n-1} + \cdots + a_{n-1}D + a_n)y \\ &\quad + \{nD^{n-1} + (n-1)a_1 D^{n-2} + \cdots + a_{n-1}\}y \\ &= xf(D)y + f'(D)y \end{aligned}$$

が成り立つ．

(2) m についての数学的帰納法で示す．$m = 2$，$p = 0$ のときは明らか．$m = 2$，$p = 1$ のときは，$f(D)f'(D) = f'(D)f(D)$ と公式 (1) より

$$f(D)^2(xy) = f(D)\{xf(D)y + f'(D)y\} = f'(D)f(D)y = 0$$

となり，与式が成り立つ．

次に，m のとき成り立つと仮定すると，$p = 0, 1, \cdots, m-1$ に対して

$$f(D)^m(x^p y) = 0 \tag{1.65}$$

となる．このとき，$p = 0, 1, \cdots, m$ に対して

$$f(D)^{m+1}(x^p y) = 0 \tag{1.66}$$

を示せばよい．(1.65) の両辺に左から $f(D)$ をかければ，$p = 0, 1, \cdots, m-1$ に対して (1.66) が成り立つことがわかる．よって，以下では，$p = m$ のときに成り立つことを示す．この場合も，帰納法の仮定 (1.65) および

$$f(D)^m f'(D) = f'(D)f(D)^m$$

と，公式 (1) を用いて計算すると

$$
\begin{aligned}
f(D)^{m+1}(x^m y) &= f(D)^m\{xf(D)(x^{m-1}y) + f'(D)(x^{m-1}y)\} \\
&= f(D)^m\{xf(D)(x^{m-1}y)\} \\
&= f(D)^{m-1}\{xf(D)^2(x^{m-1}y) + f'(D)f(D)(x^{m-1}y)\} \\
&= f(D)^{m-1}\{xf(D)^2(x^{m-1}y)\} \\
&= \cdots\cdots \\
&= f(D)\{xf(D)^m(x^{m-1}y)\} = 0
\end{aligned}
$$

となり，(1.66) が成り立つことが示された．　□

定理 1.4.8　α，a，b は実定数とする．

(1)　微分方程式 $(D-\alpha)^n y = 0$ の n 個の基本解は

$$
e^{\alpha x}, \quad xe^{\alpha x}, \quad \cdots, \quad x^{n-1}e^{\alpha x}
$$

である．

(2)　方程式 $\lambda^2 + a\lambda + b = 0$ が虚数解 $\lambda = \mu \pm \nu i$ をもつとする．このとき，微分方程式 $(D^2 + aD + b)^m y = 0$ の $2m$ 個の基本解は

$$
\begin{aligned}
&e^{\mu x}\sin\nu x, \quad xe^{\mu x}\sin\nu x, \quad \cdots, \quad x^{m-1}e^{\mu x}\sin\nu x \\
&e^{\mu x}\cos\nu x, \quad xe^{\mu x}\cos\nu x, \quad \cdots, \quad x^{m-1}e^{\mu x}\cos\nu x
\end{aligned}
$$

である．

証明　(1)　$(D-\alpha)e^{\alpha x} = 0$ なので，定理 1.4.7(2) より

$$
(D-\alpha)^n(x^p e^{\alpha x}) = 0 \quad (p = 0, 1, \cdots, n-1)
$$

となる．よって，$e^{\alpha x}, xe^{\alpha x}, \cdots, x^{n-1}e^{\alpha x}$ は $(D-\alpha)^n y = 0$ の解である．また，これら n 個の関数は 1 次独立なので，基本解である．

(2)　定理 1.3.3 より，$e^{\mu x}\sin\nu x$，$e^{\mu x}\cos\nu x$ は $(D^2 + aD + b)y = 0$ の解である．よって，定理 1.4.7(2) より，与えられた $2m$ 個の関数は $(D^2 + aD + b)^m y = 0$ の解となる．また，これらの関数は 1 次独立なので，基本解である．　□

以上より，定数係数同次線形微分方程式の基本解を求めるには，特性多項式を，実数の範囲内で互いに素な多項式の積に因数分解し，各因子多項式に対して，定理 1.4.8 を用いて求めた基本解をすべて合わせればよいことがわかる．このとき，定理 1.4.2 より，一般解はそれら基本解の 1 次結合で与えられる (図 1.4).

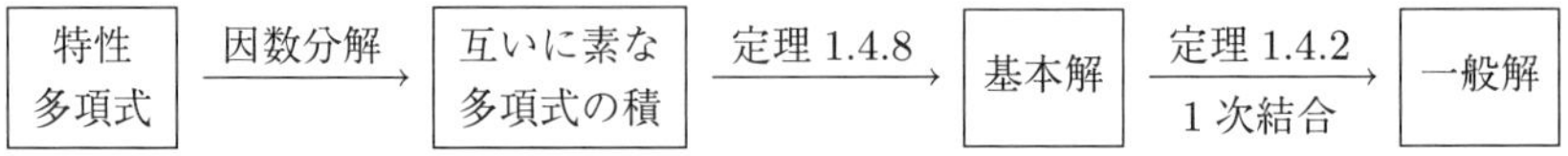

図 1.4　定数係数同次線形微分方程式の解法

例題 1.4.1　次の微分方程式の一般解を求めよ．

(1)　$y''' + 3y'' - 4y = 0$

(2)　$y''' - y'' + y' + 3y = 0$

(3)　$(D-3)^2(D^2-4D+5)^3y = 0$

解　(1)　特性多項式を因数分解すると

$$\lambda^3 + 3\lambda^2 - 4 = (\lambda - 1)(\lambda + 2)^2$$

で，特性方程式の解は，$\lambda = 1, -2$ (2 重解) である．よって，基本解は e^x，e^{-2x}，xe^{-2x} となる．ゆえに，一般解は $y = c_1e^x + (c_2 + c_3x)e^{-2x}$ である．

(2)　特性多項式を因数分解すると

$$\lambda^3 - \lambda^2 + \lambda + 3 = (\lambda + 1)(\lambda^2 - 2\lambda + 3)$$

で，特性方程式の解は，$\lambda = -1$，$1 \pm \sqrt{2}i$ である．よって，基本解は

$$e^{-x},\ e^x \sin\sqrt{2}x,\ e^x \cos\sqrt{2}x$$

となる．ゆえに，一般解は $y = c_1e^{-x} + e^x(c_2 \sin\sqrt{2}x + c_3 \cos\sqrt{2}x)$ である．

(3)　特性多項式は

$$(\lambda - 3)^2(\lambda^2 - 4\lambda + 5)^3$$

で，特性方程式の解は，$\lambda = 3$ (2 重解)，$2 \pm i$ (3 重解) である．よって，基本解は

$$e^{3x},\ xe^{3x},\ e^{2x}\sin x,\ e^{2x}\cos x,\ xe^{2x}\sin x,\ xe^{2x}\cos x,$$
$$x^2e^{2x}\sin x,\ x^2e^{2x}\cos x$$

となる．ゆえに，一般解は

$$y = (c_1 + c_2x)e^{3x} + (c_3 + c_4x + c_5x^2)e^{2x}\sin x + (c_6 + c_7x + c_8x^2)e^{2x}\cos x$$

である．　□

問題 1.4.1

1. 微分演算子 D に関する次の計算をせよ．

(1) $(3D+2)x^2$　　(2) $(D^3-2D^2+D-4)x^4$

(3) $(D-1)(D+2)e^{2x}$　　(4) $(D+4)(D-1)(e^x+\cos x)$

(5) $(D+1)(D+2)(D+3)\sin x$　　(6) $(D-1)^3(x^4e^{-x})$

(7) $(D^2+D+1)(e^x\cos 2x)$　　(8) $(D-1)(D^2-2D+3)(e^{2x}\sin x)$

2. 次の微分方程式の一般解を求めよ．

(1) $y'''-2y''-5y'+6y=0$　　(2) $y'''-3y'-2y=0$

(3) $(D^4-2D^2+1)y=0$　　(4) $(D^2+D+1)^2y=0$

(5) $(D-1)^2(D^2-2D+5)y=0$　　(6) $(D+2)^3(D^2-4D+5)^2y=0$

3. $y'''+ay''+by'+cy=0$ の一般解が

$$y=c_1e^{-x}+c_2e^x\cos\sqrt{2}x+c_3e^x\sin\sqrt{2}x \quad (c_1, c_2, c_3 \text{ は任意定数})$$

であるとき，定数 a，b，c の値を定めよ．

1.4.2 定数係数非同次線形微分方程式

定理 1.4.3 より，定数係数 n 階線形微分方程式

$$y^{(n)}+a_1y^{(n-1)}+\cdots+a_{n-1}y'+a_ny=R(x) \tag{1.67}$$

の一般解 y は，補助方程式

$$y^{(n)}+a_1y^{(n-1)}+\cdots+a_{n-1}y'+a_ny=0 \tag{1.68}$$

の n 個の基本解 $y_1, y_2, \cdots, y_n$ の 1 次結合と，(1.67) の 1 つの解 y_0 の和として

$$y=c_1y_1+c_2y_2+\cdots+c_ny_n+y_0$$

で与えられる．

補助方程式の基本解は，1.4.1 項の方法で求めることができる．また，(1.67) の特殊解も，1.3.3 項で述べた未定係数法で見いだせる．ただし，$R(x)$ が m 次の多項式の場合の推測特殊解 y_0 は，特性方程式が 0 を k 重解にもつときは，$y_0=x^k(a_0x^m+a_1x^{m-1}+\cdots+a_{m-1}x+a_m)$ とする．よって，今まで学んだことを総合すれば，定数係数 n 階線形微分方程式 (1.67) の解を求めることができる．以下でも，1.3.3 項と同様に，補助方程式の特性方程式，特性多項式，基本解のことを，単に，特性方程式，特性多項式，基本解とよぶ．

例題 1.4.2 次の微分方程式の一般解を求めよ.

(1) $y^{(4)}+2y''+y=x^2+x$

(2) $y'''-y''-y'+y=x^2+2e^{-x}$

(3) $y'''+y''+y'+y=e^{-x}\cos x$

(4) $y'''+3y''+3y'+y=6e^{-x}$

解 (1) 特性多項式の因数分解は

$$\lambda^4+2\lambda^2+1=(\lambda^2+1)^2$$

なので，特性方程式の解は，$\lambda=\pm i$ (2 重解) となる．よって，基本解は $\sin x$，$\cos x$，$x\sin x$，$x\cos x$ である．

次に，推測特殊解を $y_0=ax^2+bx+c$ とおく．$y_0'=2ax+b$，$y_0''=2a$，$y_0'''=y_0^{(4)}=0$ なので，これらを与式に代入して整理すると

$$ax^2+bx+(4a+c)=x^2+x$$

となる．両辺の係数を比較すると，$a=1$，$b=1$，$c=-4$ となり，特殊解 $y_0=x^2+x-4$ を得る．よって，一般解は $y=(c_1+c_2x)\sin x+(c_3+c_4x)\cos x+x^2+x-4$ である．

(2) 特性多項式の因数分解は

$$\lambda^3-\lambda^2-\lambda+1=(\lambda+1)(\lambda-1)^2$$

なので，特性方程式の解は，$\lambda=-1$，1 (2 重解) である．よって，基本解は e^{-x}，e^x，xe^x となる．

次に特殊解を求める．右辺の第 1 項 x^2 に対する特殊解は ax^2+bx+c と推測できる．一方，第 2 項の $2e^{-x}$ は基本解 e^{-x} の定数倍なので，その推測特殊解は dxe^{-x} としなければならない．そこで，推測特殊解を

$$y_0=ax^2+bx+c+dxe^{-x}$$

とおく．$y_0'=2ax+b+de^{-x}-dxe^{-x}$，$y_0''=2a-2de^{-x}+dxe^{-x}$，$y_0'''=3de^{-x}-dxe^{-x}$ なので，これらを与式に代入して整理すると

$$ax^2+(-2a+b)x+(-2a-b+c)+4de^{-x}=x^2+2e^{-x}$$

となる．両辺の係数を比較すると

$$a=1,\quad -2a+b=0,\quad -2a-b+c=0,\quad 4d=2$$

なので，これを解いて，$a=1$，$b=2$，$c=4$，$d=\dfrac{1}{2}$ を得る．ゆえに，一般解は $y=c_1e^{-x}+(c_2+c_3x)e^x+x^2+2x+4+\dfrac{1}{2}xe^{-x}$ である．

(3)　特性多項式の因数分解は

$$\lambda^3+\lambda^2+\lambda+1=(\lambda+1)(\lambda^2+1)$$

なので，特性方程式の解は，$\lambda=-1$，$\pm i$ である．よって，基本解は e^{-x}，$\sin x$，$\cos x$ となる．

次に，推測特殊解を $y_0=ae^{-x}\sin x+be^{-x}\cos x$ とおく．$y_0'=-(a+b)e^{-x}\sin x+(a-b)e^{-x}\cos x$，$y_0''=2be^{-x}\sin x-2ae^{-x}\cos x$，$y_0'''=2(a-b)e^{-x}\sin x+2(a+b)e^{-x}\cos x$ なので，これらを与式に代入して整理すると

$$(2a-b)e^{-x}\sin x+(a+2b)e^{-x}\cos x=e^{-x}\cos x$$

となる．両辺の係数を比較して，$a=\dfrac{1}{5}$，$b=\dfrac{2}{5}$ を得る．ゆえに，一般解は $y=c_1e^{-x}+c_2\sin x+c_3\cos x+\dfrac{1}{5}e^{-x}(\sin x+2\cos x)$ である．

(4)　特性多項式の因数分解は

$$\lambda^3+3\lambda^2+3\lambda+1=(\lambda+1)^3$$

なので，特性方程式の解は，$\lambda=-1$ (3 重解) である．よって，基本解は e^{-x}，xe^{-x}，x^2e^{-x} となる．

次に特殊解を求める．右辺の $6e^{-x}$ は基本解 e^{-x} の定数倍なので，ae^{-x} に x をかけた axe^{-x} を考えると，これも基本解 xe^{-x} の定数倍になっている．そこで，さらに x をかけた ax^2e^{-x} を考える必要があるが，これもやはり基本解 x^2e^{-x} の定数倍である．結局，さらにもう一度 x をかけた，$y_0=ax^3e^{-x}$ を推測特殊解とする．$y_0'=3ax^2e^{-x}-ax^3e^{-x}$，$y_0''=6axe^{-x}-6ax^2e^{-x}+ax^3e^{-x}$，$y_0'''=6ae^{-x}-18axe^{-x}+9ax^2e^{-x}-ax^3e^{-x}$ なので，これらを与式に代入して整理すると，$6ae^{-x}=6e^{-x}$ となる．よって，$a=1$ を得る．ゆえに，一般解は $y=(c_1+c_2x+c_3x^2)e^{-x}+x^3e^{-x}$ である．　□

問題 1.4.2

1.　次の微分方程式の一般解を求めよ．

(1)　$y''-y'-2y=x^2$　　(2)　$y''+2y'-y=\cos x$

(3)　$y''+4y'+4y=e^x$　　(4)　$y''+2y'=2\cos x$

(5) $y''' + 4y'' + 4y' = xe^{-x}$　(6) $y'' - 4y' + 3y = e^{2x}(x^2+1)$

(7) $y'' - 2y' + 10y = e^{2x}\sin 3x$　(8) $y''' + y'' + y' + y = e^{-x}\sin x$

2. 次の微分方程式の一般解を求めよ．

(1) $y''' - 3y'' + 2y' = x^2 - x + 1$　(2) $y^{(4)} - 2y''' + y'' = x$

(3) $y'' + 6y' + 9y = e^{-3x}$　(4) $y''' + 9y' = 2\cos 3x$

(5) $y'' - 2y' + 2y = e^x \cos x$　(6) $y'' - 2y' + y = e^x$

3. 次の微分方程式の一般解を求めよ．

(1) $y'' - 4y' + 4y = \cos^2 x$　(2) $y''' - y' = \sin^2 x$

(3) $y'' + y' = 2\cos x \cos 2x$　(4) $y''' + 4y'' + 5y' + 2y = (e^x + 1)^2$

1.5 連立線形微分方程式

前節までは，1 つの未知関数に関する微分方程式を取り扱ってきたが，応用問題の中には，2 個以上の未知関数についての連立微分方程式として定式化されるものもある．この節では，一般論による煩雑な記述を避けるため，具体的な定数係数連立線形微分方程式を題材にして，その標準的な解法手法として知られる**消去法**について解説する．ラプラス変換を用いた解法については，2.4.3 項で取り扱う．

独立変数 x の関数 $y = y(x)$，$z = z(x)$ に関する定数係数連立線形微分方程式

$$\begin{cases} y' + z' + z = x^2 \\ 2y' + 3z' - y + z = 2x \end{cases} \tag{1.69}$$

の一般解を消去法で求めるには，次の手順を踏めばよい．

与式 (1.69) を微分演算子 D を用いて表すと

$$\begin{cases} Dy + (D+1)z = x^2 & (1.70) \\ (2D-1)y + (3D+1)z = 2x & (1.71) \end{cases}$$

となる．そこで，まず，z を消去して y だけの方程式を導く．そのために，(1.70) の両辺に $3D+1$ を，(1.71) の両辺に $D+1$ をかけると

$$(3D+1)Dy + (3D+1)(D+1)z = (3D+1)x^2 = 6x + x^2$$
$$(D+1)(2D-1)y + (D+1)(3D+1)z = (D+1)(2x) = 2 + 2x$$

を得る．上の 2 式の辺々を引き算すると

$$\{(3D+1)D-(D+1)(2D-1)\}y=x^2+4x-2$$

となる．左辺の y に作用している微分多項式を整理すると，定数係数 2 階線形微分方程式

$$(D^2+1)y=x^2+4x-2 \tag{1.72}$$

を得る．よって，これを解けば y が求まる．

(1.72) の特性方程式は $\lambda^2+1=0$ で，その解は $\lambda=\pm i$ となる．よって，基本解は $\sin x, \cos x$ である．さらに，(1.72) の特殊解は，推測特殊解を $y_0=ax^2+bx+c$ とおいて，(1.72) に代入し，未定係数法で求めると，$y_0=x^2+4x-4$ となる．ゆえに，(1.72) の一般解は

$$y=c_1\sin x+c_2\cos x+x^2+4x-4 \tag{1.73}$$

で与えられる．

次に，y を消去して z だけの方程式を導く．そのために，(1.70) の両辺に $2D-1$ を，(1.71) の両辺に D をかけると

$$(2D-1)Dy+(2D-1)(D+1)z=(2D-1)x^2=4x-x^2$$
$$D(2D-1)y+D(3D+1)z=D(2x)=2$$

を得る．上の 2 式の辺々を引き算すると

$$\{D(3D+1)-(2D-1)(D+1)\}z=x^2-4x+2$$

となるので，左辺の z に作用する微分多項式を整理すると，(1.72) の左辺と同じ微分多項式を係数にもつ定数係数 2 階線形微分方程式

$$(D^2+1)z=x^2-4x+2 \tag{1.74}$$

を得る．よって，これを解けば，今度は z が求まる．

(1.74) の基本解は $\sin x$，$\cos x$ である．さらに，(1.74) の特殊解は，(1.72) の特殊解と同じ方法で求めると，$z_0=x^2-4x$ となる．ゆえに，(1.74) の一般解は

$$z=d_1\sin x+d_2\cos x+x^2-4x \tag{1.75}$$

となる．

最後に，こうして求めた y と z の式に含まれる 4 つの任意定数 c_1，c_2，d_1，d_2 の間に，何らかの関係式が成り立っていないかを調べる．一般に，定数係数連立線形微分方程式の一般解に含まれる任意定数の総数は，その係数行列の行

列式を微分演算子 D の多項式とみた次数と一致することが知られている．この問題の場合で説明すれば，(1.70)，(1.71) で与えられる連立微分方程式の係数行列の行列式を計算すると

$$\Delta(D) = \begin{vmatrix} D & D+1 \\ 2D-1 & 3D+1 \end{vmatrix} = D(3D+1) - (D+1)(2D-1) = D^2 + 1$$

となり，D についての 2 次式である．よって，その一般解 y と z に含まれる任意定数の総数は 2 個なので，d_1，d_2 は c_1 と c_2 を用いて表すことができるはずである．そこで，(1.73) と (1.75) を与式に代入して，これら 4 つの任意定数の間の関係を導く．まず，(1.70) に代入して整理すると

$$(-c_2 + d_1 - d_2)\sin x + (c_1 + d_1 + d_2)\cos x = 0$$

となるので，両辺の係数を比較して

$$-c_2 + d_1 - d_2 = 0, \quad c_1 + d_1 + d_2 = 0$$

となる．これを d_1，d_2 について解くと

$$d_1 = \frac{-c_1 + c_2}{2}, \quad d_2 = -\frac{c_1 + c_2}{2}$$

を得る．よって

$$z = \frac{-c_1 + c_2}{2}\sin x - \frac{c_1 + c_2}{2}\cos x + x^2 - 4x \tag{1.76}$$

となる．さらに，(1.73) と (1.76) は (1.71) も満たす．ゆえに，一般解は

$$\begin{cases} y = c_1 \sin x + c_2 \cos x + x^2 + 4x - 4 \\ z = \dfrac{-c_1 + c_2}{2}\sin x - \dfrac{c_1 + c_2}{2}\cos x + x^2 - 4x \end{cases}$$

で与えられる．

注意 y の解が求まれば，それを与式に代入して，z だけの微分方程式が得られる．よって，それを解いても z の解が求まる．こうして解いた場合は，任意定数の個数の吟味は不要である．しかし，一般には，上で述べた解法の方が計算が楽な場合が多い．

例題 1.5.1 $\begin{cases} y' + z' - 4y - z = e^x \\ y'' - z' = 0 \end{cases}$ の一般解を求めよ．

解 与式を微分演算子 D を用いて表すと

$$\begin{cases} (D-4)y + (D-1)z = e^x & (1.77) \\ D^2 y - Dz = 0 & (1.78) \end{cases}$$

となる．

まず，z を消去して y について解く．(1.77) の両辺に D を，(1.78) の両辺に $D-1$ をかけると

$$D(D-4)y + D(D-1)z = De^x = e^x$$
$$(D-1)D^2y - (D-1)Dz = 0$$

となる．上の 2 式の辺々を足し算して整理すると

$$(D^3 - 4D)y = e^x \tag{1.79}$$

を得る．特性多項式の因数分解は $\lambda^3 - 4\lambda = \lambda(\lambda-2)(\lambda+2)$ なので，基本解は 1，e^{2x}，e^{-2x} である．特殊解は，$y_0 = ae^x$ と推測して求めると，$y_0 = -\dfrac{1}{3}e^x$ となる．ゆえに，y は

$$y = c_1 + c_2e^{2x} + c_3e^{-2x} - \frac{1}{3}e^x \tag{1.80}$$

となる．

次に，y を消去して z について解く．(1.77) の両辺に D^2 を，(1.78) の両辺に $D-4$ をかけると

$$D^2(D-4)y + D^2(D-1)z = D^2e^x = e^x$$
$$(D-4)D^2y - (D-4)Dz = 0$$

となる．上の 2 式の辺々を引き算して整理すると

$$(D^3 - 4D)z = e^x$$

となる．これは (1.79) と同じ形の方程式なので，z は

$$z = d_1 + d_2e^{2x} + d_3e^{-2x} - \frac{1}{3}e^x \tag{1.81}$$

となる．

最後に，y と z の式に含まれる 4 つの任意定数の間に，何らかの関係式が成り立っていないかを調べる．

$$\Delta(D) = (D-4)(-D) - (D-1)D^2 = -D^3 + 4D$$

は 3 次式なので，y と z に含まれる任意定数の総数は 3 個である．よって，d_1，d_2，d_3 は c_1，c_2，c_3 を用いて表せるはずである．(1.80) と (1.81) を与式の第 1 式 (1.77) に代入して整理すると

$$(4c_1 + d_1) + (2c_2 - d_2)e^{2x} + 3(2c_3 + d_3)e^{-2x} = 0$$

となる．両辺の係数を比較して，d_1，d_2，d_3 について解くと，$d_1 = -4c_1$，$d_2 = 2c_2$，$d_3 = -2c_3$ となる．ゆえに

$$z = -4c_1 + 2c_2e^{2x} - 2c_3e^{-2x} - \frac{1}{3}e^x \tag{1.82}$$

となる．さらに，(1.80) と (1.82) は与式の第 2 式 (1.78) も満たす．ゆえに，一般解は

$$\begin{cases} y = c_1 + c_2e^{2x} + c_3e^{-2x} - \dfrac{1}{3}e^x \\ z = -4c_1 + 2c_2e^{2x} - 2c_3e^{-2x} - \dfrac{1}{3}e^x \end{cases}$$

である． □

注意 上の例題で，(1.80) と (1.81) を与式の第 2 式 (1.78) に代入すると，関係式 $d_2 = 2c_2$，$d_3 = -2c_3$ しか得られず，d_1 と c_1，c_2，c_3 の間の関係が定まらない．よって，任意定数の間に成り立つ関係を求めるには，与式のどの式に代入するのがよいかに注意する必要がある．

すでに述べたように，定数係数連立線形微分方程式の一般解に含まれる任意定数の総数は，係数行列の行列式 $\Delta(D)$ を D の多項式とみた次数と一致する．よって，次の例題のように，任意定数を 1 つも含まない解が求まる場合もある．

例題 1.5.2 $\begin{cases} (D-5)y + (D-2)z = 6 \\ (D-2)y + (D+1)z = 3e^x \end{cases}$ を解け．

解 z を消去して y について解くために，第 1 式に $D+1$ を，第 2 式に $D-2$ をかけて辺々を引き算すると，$y = -\dfrac{1}{3}(e^x + 2)$ となる．

次に，y を消去して z について解くために，第 1 式に $D-2$ を，第 2 式に $D-5$ をかけて辺々を引き算すると，$z = \dfrac{4}{3}(e^x - 1)$ となる．ゆえに，求める解は

$$\begin{cases} y = -\dfrac{1}{3}(e^x + 2) \\ z = \dfrac{4}{3}(e^x - 1) \end{cases}$$

となり，任意定数は 1 つも含まれない．実際，係数行列の行列式は

$$\Delta(D) = (D-5)(D+1) - (D-2)^2 = -9$$

なので，D の多項式とみたとき，0 次式になっている． □

問題 1.5

1.　次の連立微分方程式の一般解を求めよ．

(1) $\begin{cases} y' - 4y - z = 0 \\ 2y + z' - z = 0 \end{cases}$　(2) $\begin{cases} y' - z = 0 \\ y' - 3y + z' - z = 0 \end{cases}$

(3) $\begin{cases} y' - 4y + z = 0 \\ y - z' + 2z = 0 \end{cases}$　(4) $\begin{cases} y' + y + 4z = 0 \\ y - z' - z = 0 \end{cases}$

(5) $\begin{cases} y' - 2z'' + 4z = 0 \\ 4y' - 3y + 2z' = 0 \end{cases}$　(6) $\begin{cases} y'' + 2y + z = 0 \\ y + z'' + 2z = 0 \end{cases}$

2.　次の連立微分方程式の一般解を求めよ．

(1) $\begin{cases} y' + 2y - 3z = x \\ -3y + z' + 2z = e^{2x} \end{cases}$　(2) $\begin{cases} y' + y - z = e^{x} \\ -y + z' + z = e^{x} \end{cases}$

(3) $\begin{cases} y' + z' - z = e^{x} \\ 2y' + z' + 2z = \cos x \end{cases}$　(4) $\begin{cases} y' + y + z = x \\ 2y' + z' - y - z = e^{-2x} \end{cases}$

(5) $\begin{cases} y'' - z' = 4e^{2x} \\ y' - 4y + z' - z = x^2 \end{cases}$　(6) $\begin{cases} y' + 5y - 2z = e^{-3x} \\ -y + z' + 6z = x^2 e^{-5x} \end{cases}$

3.　次の連立微分方程式の一般解を求めよ．

(1) $\begin{cases} y'' + y + z'' + z' + z = x \\ y' + z' + z = e^{x} \end{cases}$　(2) $\begin{cases} y'' + y' + y + z'' = x \\ y' + z' - z = x^2 \end{cases}$

(3) $\begin{cases} y'' + 2y + z' - z = \cos x \\ y'' + 2y' + 4y + z' + z = x^3 \end{cases}$

2
ラプラス変換

19 世紀末に，イギリスの電気技師ヘビサイド (Heaviside, 1850–1925) は，ある特定の微分方程式を多項式方程式に変換して解く，非常に実用的な計算方法を発見した (Heaviside の演算子法)．しかし，彼の方法は理論的厳密さに欠けていたので，当初はあまり評価されなかった．その後，ブロムヴィッチ (Bromwich, 1875–1929) により，ヘビサイドの方法は，18 世紀から 19 世紀初頭にかけて，すでにオイラー (Euler, 1707–1783) やラプラス (Laplace, 1749–1827) により発見されていた積分変換およびその逆変換による解法と結び付けられ，数学的に厳密に定式化された．現在では，彼らが定義した積分変換はラプラス変換とよばれ，電気工学，機械工学，制御工学など，工学の広範な分野で幅広く活用されている．

2.1 ラプラス変換の定義

$f(t)$ は区間 $[0, \infty)$ で定義された関数とする．s を t と無関係な実数 (または複素数) とし，無限積分

$$F(s) = \int_0^\infty e^{-st} f(t) dt$$

が，s のある集合 D で収束するとき，$f(t)$ に $F(s)$ を対応させる写像を $\mathcal{L}$ で表し，写像 $\mathcal{L} : f(t) \mapsto F(s)$ のことを**ラプラス (Laplace) 変換**，集合 D のことを，その**収束域**という．また，$F(s)$ のことを $f(t)$ のラプラス変換またはラプ

ラス積分といい，$\mathcal{L}(f(t))(s)$ または単に $\mathcal{L}(f(t))$，$\mathcal{L}(f)(s)$，$\mathcal{L}(f)$ などで表す．

本書では，ラプラス変換を主に定数係数線形微分方程式や偏微分方程式の解法に応用する観点から，以下では，s が実数の場合に限って議論する．また，ラプラス変換するもとの関数 (**原関数**) f の変数は t，変換後の関数 (**像関数**) は対応する大文字の F で表し，その変数は s を用いるのが慣例である．

ラプラス変換の定義に用いられる無限積分を簡単に復習しておこう．$g(t)$ を区間 $[0,\infty)$ で定義された関数とする．任意の $R>0$ に対して，有限区間上での定積分 $\displaystyle\int_0^R g(t)dt$ が存在し，極限 $\displaystyle\lim_{R\to\infty}\int_0^R g(t)dt$ が有限確定値となるとき，無限積分 $\displaystyle\int_0^\infty g(t)dt$ は**収束する**といい，その値を

$$\int_0^\infty g(t)dt = \lim_{R\to\infty}\int_0^R g(t)dt$$

で定める．一般に，無限積分は必ずしも収束するとは限らず，極限が正または負の無限大に発散したり，振動したりして，収束しない場合もある．

例題 2.1.1　(1)　無限積分 $\displaystyle\int_0^\infty te^{-t^2}dt$ は収束し，その値は $\displaystyle\int_0^\infty te^{-t^2}dt = \frac{1}{2}$

(2)　無限積分 $\displaystyle\int_0^\infty e^{t^2}dt$ や $\displaystyle\int_0^\infty \cos t dt$ は収束しない．

解　(1)　有限区間 $[0,R]$ 上での積分を計算し，$R\to\infty$ とすると

$$\int_0^R te^{-t^2}dt = \left[-\frac{e^{-t^2}}{2}\right]_0^R = \frac{1}{2}\left(1-e^{-R^2}\right) \to \frac{1}{2}$$

となる．よって，無限積分は収束し，その値は $\dfrac{1}{2}$ である．

(2)　すべての $t\geqq 0$ に対して $e^{t^2}\geqq 1$ なので，$R\to\infty$ とすると

$$\int_0^R e^{t^2}dt \geqq \int_0^R 1dt = R \to \infty$$

となる．ゆえに，無限積分は収束しない．一方

$$\int_0^R \cos t dt = \left[\sin t\right]_0^R = \sin R$$

なので，$R\to\infty$ のとき振動する．よって，無限積分は収束しない．　□

ラプラス変換を計算するには，無限積分

$$\Gamma(s) = \int_0^\infty e^{-t}t^{s-1}dt$$

で定義される**ガンマ関数** $\Gamma(s)$ が役立つ．この無限積分は，$s>0$ に対して収束する．また

$$\Gamma(1)=1, \quad \Gamma\left(\frac{1}{2}\right)=\sqrt{\pi}$$

であり，漸化公式

$$\Gamma(s+1)=s\Gamma(s)$$

を満たす．それゆえ，特に自然数 n に対しては，$\Gamma(n)=(n-1)!$ となる．

以下では，まず具体的な関数のラプラス変換とその収束域を，ラプラス変換の定義式に基づいて計算してみよう．

基本公式 I a は定数とする．また，各公式の右端のかっこ内は，ラプラス変換の収束域を表している．

(1) $\mathcal{L}(1)=\dfrac{1}{s} \quad (s>0)$

(2) $\mathcal{L}(e^{at})=\dfrac{1}{s-a} \quad (s>a)$

(3) $a>-1$ のとき，$\mathcal{L}(t^a)=\dfrac{\Gamma(a+1)}{s^{a+1}} \quad (s>0)$ 特に

$$\mathcal{L}(t^n)=\frac{n!}{s^{n+1}} \quad (n\text{ は自然数}), \quad \mathcal{L}\left(\frac{1}{\sqrt{t}}\right)=\frac{\sqrt{\pi}}{\sqrt{s}}$$

(4) $\mathcal{L}(\cos at)=\dfrac{s}{s^2+a^2} \quad (s>0)$

(5) $\mathcal{L}(\sin at)=\dfrac{a}{s^2+a^2} \quad (s>0)$

証明 (1) $s=0$ のときは，$R\to\infty$ とすると

$$\int_0^R e^{-st}dt=\int_0^R 1dt=R\to\infty$$

となり，ラプラス変換は収束しない．

$s\neq 0$ のときは

$$\int_0^R e^{-st}dt=\left[-\frac{1}{s}e^{-st}\right]_0^R=\frac{1}{s}(1-e^{-Rs})$$

となる．$R\to\infty$ とすると，$s>0$ ならば $e^{-Rs}\to 0$，$s<0$ ならば $e^{-Rs}\to\infty$ である．よって，$\mathcal{L}(1)=\dfrac{1}{s}$ で，その収束域は $s>0$ となる．

(2) $e^{-st}e^{at}=e^{-(s-a)t}$ なので，(1) の証明の s を $s-a$ で置き換えれば

$$\mathcal{L}(e^{at})=\frac{1}{s-a}$$

で，その収束域が $s>a$ となることがわかる．

(3) $s \leqq 0$ のときは，すべての $t \geqq 0$ に対して $e^{-st} \geqq 1$ なので

$$\int_0^R e^{-st}t^a dt \geqq \int_0^R t^a dt = \left[\frac{t^{a+1}}{a+1}\right]_0^R = \frac{R^{a+1}}{a+1}$$

となる．$R \to \infty$ とすると，上式の最右辺は $+\infty$ に発散する．ゆえに，ラプラス変換は収束しない．

$s>0$ のときは，変数変換 $st=u$ より

$$\int_0^R e^{-st}t^a dt = \int_0^{sR} e^{-u}\left(\frac{u}{s}\right)^a \cdot \frac{1}{s}du = \frac{1}{s^{a+1}}\int_0^{sR} e^{-u}u^a du$$

となる．$R \to \infty$ とすると $sR \to \infty$ なので，$\displaystyle\int_0^{sR} e^{-u}u^a du \to \Gamma(a+1)$ である．よって，$\mathcal{L}(t^a) = \dfrac{\Gamma(a+1)}{s^{a+1}}$ で，その収束域は $s>0$ となる．

特に，a を自然数 n または $-\dfrac{1}{2}$ とおくと，ガンマ関数の性質より

$$\mathcal{L}(t^n) = \frac{n!}{s^{n+1}}, \quad \mathcal{L}\left(\frac{1}{\sqrt{t}}\right) = \frac{\sqrt{\pi}}{\sqrt{s}}$$

となる．

(4), (5) $a=0$ のときは，(1) および $\mathcal{L}(0)=0$ より明らか．よって，以下では $a \neq 0$ とする．

$s=0$ のときは，$R \to \infty$ とすると

$$\int_0^R e^{-st}\cos at dt = \frac{\sin aR}{a}, \quad \int_0^R e^{-st}\sin at dt = \frac{1}{a}(1-\cos aR)$$

はともに振動し，ラプラス変換は収束しない．

$s \neq 0$ のときは

$$I(t) := \int e^{-st}\cos at dt, \quad J(t) := \int e^{-st}\sin at dt$$

とおくと，部分積分法より

$$I(t) = \frac{1}{a}e^{-st}\sin at + \frac{s}{a}\int e^{-st}\sin at dt = \frac{1}{a}e^{-st}\sin at + \frac{s}{a}J(t)$$
$$J(t) = -\frac{1}{a}e^{-st}\cos at - \frac{s}{a}\int e^{-st}\cos at dt = -\frac{1}{a}e^{-st}\cos at - \frac{s}{a}I(t)$$

となる．これらから $I(t)$，$J(t)$ を求めると

$$I(t) = \frac{e^{-st}}{s^2+a^2}(a\sin at - s\cos at)$$

$$J(t) = -\frac{e^{-st}}{s^2+a^2}(a\cos at + s\sin at)$$

である．ここで

$$|a\sin at - s\cos at| \leqq |a| + |s|, \quad |a\cos at + s\sin at| \leqq |a| + |s|$$

なので，$s > 0$ のときは，$t \to \infty$ とすると，$I(t), J(t) \to 0$ となる．よって

$$\mathcal{L}(\cos at) = \lim_{R\to\infty}\big[I(t)\big]_0^R = \frac{s}{s^2+a^2}$$

$$\mathcal{L}(\sin at) = \lim_{R\to\infty}\big[J(t)\big]_0^R = \frac{a}{s^2+a^2}$$

である．一方，任意の自然数 n に対して

$$I\left(\frac{2\pi n}{|a|}\right) = -\frac{se^{-2\pi ns/|a|}}{s^2+a^2}, \quad J\left(\frac{2\pi n}{|a|}\right) = -\frac{ae^{-2\pi ns/|a|}}{s^2+a^2}$$

が成り立つので，$s < 0$ のときは，$n \to \infty$ とすると，$I\left(\frac{2\pi n}{|a|}\right)$ と $J\left(\frac{2\pi n}{|a|}\right)$ はともに発散する．よって，$\int_0^{\frac{2\pi n}{|a|}} e^{-st}\cos at dt$ と $\int_0^{\frac{2\pi n}{|a|}} e^{-st}\sin at dt$ も発散し，ラプラス変換は収束しない． □

a を正の定数として

$$U_a(t) = \begin{cases} 1 & (t \geqq a) \\ 0 & (0 \leqq t < a) \end{cases}$$

で定義される関数 $U_a(t)$ を**ヘビサイド (Heaviside) の単位関数**とよぶ (図 2.1)．また，指数関数を用いて定義された関数

$$\cosh x = \frac{e^x + e^{-x}}{2}, \quad \sinh x = \frac{e^x - e^{-x}}{2}$$

を，それぞれ**双曲線余弦関数** (ハイパボリックコサイン)，**双曲線正弦関数** (ハイパボリックサイン) とよぶ (図 2.2)．特に，双曲線余弦関数 $\cosh x$ は，ロープや電線などの両端を固定して垂らしたときにできる曲線 (懸垂曲線) を表す式として知られている．これら双曲線関数は，三角関数とよく似た性質をもつ．

$$\cosh^2 x - \sinh^2 x = 1, \quad (\sinh x)' = \cosh x, \quad (\cosh x)' = \sinh x$$

$$\sinh(x \pm y) = \sinh x \cosh y \pm \cosh x \sinh y$$

$$\cosh(x \pm y) = \cosh x \cosh y \pm \sinh x \sinh y$$

応用上よく用いられ重要なこれらの関数のラプラス変換と，その収束域も求めておこう．

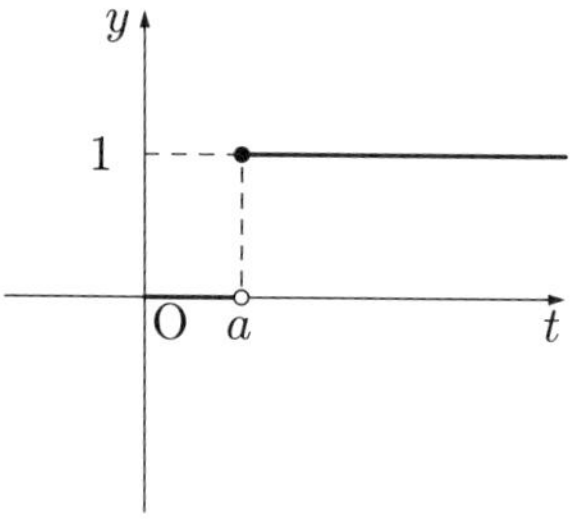

図 **2.1** ヘビサイドの単位関数

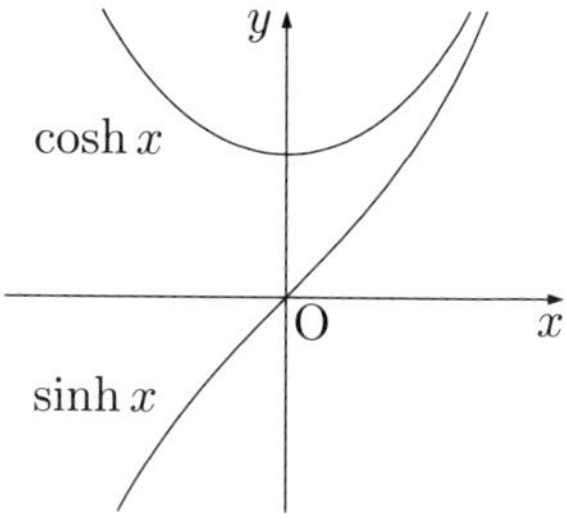

図 **2.2** 双曲線関数

基本公式 II a は定数とする．

(6) $a>0$ とする．$\mathcal{L}(U_a(t)) = \dfrac{e^{-as}}{s} \quad (s>0)$

(7) $\mathcal{L}(\cosh at) = \dfrac{s}{s^2-a^2} \quad (s>|a|)$

(8) $\mathcal{L}(\sinh at) = \dfrac{a}{s^2-a^2} \quad (s>|a|)$

証明 (6) $s=0$ のときは，$R\to\infty$ とすると

$$\int_0^R e^{-st}U_a(t)dt = \int_a^R 1dt = R-a \to \infty$$

となり，ラプラス変換は収束しない．

$s\neq 0$ のときは，$R>a$ に対して

$$\int_0^R e^{-st}U_a(t)dt = \int_a^R e^{-st}\cdot 1dt = \left[-\frac{1}{s}e^{-st}\right]_a^R = \frac{1}{s}\left(e^{-as}-e^{-Rs}\right)$$

である．$R\to\infty$ とすると，$s>0$ ならば $e^{-Rs}\to 0$，$s<0$ ならば $e^{-Rs}\to\infty$ なので，$\mathcal{L}(U_a(t)) = \dfrac{1}{s}e^{-as}$ で，その収束域は $s>0$ である．

(7) $\cosh at$ のラプラス変換の計算式

$$\int_0^R e^{-st}\cosh at dt = \int_0^R e^{-st}\left(\frac{e^{at}+e^{-at}}{2}\right)dt$$
$$= \frac{1}{2}\left\{\int_0^R e^{-st}e^{at}dt + \int_0^R e^{-st}e^{-at}dt\right\}$$

の右辺の形をみると，e^{at} と e^{-at} のラプラス変換がともに収束するときに限り，$\cosh at$ のラプラス変換が収束することがわかる．基本公式 I の (2) より

$$\mathcal{L}(e^{at}) = \frac{1}{s-a} \quad (s>a), \quad \mathcal{L}(e^{-at}) = \frac{1}{s+a} \quad (s>-a)$$

なので，$s > a$ かつ $s > -a$，すなわち $s > |a|$ のときに限り $\cosh at$ のラプラス変換が収束して

$$\mathcal{L}(\cosh at) = \frac{1}{2}\left(\frac{1}{s-a} + \frac{1}{s+a}\right) = \frac{s}{s^2 - a^2}$$

となる．

(8) (7) と同様にして示せる． □

基本公式 I，II では，ラプラス変換の収束域は，すべて左開区間 (r, ∞) の形をしている．実際，ラプラス変換の収束性に関しては

- どんな s に対しても収束しない
- すべての s に対して収束する
- 実数 r がただ 1 つ存在して，$s > r$ を満たすすべての s に対しては収束するが，$s < r$ を満たすどんな s に対しても収束しない

のいずれかの場合しか起こらない (ラプラス変換の絶対収束および一様収束定理)．この一意的に定まる実数 r を，ラプラス変換の**収束座標**という．

問題 2.1

1. e^{t^2} のラプラス変換はどんな実数 s に対しても収束しないことを示せ．

2. 次の関数のラプラス変換を計算し，すべての s に対して収束することを確かめよ．

(1) $f(t) = \begin{cases} 0 & (0 \leqq t < a, t > b) \\ 1 & (a \leqq t \leqq b) \end{cases}$ ただし，$0 < a < b$ は定数

(2) $f(t) = \begin{cases} e^{2t} & (0 \leqq t \leqq 2) \\ 0 & (t > 2) \end{cases}$

3. $\log t$ のラプラス変換は

$$\mathcal{L}(\log t) = -\frac{\log s + C}{s}$$

で，その収束域は $s > 0$ であることを示せ．ただし，C はオイラー定数

$$C = -\int_0^\infty e^{-x} \log x dx = 0.57721\cdots$$

である．

2.2 ラプラス変換の基本法則

応用において取り扱う多くの関数は，べき乗関数，指数関数，三角関数や，それらの和，差，積，商などの形をしている．このような形をした関数のラプラス変換は，前節の基本公式 I，II と，ここで与えるいくつかの基本法則を組み合わせて計算できる．

以下では，a，b は定数，n は自然数で，$\mathcal{L}(f(t)) = F(s)$，$\mathcal{L}(g(t)) = G(s)$ とする．また，学習者の煩わしさを避けるため，これ以降，ラプラス変換の収束域は明示しないことにする．証明においても，部分積分法や，積分順序の変更，微分と積分の順序変更が可能な場合に限り示す．

1　線形法則　$\mathcal{L}(af(t) + bg(t)) = aF(s) + bG(s)$

証明　積分の線形性より明らか．　□

2　相似法則　$a > 0$ とする．$\mathcal{L}(f(at)) = \dfrac{1}{a}F\left(\dfrac{s}{a}\right)$

証明　変数変換 $at = u$ より

$$\mathcal{L}(f(at)) = \int_0^\infty e^{-st} f(at)dt = \frac{1}{a}\int_0^\infty e^{-\frac{s}{a}u} f(u)du = \frac{1}{a}F\left(\frac{s}{a}\right) \quad \square$$

例題 2.2.1　(1)　線形法則を用いて，$t^2 + 3t + 2$ のラプラス変換を求めよ．

(2)　相似法則と $\mathcal{L}(\sin^2 t) = \dfrac{2}{s(s^2+4)}$ を利用して，$\sin^2 3t$ のラプラス変換を求めよ．

解　(1)　$\mathcal{L}(t^n) = \dfrac{n!}{s^{n+1}}$ $(n = 1, 2, \cdots)$ なので，線形法則より

$$\mathcal{L}(t^2 + 3t + 2) = \frac{2}{s^3} + \frac{3}{s^2} + \frac{2}{s}$$

(2)　$\mathcal{L}(\sin^2 t) = \dfrac{2}{s(s^2+4)}$ なので，相似法則より

$$\mathcal{L}(\sin^2 3t) = \frac{1}{3}\mathcal{L}(\sin^2 t)\left(\frac{s}{3}\right) = \frac{1}{3}\cdot\frac{2}{\dfrac{s}{3}\left\{\left(\dfrac{s}{3}\right)^2 + 4\right\}} = \frac{18}{s(s^2+36)} \quad \square$$

$a > 0$ は定数とする．$[0, \infty)$ で定義された関数 $f(t)$ を右方向に a だけ平行移動した関数を考えたい．単純に $f(t)$ のグラフを平行移動したのでは，$0 \leqq t < a$ で関数の値が定まらない．そこで

$$f_a(t) = \begin{cases} f(t-a) & (t \geqq a) \\ 0 & (0 \leqq t < a) \end{cases}$$

で関数 $f_a(t)$ を定義し，$f(t)$ を**右方向に a だけ平行移動**した関数とよぶ (図 2.3)．$f_a(t)$ を $(f(t))_a$ とも書く．ヘビサイドの単位関数を用いれば，$f_a(t) = U_a(t)f(t-a)$ と表される．

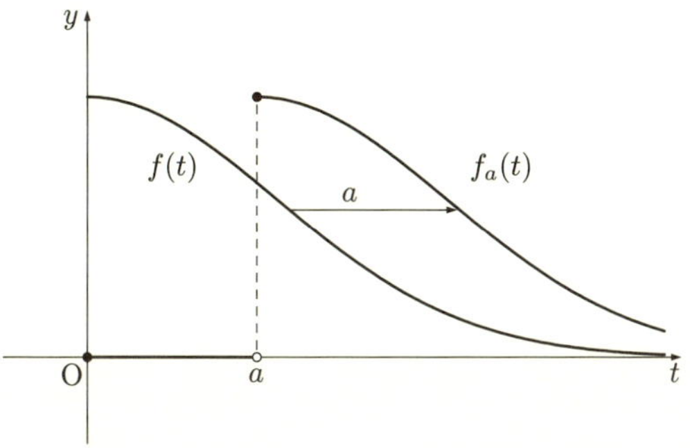

図 **2.3**　$f(t)$ を右方向に a だけ平行移動

3　平行移動法則　$a > 0$ とする．$\mathcal{L}(f_a(t)) = e^{-as}F(s)$

証明　変数変換 $t - a = u$ と $f_a(t)$ の定義より

$$\mathcal{L}(f_a(t)) = \int_a^\infty e^{-st}f(t-a)dt = e^{-as}\int_0^\infty e^{-su}f(u)du = e^{-as}F(s) \quad \square$$

例題 2.2.2　次の関数のラプラス変換を求めよ．

(1)　$f(t) = t$ を右方向に 2 だけ平行移動した関数 $f_2(t)$

(2)　$g(t) = \cos t$ を右方向に 3 だけ平行移動した関数 $g_3(t)$

解　(1)　$\mathcal{L}(t) = \dfrac{1}{s^2}$ なので，$\mathcal{L}(f_2(t)) = \dfrac{e^{-2s}}{s^2}$

(2)　$\mathcal{L}(\cos t) = \dfrac{s}{s^2+1}$ なので，$\mathcal{L}(g_3(t)) = \dfrac{se^{-3s}}{s^2+1}$　□

4　像の移動法則　$\mathcal{L}(e^{at}f(t)) = F(s-a)$

証明　ラプラス変換の定義より

$$\mathcal{L}(e^{at}f(t)) = \int_0^\infty e^{-st}e^{at}f(t)dt = \int_0^\infty e^{-(s-a)t}f(t)dt = F(s-a) \quad \square$$

例題 2.2.3　次の関数のラプラス変換を求めよ．

(1)　$t^3 e^{-t}$　　(2)　$\dfrac{e^{2t}}{\sqrt{t}}$　　(3)　$e^t \cos 2t$

解　(1)　$\mathcal{L}\left(t^3\right) = \dfrac{6}{s^4}$ なので，$\mathcal{L}\left(t^3 e^{-t}\right) = \dfrac{6}{(s+1)^4}$

(2)　$\mathcal{L}\left(\dfrac{1}{\sqrt{t}}\right) = \dfrac{\sqrt{\pi}}{\sqrt{s}}$ なので，$\mathcal{L}\left(\dfrac{e^{2t}}{\sqrt{t}}\right) = \dfrac{\sqrt{\pi}}{\sqrt{s-2}}$

(3)　$\mathcal{L}(\cos 2t) = \dfrac{s}{s^2+4}$ なので，$\mathcal{L}(e^t \cos 2t) = \dfrac{s-1}{(s-1)^2+4}$　　□

5　微分法則　$\mathcal{L}(f'(t)) = sF(s) - f(0)$

$$\begin{aligned}\mathcal{L}(f^{(n)}(t)) &= s^n F(s) - f(0)s^{n-1} - f'(0)s^{n-2} - \cdots \\ &\quad \cdots - f^{(n-2)}(0)s - f^{(n-1)}(0)\end{aligned}$$

証明　部分積分法より

$$\mathcal{L}(f'(t)) = \int_0^\infty e^{-st} f'(t)dt = \left[e^{-st} f(t)\right]_0^\infty + s\int_0^\infty e^{-st} f(t)dt$$

となる．ここで，$\displaystyle\lim_{t\to\infty} e^{-st} f(t) = 0$ を仮定すると

$$\mathcal{L}(f'(t)) = sF(s) - f(0)$$

が得られる．$f(t)$ や s の値が具体的に与えられれば，仮定した条件が成り立つかどうかを判定できる．

高階微分の場合は，1 階微分の結果を繰り返し用いればよい．たとえば，2 階微分の場合は

$$\begin{aligned}\mathcal{L}(f''(t)) &= s\mathcal{L}(f'(t)) - f'(0) = s\left\{sF(s) - f(0)\right\} - f'(0) \\ &= s^2 F(s) - f(0)s - f'(0)\end{aligned}$$

となる．　□

注意　関数 $f(t), f'(t), \cdots$ などが $t = 0$ で右側連続でない場合でも，$f(0), f'(0), \cdots$ を，それらの右側極限値 $f(+0), f'(+0), \cdots$ で置き換えれば，微分法則が成り立つ．

例題 2.2.4　微分法則を用いて，次の関数のラプラス変換を求めよ．

(1)　te^{-t}　　(2)　$\cos t$　　(3)　$\sinh t$

解　(1)　$f(t) = te^{-t}$ とおくと，$f'(t) = e^{-t} - te^{-t}$，$f(0) = 0$ なので，微分法則より

$$\mathcal{L}(e^{-t} - te^{-t}) = s\mathcal{L}(te^{-t}) \qquad \therefore \quad \mathcal{L}(e^{-t}) - \mathcal{L}(te^{-t}) = s\mathcal{L}(te^{-t})$$

となる．よって

$$\frac{1}{s+1} = (s+1)\mathcal{L}(te^{-t}) \qquad \therefore \quad \mathcal{L}(te^{-t}) = \frac{1}{(s+1)^2}$$

(2) $(\cos t)' = -\sin t$，$(\cos t)'' = -\cos t$ なので

$$-\mathcal{L}(\cos t) = \mathcal{L}((\cos t)'') = s^2\mathcal{L}(\cos t) - s \cdot \cos 0 + \sin 0$$

$$\therefore \quad (s^2+1)\mathcal{L}(\cos t) = s \qquad \therefore \quad \mathcal{L}(\cos t) = \frac{s}{s^2+1}$$

(3) $(\sinh t)' = \cosh t$，$(\sinh t)'' = \sinh t$ なので

$$\mathcal{L}(\sinh t) = \mathcal{L}((\sinh t)'') = s^2\mathcal{L}(\sinh t) - s\sinh 0 - \cosh 0$$

$$\therefore \quad (s^2-1)\mathcal{L}(\sinh t) = 1 \qquad \therefore \quad \mathcal{L}(\sinh t) = \frac{1}{s^2-1} \quad \square$$

6 積分法則 $\mathcal{L}\left(\int_0^t f(u)du\right) = \dfrac{1}{s}F(s)$

$$\mathcal{L}\left(\int_0^t \int_0^{u_{n-1}} \cdots \int_0^{u_1} f(u)dudu_1 \cdots du_{n-1}\right) = \frac{1}{s^n}F(s)$$

証明 部分積分法より

$$\mathcal{L}\left(\int_0^t f(u)du\right) = \int_0^\infty e^{-st}\left\{\int_0^t f(u)du\right\}dt$$
$$= \left[-\frac{e^{-st}}{s}\int_0^t f(u)du\right]_0^\infty + \frac{1}{s}\int_0^\infty e^{-st}f(t)dt$$

となる．ここで，$\lim_{t\to\infty} e^{-st}\int_0^t f(u)du = 0$ を仮定すると

$$\mathcal{L}\left(\int_0^t f(u)du\right) = \frac{1}{s}F(s)$$

が得られる．$f(t)$ や s の値が具体的に与えられれば，仮定した条件が成り立つかどうかを判定できる．2 回以上の不定積分の場合は，上の結果を繰り返し用いればよい． □

例題 2.2.5 $\int_0^t \cos 2udu$ のラプラス変換を，積分法則を用いて求めよ．また，実際に積分してからラプラス変換を計算し，両者が一致することを確かめよ．

解 積分法則より

$$\mathcal{L}\left(\int_0^t \cos 2u du\right) = \frac{1}{s}\mathcal{L}(\cos 2t) = \frac{1}{s}\cdot\frac{s}{s^2+4} = \frac{1}{s^2+4}$$

となる．一方

$$\int_0^t \cos 2u du = \left[\frac{\sin 2u}{2}\right]_0^t = \frac{\sin 2t}{2}$$

なので，直接求めても

$$\mathcal{L}\left(\int_0^t \cos 2u du\right) = \mathcal{L}\left(\frac{\sin 2t}{2}\right) = \frac{1}{2}\cdot\frac{2}{s^2+4} = \frac{1}{s^2+4}$$

となり，両者は一致する． □

7 像の微分法則 $\mathcal{L}(-tf(t)) = \dfrac{d}{ds}F(s), \quad \mathcal{L}((-t)^n f(t)) = \dfrac{d^n}{ds^n}F(s)$

証明 微分と積分の順序を変更して計算すれば

$$\frac{dF(s)}{ds} = \frac{d}{ds}\int_0^\infty e^{-st}f(t)dt = \int_0^\infty \frac{\partial}{\partial s}\left(e^{-st}f(t)\right)dt$$
$$= \int_0^\infty e^{-st}(-tf(t))dt = \mathcal{L}(-tf(t))$$

となる．一般の n の場合は，$n=1$ の結果を繰り返し用いればよい． □

例題 2.2.6 次の関数のラプラス変換を求めよ．

(1) $t\cos 2t$ (2) $t^2\sin t$ (3) t^3e^t

解 (1) $\mathcal{L}(t\cos 2t) = -\mathcal{L}(-t\cos 2t) = -\dfrac{d}{ds}\left(\dfrac{s}{s^2+4}\right) = \dfrac{s^2-4}{(s^2+4)^2}$

(2) $\mathcal{L}(t^2\sin t) = \dfrac{d^2}{ds^2}\left(\dfrac{1}{s^2+1}\right) = \dfrac{2(3s^2-1)}{(s^2+1)^3}$

(3) $\mathcal{L}(t^3e^t) = -\mathcal{L}((-t)^3e^t) = -\dfrac{d^3}{ds^3}\left(\dfrac{1}{s-1}\right) = \dfrac{6}{(s-1)^4}$ □

8 像の積分法則 $\mathcal{L}\left(\dfrac{f(t)}{t}\right) = \displaystyle\int_s^\infty F(p)dp$

$$\mathcal{L}\left(\frac{f(t)}{t^n}\right) = \int_s^\infty \int_{p_{n-1}}^\infty \cdots \int_{p_1}^\infty F(p)dpdp_1\ldots dp_{n-1}$$

証明 積分の順序を変更して計算すると

$$\int_s^\infty F(p)dp = \int_s^\infty \left\{\int_0^\infty e^{-pt}f(t)dt\right\}dp = \int_0^\infty \left\{\int_s^\infty e^{-pt}dp\right\}f(t)dt$$

$$= \int_0^{\infty} \frac{e^{-st}}{t} f(t)dt = \mathcal{L}\left(\frac{f(t)}{t}\right)$$

となる．一般の n の場合は，$n=1$ の結果を繰り返し用いればよい．　□

例題 2.2.7　次の関数のラプラス変換を求めよ．

(1) $\dfrac{1-e^t}{t}$　(2) $\dfrac{\sin t}{t}$　(3) $\dfrac{\sinh t}{t}$

解　(1)　$\mathcal{L}(1-e^t) = \dfrac{1}{s} - \dfrac{1}{s-1}$ なので

$$\mathcal{L}\left(\frac{1-e^t}{t}\right) = \int_s^{\infty}\left(\frac{1}{p} - \frac{1}{p-1}\right)dp = \left[\log\left|\frac{p}{p-1}\right|\right]_s^{\infty} = \log\left|\frac{s-1}{s}\right|$$

(2)　$\mathcal{L}(\sin t) = \dfrac{1}{s^2+1}$ なので

$$\mathcal{L}\left(\frac{\sin t}{t}\right) = \int_s^{\infty}\frac{dp}{p^2+1} = \left[\tan^{-1} p\right]_s^{\infty} = \frac{\pi}{2} - \tan^{-1} s$$

(3)　$\mathcal{L}(\sinh t) = \dfrac{1}{s^2-1}$ なので

$$\mathcal{L}\left(\frac{\sinh t}{t}\right) = \int_s^{\infty}\frac{dp}{p^2-1} = \frac{1}{2}\int_s^{\infty}\left(\frac{1}{p-1} - \frac{1}{p+1}\right)dp$$

$$= \frac{1}{2}\left[\log\left|\frac{p-1}{p+1}\right|\right]_s^{\infty} = \frac{1}{2}\log\left|\frac{s+1}{s-1}\right| \quad \square$$

ここで，ラプラス変換や，3 章で学ぶフーリエ変換と相性のよい関数の積の概念を導入する．区間 $[0,\infty)$ で定義された関数 $f(t)$，$g(t)$ に対して，次の積分

$$h(t) = \int_0^t f(t-u)g(u)du \quad (t \geqq 0)$$

で定義された関数 $h(t)$ を，$f(t)$ と $g(t)$ の**合成積**または**たたみ込み**といい，$f(t)*g(t)$，$(f*g)(t)$，$f*g$ などと書く．合成積の定義式で，変数変換 $t-u=v$ を行うと

$$\int_0^t f(t-u)g(u)du = \int_t^0 f(v)g(t-v)(-dv) = \int_0^t g(t-v)f(v)dv$$

となる．よって，通常の関数の積と同様に，合成積は交換法則

$$f(t)*g(t) = g(t)*f(t)$$

を満たす．それゆえ，積分が簡単な方を用いて，合成積を計算すればよい．

例題 2.2.8　関数 $f(t)=\cos t$ と $g(t)=t$ の合成積を計算せよ．また，$f(t)*g(t)=g(t)*f(t)$ が成り立つことを確かめよ．

解　部分積分法を用いて計算すると

$$\cos t * t = \int_0^t u\cos(t-u)du = \Big[-u\sin(t-u)\Big]_0^t + \int_0^t \sin(t-u)du$$
$$= \Big[\cos(t-u)\Big]_0^t = 1-\cos t$$

である．一方，合成積の順序を逆にして計算すると

$$t*\cos t = \int_0^t (t-u)\cos u du = \Big[(t-u)\sin u\Big]_0^t + \int_0^t \sin u du$$
$$= \Big[-\cos u\Big]_0^t = 1-\cos t \quad \square$$

次の合成積法則を用いれば，合成積を前もって計算しなくても，そのラプラス変換を求めることができる．

9　合成積法則　$\mathcal{L}(f(t)*g(t)) = F(s)G(s)$

証明　右辺を変形して，uv 平面の第 1 象限での 2 重積分で表すと

$$F(s)G(s) = \left(\int_0^\infty e^{-su}f(u)du\right)\left(\int_0^\infty e^{-sv}g(v)dv\right)$$
$$= \int_0^\infty\int_0^\infty e^{-s(u+v)}f(u)g(v)dudv \tag{2.1}$$

となる．変数変換 $u+v=t$，$v=r$ に対するヤコビアンは

$$\frac{\partial(u,v)}{\partial(t,r)} = \begin{vmatrix} 1 & -1 \\ 0 & 1 \end{vmatrix} = 1$$

である．また，$u=t-r \geqq 0$，$v=r\geqq 0$ なので，変換後の積分領域は，tr 平面の三角形領域 D となる (図 2.4)．よって，(2.1) の右辺は 2 重積分

$$\iint_D e^{-st}f(t-r)g(r)dtdr$$

に変換される．この 2 重積分を累次積分に直せば

$$F(s)G(s) = \int_0^\infty e^{-st}dt\int_0^t f(t-r)g(r)dr$$
$$= \int_0^\infty e^{-st}f(t)*g(t)dt = \mathcal{L}(f(t)*g(t))$$

となる．　$\square$

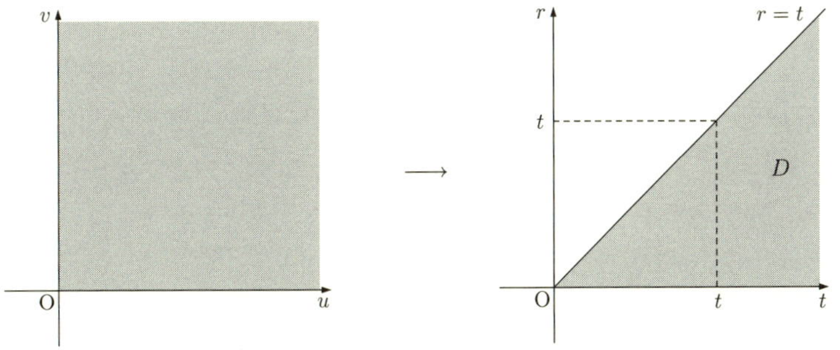

図 2.4 変数変換前と変換後の積分領域

例題 2.2.9 合成積 $\cos t * t$ のラプラス変換を，合成積法則を用いて求めよ．また，$1 - \cos t$ のラプラス変換と比較せよ．

解 合成積法則を用いると

$$\mathcal{L}(\cos t * t) = \mathcal{L}(\cos t)\mathcal{L}(t) = \frac{s}{s^2+1} \cdot \frac{1}{s^2} = \frac{1}{s(s^2+1)}$$

となる．一方

$$\mathcal{L}(1 - \cos t) = \frac{1}{s} - \frac{s}{s^2+1} = \frac{1}{s(s^2+1)}$$

である．例題 2.2.8 より，$\cos t * t = 1 - \cos t$ なので，ラプラス変換は当然一致する． □

問題 2.2

1. 次の関数のラプラス変換を求めよ．

(1) $t^2 + 3t + 4$ (2) $(t-1)^3$ (3) $\cos\left(2t + \dfrac{\pi}{6}\right)$

(4) $\sinh t + \sin t$ (5) $(t+1)^2 e^{3t}$ (6) $e^{-t}\cos t$

(7) $f(t) = \begin{cases} \cos(t-2) & (t \geqq 2) \\ 0 & (0 \leqq t < 2) \end{cases}$

2. 像の微分法則を用いて，次の関数のラプラス変換を求めよ．

(1) $t\sin t$ (2) $t^2\cos t$ (3) $t\cosh 2t$ (4) $t^2\sinh t$

3. 像の積分法則を用いて，次の関数のラプラス変換を求めよ．

(1) $\dfrac{1-e^{2t}}{t}$ (2) $\dfrac{e^t - \cos t}{t}$ (3) $\dfrac{\cos t - \cos 2t}{t}$ (4) $\dfrac{\sinh t}{t}$

4. 2倍角，3倍角の公式，積和公式などの三角関数の諸公式を用いて，次の関数のラプラス変換を求めよ．

(1) $\sin^2 t$ (2) $\sin^3 t$ (3) $\sin t \cos 2t$ (4) $\cos t \cos 2t$

5. 積分法則を用いて，次の関数のラプラス変換を求めよ．また，積分を計算して得られる関数をラプラス変換して，両者が一致することを確かめよ．

(1) $\displaystyle\int_0^t e^{3u} du$ (2) $\displaystyle\int_0^t \sin 2u du$ (3) $\displaystyle\int_0^t \int_0^u \cos 2v dv du$

6. 合成積法則を用いて，次の関数のラプラス変換を求めよ．また，合成積を計算して得られる関数をラプラス変換して，両者が一致することを確かめよ．

(1) $t^2 * e^{2t}$ (2) $\sin t * \cos t$ (3) $e^{2t} * \sin t$

I　ラプラス変換の公式

原関数 $f(t)$	像関数 $F(s)=\mathcal{L}(f(t))$
1	$\dfrac{1}{s}$
$U_a(t)\ \ (a>0)$	$\dfrac{e^{-as}}{s}$
$t^n\ \ (n=1,2,\cdots)$	$\dfrac{n!}{s^{n+1}}$
$t^a\ \ (a>-1)$	$\dfrac{\Gamma(a+1)}{s^{a+1}}$
$\dfrac{1}{\sqrt{t}}$	$\dfrac{\sqrt{\pi}}{\sqrt{s}}$
e^{at}	$\dfrac{1}{s-a}$
$\cos at$	$\dfrac{s}{s^2+a^2}$
$\sin at$	$\dfrac{a}{s^2+a^2}$
$\cosh at$	$\dfrac{s}{s^2-a^2}$
$\sinh at$	$\dfrac{a}{s^2-a^2}$

II ラプラス変換の基本法則

法則名	原関数	像関数
線形	$af(t)+bg(t)$	$aF(s)+bG(s)$
相似	$f(at)\ \ (a>0)$	$\frac{1}{a}F\left(\frac{s}{a}\right)$
平行移動	$f_a(t)\ \ (a>0)$	$e^{-as}F(s)$
像の移動	$e^{at}f(t)$	$F(s-a)$
微分	$f'(t)$	$sF(s)-f(0)$
	$f''(t)$	$s^2F(s)-sf(0)-f'(0)$
	$f'''(t)$	$s^3F(s)-f(0)s^2-f'(0)s-f''(0)$
積分	$\int_0^t f(u)du$	$\frac{1}{s}F(s)$
	$\int_0^t\int_0^u f(v)dvdu$	$\frac{1}{s^2}F(s)$
	$\int_0^t\int_0^u\int_0^v f(w)dwdvdu$	$\frac{1}{s^3}F(s)$
像の微分	$-tf(t)$	$\frac{d}{ds}F(s)$
	$(-t)^nf(t)$	$\frac{d^n}{ds^n}F(s)$
像の積分	$\frac{f(t)}{t}$	$\int_s^\infty F(p)dp$
	$\frac{f(t)}{t^2}$	$\int_s^\infty\int_p^\infty F(q)dqdp$
	$\frac{f(t)}{t^3}$	$\int_s^\infty\int_p^\infty\int_q^\infty F(r)drdqdp$
合成積	$f(t)*g(t)$	$F(s)G(s)$

2.3 ラプラス逆変換

これまでは，関数 $f(t)$ のラプラス変換 $F(s)$ を求める計算方法について学んできた．この節では，今までとは逆に，与えられた $F(s)$ がどんな関数 $f(t)$ のラプラス変換になっているかを計算する方法を学ぶ．

一般に，与えられた関数 $F(s)$ に対して

$$\mathcal{L}(f(t))(s) = F(s)$$

を満たす関数 $f(t)$ が存在するとき，この $f(t)$ を $F(s)$ の**ラプラス逆変換**といい，$\mathcal{L}^{-1}(F(s))(t)$ または単に $\mathcal{L}^{-1}(F)(t)$，$\mathcal{L}^{-1}(F(s))$，$\mathcal{L}^{-1}(F)$ などで表す．

ラプラス逆変換は，一般には一通りに定まるとは限らない．すなわち

$$\mathcal{L}(f_1(t))(s) = \mathcal{L}(f_2(t))(s) = F(s)$$

を満たす異なる関数 $f_1(t)$，$f_2(t)$ が存在する場合がある．しかし，関数 $f_1(t)$，$f_2(t)$ に，応用上問題ない程度の条件を加味すれば，$f_1(t) \neq f_2(t)$ となる点 t は，$f_1(t)$ または $f_2(t)$ の不連続点だけで，$f_1(t)$ と $f_2(t)$ がともに連続となる点 t では，$f_1(t) = f_2(t)$ となることが知られている (ラプラス逆変換の一意性)．この意味で，ラプラス逆変換は，ラプラス変換の逆写像

$$\mathcal{L}^{-1} : F(s) \mapsto f(t)$$

と考えることができる．

ラプラス逆変換を計算するには，新たな公式を準備する必要はない．すでに 2.1 節で学んだ具体的な関数のラプラス変換公式と，2.2 節のラプラス変換の基本法則を用いて，最終的に

$$F(s) = \mathcal{L}(f(t))(s)$$

の形となるように $F(s)$ を変形すれば，上式の $f(t)$ が $F(s)$ のラプラス逆変換となる．この変形を行うには，次の 4 つの手法が役立つ．

1　形を合わせる　すでに学んだラプラス変換の公式に形を合わせて逆変換を求める．

例題 2.3.1　次の関数のラプラス逆変換を求めよ．

(1) $\dfrac{1}{1+3s}$　　(2) $\dfrac{s}{s^2-4s+5}$　　(3) $\dfrac{se^{-3s}}{s^2+4}$

解 (1) 与式を変形すると

$$\frac{1}{1+3s}=\frac{1}{3}\cdot\frac{1}{s+\frac{1}{3}}=\frac{1}{3}\mathcal{L}\left(e^{-\frac{t}{3}}\right)=\mathcal{L}\left(\frac{1}{3}e^{-\frac{t}{3}}\right)$$

となるので，$\mathcal{L}^{-1}\left(\frac{1}{1+3s}\right)=\frac{1}{3}e^{-\frac{t}{3}}$ となる.

(2) 与式を変形すると

$$\frac{s}{s^2-4s+5}=\frac{(s-2)+2}{(s-2)^2+1}=\frac{s-2}{(s-2)^2+1}+2\cdot\frac{1}{(s-2)^2+1}$$
$$=\mathcal{L}(\cos t)(s-2)+2\mathcal{L}(\sin t)(s-2)$$

となるが，上式において $\mathcal{L}(\cos t)$ と $\mathcal{L}(\sin t)$ の引数は s ではなく $s-2$ である．この形のままではラプラス逆変換は求められないので，$s-2$ を s に直すために，像の移動法則を用いる．すなわち，像の移動法則より

$$\mathcal{L}(\cos t)(s-2)=\mathcal{L}(e^{2t}\cos t)(s),\quad \mathcal{L}(\sin t)(s-2)=\mathcal{L}(e^{2t}\sin t)(s)$$

なので

$$\frac{s}{(s-2)^2+1}=\mathcal{L}(e^{2t}\cos t)+2\mathcal{L}(e^{2t}\sin t)=\mathcal{L}(e^{2t}(\cos t+2\sin t))$$

と変形できる．ゆえに，$\mathcal{L}^{-1}\left(\frac{s}{(s-2)^2+1}\right)=e^{2t}(\cos t+2\sin t)$ となる.

(3) 平行移動法則より $\mathcal{L}(f_3(t))=e^{-3s}\mathcal{L}(f(t))$ なので

$$\frac{se^{-3s}}{s^2+4}=e^{-3s}\frac{s}{s^2+4}=e^{-3s}\mathcal{L}(\cos 2t)=\mathcal{L}((\cos 2t)_3)$$

である．よって，$\mathcal{L}^{-1}\left(\frac{se^{-3s}}{s^2+4}\right)=(\cos 2t)_3$ となる. □

2 部分分数に分解する 有理関数の形が複雑で，一見しただけでは既知の公式と形を合わせることができない場合でも，部分分数に分解すると，「形を合わせる」テクニックを使える場合が多い.

例題 2.3.2 次の関数のラプラス逆変換を求めよ.

(1) $\frac{s}{s^2+3s+2}$ (2) $\frac{3s^2-5s+4}{(s-1)^3}$ (3) $\frac{1}{(s+2)^2(s^2+2s+2)}$

解 (1) 部分分数に分解するため，分母を因数分解して

$$\frac{s}{s^2+3s+2}=\frac{s}{(s+1)(s+2)}=\frac{A}{s+1}+\frac{B}{s+2}$$

とおく．両辺の分母を払って整理すると

$$s = (A+B)s + (2A+B)$$

となる．上式は s に関する恒等式なので，両辺の係数を比較すると

$$A+B=1, \quad 2A+B=0$$

となる．よって，$A=-1$，$B=2$ を得る．ゆえに，与式は

$$\frac{s}{s^2+3s+2} = \frac{2}{s+2} - \frac{1}{s+1}$$

と部分分数分解される．そこで

$$\frac{s}{s^2+3s+2} = 2\mathcal{L}(e^{-2t}) - \mathcal{L}(e^{-t}) = \mathcal{L}(2e^{-2t} - e^{-t})$$

と変形して，$\mathcal{L}^{-1}\left(\dfrac{s}{s^2+3s+2}\right) = 2e^{-2t} - e^{-t}$ となる．

(2)　部分分数分解するために

$$\frac{3s^2-5s+4}{(s-1)^3} = \frac{A}{s-1} + \frac{B}{(s-1)^2} + \frac{C}{(s-1)^3}$$

とおき，両辺の分母を払って整理すると

$$3s^2-5s+4 = As^2 + (-2A+B)s + (A-B+C)$$

となる．係数を比較すると

$$A=3, \quad -2A+B=-5, \quad A-B+C=4$$

となり，これを解いて，$A=3$，$B=1$，$C=2$ を得る．ゆえに，与式は

$$\frac{3s^2-5s+4}{(s-1)^3} = \frac{3}{s-1} + \frac{1}{(s-1)^2} + \frac{2}{(s-1)^3}$$

と部分分数分解できる．ここで，像の移動法則より

$$\frac{1}{(s-1)^2} = \mathcal{L}(t)(s-1) = \mathcal{L}(te^t), \qquad \frac{2}{(s-1)^3} = \mathcal{L}(t^2)(s-1) = \mathcal{L}(t^2e^t)$$

である．よって，与式は

$$\frac{3s^2-5s+4}{(s-1)^3} = 3\mathcal{L}(e^t) + \mathcal{L}(te^t) + \mathcal{L}(t^2e^t) = \mathcal{L}(e^t(t^2+t+3))$$

と変形できるので，$\mathcal{L}^{-1}\left(\dfrac{3s^2-5s+4}{(s-1)^3}\right) = e^t(t^2+t+3)$ となる．

(3)　s^2+2s+2 は実数の範囲内で因数分解できないので

$$\frac{1}{(s+2)^2(s^2+2s+2)}=\frac{A}{s+2}+\frac{B}{(s+2)^2}+\frac{Cs+D}{s^2+2s+2}$$

とおき，分母を払って，A, B, C, D を定めると，$A=B=\frac{1}{2}$, $C=D=-\frac{1}{2}$ となる．よって，与式は

$$\frac{1}{(s+2)^2(s^2+2s+2)}=\frac{1}{2}\frac{1}{s+2}+\frac{1}{2}\frac{1}{(s+2)^2}-\frac{1}{2}\frac{s+1}{s^2+2s+2}$$

と部分分数分解できる．ここで，像の移動法則より

$$\frac{1}{(s+2)^2}=\mathcal{L}(t)(s+2)=\mathcal{L}(te^{-2t})$$
$$\frac{s+1}{s^2+2s+2}=\frac{s+1}{(s+1)^2+1}=\mathcal{L}(\cos t)(s+1)=\mathcal{L}(e^{-t}\cos t)$$

である．ゆえに

$$\frac{1}{(s+2)^2(s^2+2s+2)}=\frac{1}{2}\mathcal{L}(e^{-2t})+\frac{1}{2}\mathcal{L}(te^{-2t})-\frac{1}{2}\mathcal{L}(e^{-t}\cos t)$$
$$=\mathcal{L}\left(\frac{1}{2}e^{-2t}(1+t)-\frac{1}{2}e^{-t}\cos t\right)$$

となり，ラプラス逆変換は $\frac{1}{2}e^{-2t}(1+t)-\frac{1}{2}e^{-t}\cos t$ である．　□

3　合成積法則を用いる　$F(s)=\mathcal{L}(f(t))$, $G(s)=\mathcal{L}(g(t))$ のとき，合成積法則より

$$F(s)G(s)=\mathcal{L}(f(t)*g(t))$$

なので，$F(s)G(s)$ のラプラス逆変換は，合成積 $f(t)*g(t)$ を計算すれば求めることができる．

例題 2.3.3　合成積法則を用いて，次の関数のラプラス逆変換を求めよ．

(1)　$\frac{1}{s(s^2+1)}$　　(2)　$\frac{1}{s^2(s+2)}$　　(3)　$\frac{s^2}{(s^2+1)^2}$

解　(1)　合成積法則より

$$\frac{1}{s(s^2+1)}=\mathcal{L}(1)\mathcal{L}(\sin t)=\mathcal{L}(1*\sin t)$$

と変形できる．よって，ラプラス逆変換は

$$1*\sin t=\int_0^t \sin u du=\big[-\cos u\big]_0^t=1-\cos t$$

(2) 合成積法則より

$$\frac{1}{s^2(s+2)} = \mathcal{L}(t)\mathcal{L}(e^{-2t}) = \mathcal{L}(t * e^{-2t})$$

と変形できる．よって，ラプラス逆変換は

$$t * e^{-2t} = \int_0^t (t-u)e^{-2u}du = \left[-\frac{(t-u)e^{-2u}}{2}\right]_0^t - \frac{1}{2}\int_0^t e^{-2u}du$$

$$= \frac{t}{2} - \frac{1}{2}\left[-\frac{e^{-2u}}{2}\right]_0^t = \frac{1}{4}e^{-2t} + \frac{t}{2} - \frac{1}{4}$$

(3) 合成積法則より

$$\frac{s^2}{(s^2+1)^2} = \left(\frac{s}{s^2+1}\right)^2 = \{\mathcal{L}(\cos t)\}^2 = \mathcal{L}(\cos t * \cos t)$$

と変形できる．積和公式を用いて合成積を計算すると，ラプラス逆変換は

$$\cos t * \cos t = \int_0^t \cos(t-u)\cos u\,du = \frac{1}{2}\int_0^t \{\cos t + \cos(t-2u)\}\,du$$

$$= \frac{1}{2}\left[u\cos t - \frac{\sin(t-2u)}{2}\right]_0^t$$

$$= \frac{t}{2}\cos t + \frac{1}{2}\sin t = \frac{1}{2}(t\cos t + \sin t) \quad \square$$

4 像の微分法則を用いる $F(s) = \mathcal{L}(f(t))$，$\dfrac{d}{ds}F(s) = \mathcal{L}(g(t))$ のとき，像の微分法則より

$$\mathcal{L}(-tf(t)) = \frac{d}{ds}F(s) = \mathcal{L}(g(t))$$

となる．よって，ラプラス逆変換は $f(t) = -\dfrac{g(t)}{t}$ である．

例題 2.3.4 像の微分法則を用いて，次の関数のラプラス逆変換を求めよ．

(1) $\tan^{-1}\dfrac{1}{s}$ (2) $\log\left(1+\dfrac{1}{s^2}\right)$ (3) $\log\dfrac{s-1}{s+1}$

解 (1) $\mathcal{L}(f(t)) = \tan^{-1}\dfrac{1}{s}$ とおくと，像の微分法則より

$$\mathcal{L}(-tf(t)) = \frac{d}{ds}\tan^{-1}\frac{1}{s} = \frac{1}{1+\left(\frac{1}{s}\right)^2}\left(-\frac{1}{s^2}\right)$$

$$= -\frac{1}{s^2+1} = \mathcal{L}(-\sin t)$$

となる．よって，ラプラス逆変換は $f(t) = \dfrac{\sin t}{t}$ である．

(2) $\mathcal{L}(f(t)) = \log\left(1+\dfrac{1}{s^2}\right)$ とおくと，像の微分法則より

$$\mathcal{L}(-tf(t)) = \frac{d}{ds}\log\left(1+\frac{1}{s^2}\right) = \frac{-2}{s(s^2+1)}$$
$$= -\frac{2}{s} + \frac{2s}{s^2+1} = \mathcal{L}\left(-2(1-\cos t)\right)$$

となる．よって，ラプラス逆変換は $f(t) = \dfrac{2(1-\cos t)}{t}$ である．

(3) $\mathcal{L}(f(t)) = \log\dfrac{s-1}{s+1}$ とおくと，像の微分法則より

$$\mathcal{L}(-tf(t)) = \frac{d}{ds}\log\frac{s-1}{s+1} = \frac{1}{s-1} - \frac{1}{s+1} = \mathcal{L}(e^t - e^{-t})$$

となる．よって，ラプラス逆変換は $f(t) = \dfrac{e^{-t}-e^t}{t}$ である． □

問題 2.3

1. 次の関数のラプラス逆変換を求めよ．

(1) $\dfrac{1}{2s+1}$　(2) $\dfrac{2s}{(s-2)^2}$　(3) $\dfrac{s}{s^2-2s+5}$

(4) $\dfrac{s}{s^2-2s-3}$　(5) $\dfrac{e^{-2s}}{(s+2)^3}$　(6) $\dfrac{e^{-s}}{s^2-4}$

2. 次の関数のラプラス逆変換を求めよ．

(1) $\dfrac{s-8}{s^2-s-6}$　(2) $\dfrac{1}{(s^2+1)(s^2+4)}$

(3) $\dfrac{2s^2-3s-2}{s(s+2)(s-1)}$　(4) $\dfrac{3s^2+10s+10}{(s+2)(s^2+2s+2)}$

(5) $\dfrac{1}{s(s^2-4)}$　(6) $\dfrac{1}{s^2(s-1)^3}$

3. 合成積法則を用いて，次の関数のラプラス逆変換を求めよ．

(1) $\dfrac{1}{s^2(s+1)}$　(2) $\dfrac{1}{(s+1)^2(s-2)}$　(3) $\dfrac{s^2}{(s^2+4)^2}$

4. 像の微分法則を用いて，次の関数のラプラス逆変換を求めよ．

(1) $\sin^{-1}\dfrac{s}{\sqrt{1+s^2}}$　(2) $\log\dfrac{2s^2+1}{s(s^2+1)}$　(3) $\log\dfrac{s^2+1}{s^2-1}$

2.4 常微分方程式への応用

この節では，ラプラス変換を用いて定数係数線形微分方程式を解く方法について解説する．まず，微分方程式の初期値問題

$$f''(t) - 3f'(t) + 2f(t) = 2, \quad f(0) = f'(0) = 0 \tag{2.2}$$

を題材にして，その解法の流れをみてみよう．

微分方程式をラプラス変換を用いて解くには，2.2 節で学んだ微分法則

$$\mathcal{L}(f'(t)) = sF(s) - f(0)$$
$$\mathcal{L}(f''(t)) = s^2F(s) - sf(0) - f'(0)$$

が特に重要である．まず，微分方程式 (2.2) の両辺をラプラス変換する．左辺については，微分法則と線形法則を用いて変換し，初期条件を代入すると

$$\begin{aligned}
&\mathcal{L}(f''(t) - 3f'(t) + 2f(t)) \\
&= \{s^2F(s) - sf(0) - f'(0)\} - 3\{sF(s) - f(0)\} + 2F(s) \\
&= s^2F(s) - 3sF(s) + 2F(s)
\end{aligned}$$

となる．一方，右辺のラプラス変換は $\mathcal{L}(2) = \dfrac{2}{s}$ なので，与式は

$$s^2F(s) - 3sF(s) + 2F(s) = \frac{2}{s} \tag{2.3}$$

となる．このように，微分方程式の両辺をラプラス変換すると，$F(s)$ についての代数方程式 (1 次式) が得られるが，これを (2.2) の**像方程式**という．

次に，この像方程式を $F(s)$ について解いて

$$F(s) = \frac{2}{s(s^2 - 3s + 2)} \tag{2.4}$$

を得る．最後に，$F(s)$ の右辺のラプラス逆変換を求める．右辺は

$$\begin{aligned}
\frac{2}{s(s^2 - 3s + 2)} = \frac{2}{s(s-1)(s-2)} &= \frac{1}{s} - \frac{2}{s-1} + \frac{1}{s-2} \\
&= \mathcal{L}(1) - 2\mathcal{L}(e^t) + \mathcal{L}(e^{2t}) \\
&= \mathcal{L}(1 - 2e^t + e^{2t})
\end{aligned}$$

と変形できるので

$$f(t) = \mathcal{L}^{-1}(F(s)) = \mathcal{L}^{-1}\left(\frac{2}{s(s^2 - 3s + 2)}\right) = 1 - 2e^t + e^{2t}$$

となり，もとの微分方程式 (2.2) の解が求まる．

ラプラス変換を用いた微分方程式の解き方

(1) 微分方程式の両辺をラプラス変換して，像方程式を求める
(2) 得られた像方程式を $F(s)$ について解く
(3) (2) で求めた $F(s)$ をラプラス逆変換する (図 2.5)

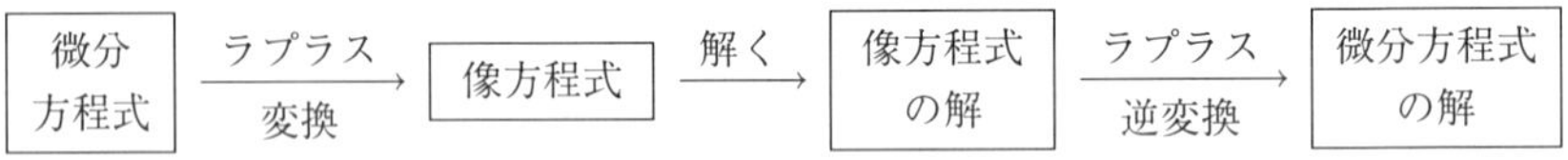

図 2.5 定数係数線形微分方程式の解法

ラプラス変換を用いて微分方程式の解を求める解法の主な利点は，以下の通りである．

- 微分方程式を解くのに，求積法のように積分計算する必要がない
- 線形微分方程式が同次の場合も非同次の場合も，区別なく同じ解法で解くことができる
- 連立微分方程式も，像方程式を連立させてその解を求めることにより，単独の方程式の場合と同様に解くことができる (1.5 節の消去法による解法における任意定数の個数の吟味は不要となる)

この節では，2 階までの微分方程式を中心にその解法を解説するが，より高階の微分方程式も同様の方法で解くことができる．

2.4.1 初期値問題

微分方程式の初期値問題をラプラス変換を用いて解いてみよう．与えられた初期条件 $f(0) = 0$, $f'(0) = 1$ などのもとで微分方程式の解を求める問題を**初期値問題**という．初期値問題では，微分法則を用いて方程式を変換したときに現れる $f(0)$ や $f'(0)$ などの値が既知なので，像方程式を簡単に解くことができる．

例題 2.4.1 微分方程式

$$f''(t) + f(t) = t, \quad f(0) = 0,\ f'(0) = 2$$

をラプラス変換を用いて解け．

解 方程式の両辺をラプラス変換すると，左辺は

$$\mathcal{L}(f''(t)+f(t)) = s^2F(s) - sf(0) - f'(0) + F(s) = (s^2+1)F(s) - 2$$

となり，右辺は $\mathcal{L}(t) = \dfrac{1}{s^2}$ である．これより像方程式は

$$(s^2+1)F(s) - 2 = \frac{1}{s^2}$$

となる．これを $F(s)$ について解けば

$$F(s) = \frac{2s^2+1}{s^2(s^2+1)}$$

である．右辺を変形すると

$$\frac{2s^2+1}{s^2(s^2+1)} = \frac{1}{s^2} + \frac{1}{s^2+1} = \mathcal{L}(t) + \mathcal{L}(\sin t) = \mathcal{L}(t+\sin t)$$

なので，ラプラス逆変換して，初期値問題の解

$$f(t) = t + \sin t$$

を得る． □

問題 2.4.1

1. 次の微分方程式の初期値問題を解け．

(1) $f''(t) - 3f'(t) + 2f(t) = 0, \quad f(0) = 0,\ f'(0) = 1$

(2) $2f''(t) - 5f'(t) + 2f(t) = 0, \quad f(0) = 0,\ f'(0) = 3$

(3) $f''(t) - 6f'(t) + 9f(t) = 0, \quad f(0) = 0,\ f'(0) = 2$

(4) $f''(t) - 4f'(t) + 5f(t) = 0, \quad f(0) = 1,\ f'(0) = 2$

2. 次の微分方程式の初期値問題を解け．

(1) $f''(t) - 2f'(t) + 3f(t) = 1, \quad f(0) = f'(0) = 0$

(2) $f''(t) - f'(t) = \sin t, \quad f(0) = 1,\ f'(0) = 0$

(3) $f'''(t) + 2f''(t) - 11f'(t) - 12f(t) = 4, \quad f(0) = f'(0) = f''(0) = 0$

(4) $f''(t) - 2f'(t) + 5f(t) = 8\cosh t, \quad f(0) = 2,\ f'(0) = 0$

2.4.2 境界値問題

微分方程式の初期値問題では，$t=0$ のときの $f(t)$ や $f'(t)$ の値が与えられている．一方

$$f''(t)+2f'(t)+2f(t)=1, \quad f(0)=0,\ f\left(\frac{\pi}{2}\right)=\frac{1}{2}$$

のように，異なる 2 点での $f(t)$ の値が与えられたとき，その条件を満たす微分方程式の解を求める問題を**境界値問題**，与えられた $f(t)$ に関する条件を**境界条件**という．

境界値問題も初期値問題と同様にラプラス変換を用いて解くことができるが，境界値問題では，微分法則を用いて方程式を変換したときに現れる $f(0)$ や $f'(0)$ などの値が与えられていない．そのため，これらの値をとりあえず定数で置き換えて微分方程式を解いた後，境界条件からその定数の値を定めることで，解を求めることができる．

例題 2.4.2 微分方程式

$$f''(t)+2f'(t)+2f(t)=1, \quad f(0)=0,\ f\left(\frac{\pi}{2}\right)=\frac{1}{2}$$

をラプラス変換を用いて解け．

解 $f'(0)=a$ とおいて微分方程式の両辺をラプラス変換すると，左辺は

$$\begin{aligned}
&\mathcal{L}(f''(t)+2f'(t)+2f(t)) \\
&\quad = s^2F(s)-sf(0)-f'(0)+2\{sF(s)-f(0)\}+2F(s) \\
&\quad = (s^2+2s+2)F(s)-a
\end{aligned}$$

となり，右辺は $\mathcal{L}(1)=\dfrac{1}{s}$ である．これより像方程式は

$$(s^2+2s+2)F(s)-a=\frac{1}{s}$$

となる．これを $F(s)$ について解けば

$$F(s)=\frac{1}{s(s^2+2s+2)}+\frac{a}{s^2+2s+2}$$

となる．右辺を変形すると

$$\begin{aligned}
&\frac{1}{s(s^2+2s+2)}+\frac{a}{s^2+2s+2} \\
&\quad =\frac{1}{2s}+\frac{-s-2}{2(s^2+2s+2)}+\frac{a}{s^2+2s+2}
\end{aligned}$$

$$= \frac{1}{2}\cdot\frac{1}{s} - \frac{1}{2}\cdot\frac{s+1}{(s+1)^2+1} - \frac{1}{2}\cdot\frac{1}{(s+1)^2+1} \quad + a\cdot\frac{1}{(s+1)^2+1}$$
$$= \frac{1}{2}\mathcal{L}(1) - \frac{1}{2}\mathcal{L}(\cos t)(s+1) - \frac{1}{2}\mathcal{L}(\sin t)(s+1) + a\mathcal{L}(\sin t)(s+1)$$
$$= \frac{1}{2}\left\{\mathcal{L}(1) - \mathcal{L}(e^{-t}\cos t) - \mathcal{L}(e^{-t}\sin t)\right\} + a\mathcal{L}(e^{-t}\sin t)$$
$$= \mathcal{L}\left(\frac{1}{2}(1 - e^{-t}\cos t - e^{-t}\sin t) + ae^{-t}\sin t\right)$$

なので，ラプラス逆変換して

$$f(t) = \frac{1}{2}(1 - e^{-t}\cos t - e^{-t}\sin t) + ae^{-t}\sin t$$

を得る．ここで，まだ使われていない境界条件 $f\left(\frac{\pi}{2}\right) = \frac{1}{2}$ より

$$\frac{1}{2} = \frac{1}{2}\left(1 - e^{-\frac{\pi}{2}}\cos\frac{\pi}{2} - e^{-\frac{\pi}{2}}\sin\frac{\pi}{2}\right) + ae^{-\frac{\pi}{2}}\sin\frac{\pi}{2}$$
$$= \frac{1}{2} - \frac{1}{2}e^{-\frac{\pi}{2}} + ae^{-\frac{\pi}{2}}$$

となるので $a = \frac{1}{2}$ を得る．よって，境界値問題の解は

$$f(t) = \frac{1}{2}(1 - e^{-t}\cos t)$$

である．　□

問題 2.4.2

1.　次の微分方程式の境界値問題を解け．

(1)　$f''(t) + 4f'(t) + 5f(t) = 0, \quad f(0) = 0,\ f\left(\frac{\pi}{2}\right) = 1$

(2)　$f''(t) - 5f'(t) + 4f(t) = 0, \quad f(0) = 0,\ f(1) = 1$

(3)　$6f''(t) + 11f'(t) - 10f(t) = 0, \quad f(0) = 0,\ f(1) = 1$

(4)　$f''(t) + 4f'(t) + 6f(t) = 0, \quad f(0) = 3,\ f\left(\frac{\pi}{2\sqrt{2}}\right) = 3$

2.　次の微分方程式の境界値問題を解け．

(1)　$f''(t) - 4f'(t) + 3f(t) = 3, \quad f(0) = 0,\ f(1) = 1$

(2)　$f''(t) - 3f'(t) = t, \quad f(0) = f(1) = 1$

(3)　$f''(t) - 2f'(t) + f(t) = \sin t, \quad f(0) = 0,\ f\left(\frac{\pi}{2}\right) = 0$

2.4.3　連立微分方程式

ラプラス変換を用いて連立微分方程式を解いてみよう．連立微分方程式は，2 つ以上の関数の微分を含む連立方程式で，たとえば

$$\begin{cases} f'(t) + 2g(t) = 0 \\ g'(t) - 3f(t) = 0 \end{cases} \qquad (f(0) = 2,\ g(0) = 3)$$

は，$f(t)$ と $g(t)$ の連立微分方程式である．

連立微分方程式の解き方も，初期値問題や境界値問題と同様である．すなわち，方程式の両辺をラプラス変換し，像方程式を解き，得られた解をラプラス逆変換することで，もとの連立微分方程式の解を求めることができる．

例題 2.4.3　連立微分方程式

$$\begin{cases} f'(t) + 2g(t) = 0 \\ g'(t) - 3f(t) = 0 \end{cases} \qquad (f(0) = 2,\ g(0) = 3)$$

を解け．

解　微分方程式の両辺をラプラス変換すると，第 1 式の左辺は

$$\mathcal{L}(f'(t) + 2g(t)) = sF(s) - f(0) + 2G(s) = sF(s) - 2 + 2G(s)$$

となり，第 2 式の左辺は

$$\mathcal{L}(g'(t) - 3f(t)) = sG(s) - g(0) - 3F(s) = sG(s) - 3 - 3F(s)$$

となる．これより，像方程式は

$$\begin{cases} sF(s) - 2 + 2G(s) = 0 \\ sG(s) - 3 - 3F(s) = 0 \end{cases}$$

である．これを $F(s)$，$G(s)$ について解けば

$$F(s) = \frac{2s - 6}{s^2 + 6}, \quad G(s) = \frac{3s + 6}{s^2 + 6}$$

となる．$F(s)$ の右辺を変形すると

$$\begin{aligned} \frac{2s - 6}{s^2 + 6} &= 2 \cdot \frac{s}{s^2 + 6} - \sqrt{6} \cdot \frac{\sqrt{6}}{s^2 + 6} \\ &= 2\mathcal{L}\left(\cos\sqrt{6}t\right) - \sqrt{6}\mathcal{L}\left(\sin\sqrt{6}t\right) \\ &= \mathcal{L}\left(2\cos\sqrt{6}t - \sqrt{6}\sin\sqrt{6}t\right) \end{aligned}$$

となる．また，$G(s)$ の右辺を変形すると

$$\begin{aligned}\frac{3s+6}{s^2+6} &= 3\cdot\frac{s}{s^2+6}+\sqrt{6}\cdot\frac{\sqrt{6}}{s^2+6}\\ &= 3\mathcal{L}\left(\cos\sqrt{6}t\right)+\sqrt{6}\mathcal{L}\left(\sin\sqrt{6}t\right)\\ &= \mathcal{L}\left(3\cos\sqrt{6}t+\sqrt{6}\sin\sqrt{6}t\right)\end{aligned}$$

となる．よって $F(s)$，$G(s)$ をラプラス逆変換して，連立微分方程式の解

$$\begin{cases} f(t) = 2\cos\sqrt{6}t - \sqrt{6}\sin\sqrt{6}t \\ g(t) = 3\cos\sqrt{6}t + \sqrt{6}\sin\sqrt{6}t \end{cases}$$

を得る． □

ラプラス変換を用いると，1.5 節では取り扱わなかった 3 元の連立微分方程式も同様の方法で解くことができる．また，1.5 節の消去法による解法では必要な任意定数の個数の吟味も不要である．

例題 2.4.4 3 元連立微分方程式

$$\begin{cases} f'(t)+g(t)-h(t)=0 \\ 3f(t)+g'(t)+h(t)=0 \\ f(t)+g(t)+h'(t)=0 \end{cases} \qquad (f(0)=2,\ g(0)=3,\ h(0)=1)$$

を解け．

解 微分方程式の両辺をラプラス変換すると，第 1 式，第 2 式，第 3 式の左辺はそれぞれ

$$\begin{aligned}\mathcal{L}(f'(t)+g(t)-h(t)) &= sF(s)-2+G(s)-H(s)\\ \mathcal{L}(3f(t)+g'(t)+h(t)) &= 3F(s)+sG(s)-3+H(s)\\ \mathcal{L}(f(t)+g(t)+h'(t)) &= F(s)+G(s)+sH(s)-1\end{aligned}$$

となる．これより，像方程式は

$$\begin{cases} sF(s)-2+G(s)-H(s)=0 \\ 3F(s)+sG(s)-3+H(s)=0 \\ F(s)+G(s)+sH(s)-1=0 \end{cases}$$

である．これを $F(s)$，$G(s)$，$H(s)$ について解けば

$$F(s) = \frac{2}{s+1}, \quad G(s) = \frac{3s-1}{(s+1)^2}, \quad H(s) = \frac{s-3}{(s+1)^2}$$

となる．$F(s)$，$G(s)$，$H(s)$ の右辺を変形すると，それぞれ

$$\frac{2}{s+1} = 2 \cdot \frac{1}{s+1} = 2\mathcal{L}(e^{-t}) = \mathcal{L}(2e^{-t})$$

$$\begin{aligned}\frac{3s-1}{(s+1)^2} &= 3 \cdot \frac{1}{s+1} - 4 \cdot \frac{1}{(s+1)^2} = 3\mathcal{L}(e^{-t}) - 4\mathcal{L}(t)(s+1) \\ &= 3\mathcal{L}(e^{-t}) - 4\mathcal{L}(te^{-t}) = \mathcal{L}(3e^{-t} - 4te^{-t})\end{aligned}$$

$$\begin{aligned}\frac{s-3}{(s+1)^2} &= \frac{1}{s+1} - 4 \cdot \frac{1}{(s+1)^2} = \mathcal{L}(e^{-t}) - 4\mathcal{L}(t)(s+1) \\ &= \mathcal{L}(e^{-t}) - 4\mathcal{L}(te^{-t}) = \mathcal{L}(e^{-t} - 4te^{-t})\end{aligned}$$

となる．よって，それぞれのラプラス逆変換を求めて，連立微分方程式の解

$$\begin{cases} f(t) = 2e^{-t} \\ g(t) = 3e^{-t} - 4te^{-t} \\ h(t) = e^{-t} - 4te^{-t} \end{cases}$$

を得る． □

問題 2.4.3

1. 次の連立微分方程式を解け．

(1) $\begin{cases} f'(t) + g(t) = 0 \\ g'(t) - f(t) = 0 \end{cases} \quad (f(0) = 1,\ g(0) = 2)$

(2) $\begin{cases} f'(t) - 3g(t) = 0 \\ g'(t) - 3f(t) = 0 \end{cases} \quad (f(0) = 4,\ g(0) = 2)$

(3) $\begin{cases} f'(t) + g'(t) = 0 \\ f(t) - g'(t) = 0 \end{cases} \quad (f(0) = 0,\ g(0) = 1)$

(4) $\begin{cases} f'(t) + 3g(t) = 2 \\ g'(t) - 2f(t) = t \end{cases} \quad (f(0) = 0,\ g(0) = 0)$

2. 次の連立微分方程式を解け．

(1) $\begin{cases} f''(t) + g(t) = 0 \\ g''(t) + f(t) = 0 \end{cases} \quad (f(0) = g(0) = 0,\ f'(0) = g'(0) = 1)$

(2) $$\begin{cases} f'(t)+g(t)-h(t)=0 \\ f(t)+g'(t)+h(t)=0 \\ f(t)+g(t)+h'(t)=0 \end{cases} \qquad (f(0)=g(0)=h(0)=1)$$

(3) $$\begin{cases} f'(t)+g(t)-h(t)=-3 \\ 4f(t)+7g'(t)-2h(t)=0 \\ 4f(t)-2g(t)-h'(t)=-8 \end{cases} \qquad (f(0)=g(0)=h(0)=0)$$

2.5 偏微分方程式への応用

ラプラス変換を使って，偏微分方程式を解いてみよう．2 変数関数 $f(x,t)$ に関する偏微分方程式の中で，以下の 3 つは特に重要である．

熱伝導方程式 $$\frac{\partial f}{\partial t}=k^2\frac{\partial^2 f}{\partial x^2}$$

波動方程式 $$\frac{\partial^2 f}{\partial t^2}=k^2\frac{\partial^2 f}{\partial x^2}$$

ラプラス方程式 $$\frac{\partial^2 f}{\partial t^2}+\frac{\partial^2 f}{\partial x^2}=0$$

熱伝導方程式は鉄の棒へ熱を加えたときの熱の伝わり方，波動方程式はギターの弦を弾いたときの振動の様子などを表す．また，ラプラス方程式の解は定常状態という安定した状態を表している．

これらの偏微分方程式をラプラス変換を使って解く際の解法の流れは，常微分方程式のときとほとんど同じである．まず，方程式の両辺をラプラス変換して像方程式を導く．次に，像方程式を解いて，その解をラプラス逆変換すればよい．ただし，常微分方程式と違って，偏微分方程式には t に関する偏微分と，x に関する偏微分の 2 種類の微分が存在するので，ラプラス変換も 2 回行う必要がある．

以下では，t によるラプラス変換を $\mathcal{L}_t$ で，x によるラプラス変換を $\mathcal{L}_x$ で表す．また，2 変数関数 $f(x,t)$ の x を定数と考え，t でラプラス変換したものを $F(x,s)$ で表し，この $F(x,s)$ の s を定数と考え，x でラプラス変換したものを $\hat{F}(y,s)$ で表す．すなわち

$$\mathcal{L}_t(f(x,t))=F(x,s), \quad \mathcal{L}_x(F(x,s))=\hat{F}(y,s)$$

である．さらに，議論を簡単化するため，x による偏微分 $\dfrac{\partial}{\partial x}$ と，t によるラプラス変換 $\mathcal{L}_t$ は交換可能，すなわち

$$\mathcal{L}_t\left(\frac{\partial f}{\partial x}(x,t)\right)=\frac{\partial}{\partial x}\mathcal{L}_t(f(x,t))$$

$$\mathcal{L}_t\left(\frac{\partial^2 f}{\partial x^2}(x,t)\right)=\frac{\partial^2}{\partial x^2}\mathcal{L}_t(f(x,t))$$

が常に成り立つとする．

例題 2.5.1　波動方程式

$$\frac{\partial^2 f}{\partial t^2}(x,t)=k^2\frac{\partial^2 f}{\partial x^2}(x,t)$$

を，境界条件および初期条件

$$f(0,t)=f(\pi,t)=0,\quad f(x,0)=\sin x,\ \frac{\partial f}{\partial t}(x,0)=0$$

のもとで解け．

解　微分方程式の両辺を t でラプラス変換すると，左辺と右辺はそれぞれ

$$\begin{aligned}\mathcal{L}_t\left(\frac{\partial^2 f}{\partial t^2}(x,t)\right)&=s^2F(x,s)-sf(x,0)-\frac{\partial f}{\partial t}(x,0)\\&=s^2F(x,s)-s\sin x\end{aligned}$$

$$\mathcal{L}_t\left(k^2\frac{\partial^2 f}{\partial x^2}(x,t)\right)=k^2\frac{\partial^2}{\partial x^2}\mathcal{L}_t(f(x,t))=k^2\frac{\partial^2 F}{\partial x^2}(x,s)$$

となる．よって

$$s^2F(x,s)-s\sin x=k^2\frac{\partial^2 F}{\partial x^2}(x,s)\tag{2.5}$$

を得る．また，境界条件を t でラプラス変換すると

$$\mathcal{L}_t\left(f(0,t)\right)=F(0,s),\quad \mathcal{L}_t(f(\pi,t))=F(\pi,s)$$

より

$$F(0,s)=F(\pi,s)=0$$

となる．

次に，t でラプラス変換した方程式 (2.5) を，x でラプラス変換する．しかし，初期条件の 1 つである $\dfrac{\partial F}{\partial x}(0,s)$ が与えられていないので

$$A(s)=\frac{\partial F}{\partial x}(0,s)$$

とおく．このとき，(2.5) の両辺を x でラプラス変換すると，s が定数として扱われることから，左辺と右辺はそれぞれ

$$\mathcal{L}_x(s^2F(x,s)-s\sin x)=s^2\hat{F}(y,s)-\frac{s}{y^2+1}$$

$$\begin{aligned}\mathcal{L}_x\left(k^2\frac{\partial^2 F}{\partial x^2}(x,s)\right)&=k^2\left(y^2\hat{F}(y,s)-yF(0,s)-\frac{\partial F}{\partial x}(0,s)\right)\\&=k^2y^2\hat{F}(y,s)-k^2A(s)\end{aligned}$$

となる．よって，像方程式は

$$s^2\hat{F}(y,s)-\frac{s}{y^2+1}=k^2y^2\hat{F}(y,s)-k^2A(s)$$

である．これを $\hat{F}(y,s)$ について解いて

$$\hat{F}(y,s)=k^2A(s)\cdot\frac{1}{k^2y^2-s^2}-\frac{s}{y^2+1}\cdot\frac{1}{k^2y^2-s^2}$$

を得る．上式の右辺を変形すると

$$\begin{aligned}&k^2A(s)\cdot\frac{1}{k^2y^2-s^2}-\frac{s}{y^2+1}\cdot\frac{1}{k^2y^2-s^2}\\&=\frac{k}{s}A(s)\cdot\frac{\frac{s}{k}}{y^2-\frac{s^2}{k^2}}-\frac{s}{s^2+k^2}\left(\frac{k}{s}\cdot\frac{\frac{s}{k}}{y^2-\frac{s^2}{k^2}}-\frac{1}{y^2+1}\right)\\&=\frac{k}{s}A(s)\mathcal{L}_x\left(\sinh\frac{sx}{k}\right)-\frac{s}{s^2+k^2}\left(\frac{k}{s}\mathcal{L}_x\left(\sinh\frac{sx}{k}\right)-\mathcal{L}_x(\sin x)\right)\\&=\mathcal{L}_x\left(\frac{k}{s}A(s)\sinh\frac{sx}{k}-\frac{s}{s^2+k^2}\left(\frac{k}{s}\sinh\frac{sx}{k}-\sin x\right)\right)\end{aligned}$$

となるので，$\hat{F}(y,s)$ のラプラス逆変換は

$$F(x,s)=\frac{k}{s}A(s)\sinh\frac{sx}{k}-\frac{s}{s^2+k^2}\left(\frac{k}{s}\sinh\frac{sx}{k}-\sin x\right)\tag{2.6}$$

となる．ここで，境界条件 $F(\pi,s)=0$ より

$$0=F(\pi,s)=\frac{k}{s}A(s)\sinh\frac{\pi s}{k}-\frac{s}{s^2+k^2}\left(\frac{k}{s}\sinh\frac{\pi s}{k}-\sin\pi\right)$$

なので，$A(s)$ について解いて

$$A(s)=\frac{s}{s^2+k^2}$$

を得る．これを (2.6) に代入すると

$$F(x,s)=\frac{s}{s^2+k^2}\sin x$$

となる．最後に，上式の右辺を

$$\frac{s}{s^2+k^2}\sin x = \mathcal{L}_t\,(\cos kt)\sin x = \mathcal{L}_t(\cos kt \sin x)$$

と変形して，t でラプラス逆変換すると，波動方程式の解

$$f(x,t) = \cos kt \sin x$$

を得る． □

ラプラス変換を用いた波動方程式の解き方

(1) 微分方程式の両辺を t でラプラス変換する
(2) 境界条件も t でラプラス変換する
(3) $\dfrac{\partial F}{\partial x}(0,s) = A(s)$ とおき，x でラプラス変換する
(4) 得られた方程式を $\hat{F}(y,s)$ について解く
(5) (4) で得られた解を x でラプラス逆変換する
(6) 境界条件を用いて $A(s)$ を求める
(7) (5) で得られた式に，(6) で求めた $A(s)$ を代入する
(8) (7) で得られた式を t でラプラス逆変換する

熱伝導方程式やラプラス方程式も同様にして解くことができる．また，他の偏微分方程式の中にも，ラプラス変換を用いて解くことができるものがある．

問題 2.5

1. 波動方程式

$$\frac{\partial^2 f}{\partial t^2}(x,t) = k^2\frac{\partial^2 f}{\partial x^2}(x,t)$$

を，次の境界条件および初期条件のもとで解け．

(1) $f(0,t) = f(\pi,t) = 0,\quad f(x,0) = 3\sin 2x,\ \dfrac{\partial f}{\partial t}(x,0) = 0$

(2) $f(0,t) = f(\pi,t) = 0,\quad f(x,0) = 0,\ \dfrac{\partial f}{\partial t}(x,0) = \sin 4x$

2. 次の偏微分方程式を解け．

(1) $\dfrac{\partial f}{\partial t}(x,t) = \dfrac{\partial f}{\partial x}(x,t),\quad f(0,t) = e^t,\ f(x,0) = e^x$

(2)　$\dfrac{\partial f}{\partial t}(x,t) = \dfrac{\partial f}{\partial x}(x,t), \quad f(0,t) = \cos t,\ f(x,0) = \cos x$

(3)　$\dfrac{\partial f}{\partial t} = k^2 \dfrac{\partial^2 f}{\partial x^2}, \quad f(0,t) = f(\pi,t) = 0,\ f(x,0) = \sin x$

(4)　$\dfrac{\partial^2 f}{\partial t^2} + \dfrac{\partial^2 f}{\partial x^2} = 0, \quad f(0,t) = f(\pi,t) = f(x,0) = 0,$

$$\frac{\partial f}{\partial t}(x,0) = \sin 3x$$

3 フーリエ解析

この章では，フーリエ級数，フーリエ変換と，それらの応用について解説する．フーリエ級数は関数を三角関数の和の形に分解する．三角関数を波だと考えれば，この級数は関数を波の合成の形で表している．フーリエ級数は熱伝導方程式などの偏微分方程式を解くときに用いられるほか，関数を近似する特性を利用して，画像処理などに応用される．

フーリエ級数が関数を特定の周波数の波の合成で表すのに対して，フーリエ変換によって変換された関数は，もとの関数が含むすべての周波数の波の大きさを表す．これにより，音波や電波などのデータにどの周波数が含まれているかを調べることが可能になる．

3.1 フーリエ級数

フーリエ級数は，周期関数を $\sin x$，$\cos x$ といった三角関数の重ね合せで表したものである．周期関数の定義や，本当に周期関数が三角関数の重ね合せで表せるのかなどの議論は後ですることとし，まずは具体例をみてみよう．

区間 $(-\pi, \pi]$ において $f(x) = |x|$ で定義された周期 2π の関数 $f(x)$ を考える．この関数は

$$\frac{\pi}{2} + \frac{2}{\pi} \sum_{n=1}^{\infty} \frac{(-1)^n - 1}{n^2} \cos nx \tag{3.1}$$

のように，$\cos nx$ の重ね合せで表すことができる．また，区間 $(-\pi,\pi]$ において

$$f(x)=\begin{cases} 0 & (-\pi<x<0) \\ x & (0\leqq x\leqq \pi) \end{cases}$$

で定義された周期 2π の関数 $f(x)$ も

$$\frac{\pi}{4}+\sum_{n=1}^{\infty}\left\{\frac{(-1)^n-1}{\pi n^2}\cos nx+\frac{(-1)^{n+1}}{n}\sin nx\right\} \tag{3.2}$$

のように，$\sin nx$ と $\cos nx$ の重ね合せで表すことができる．このように周期関数 $f(x)$ を三角関数の重ね合せで表したものを，$f(x)$ の**フーリエ級数**または**フーリエ展開**という．

フーリエ級数を学ぶため，まずはいくつかの準備から始める．実数値関数 $f(x)$ は，ある正の数 T が存在して

$$f(x+T)=f(x)$$

を満たすとき**周期関数**という．この式から

$$f(x)=f(x\pm T)=f(x\pm 2T)=f(x\pm 3T)=\cdots$$

となり，T ごとに同じ値をとることがわかるので，$y=f(x)$ のグラフは T ごとに同じ形を繰り返す (図 3.1)．そこで，T を周期関数 $f(x)$ の**周期**という．また，周期 T の周期関数 $f(x)$ は，$[0,T)$ などの幅が T の区間における値が与えられれば，その区間と同じグラフを T ごとに繰り返すだけなので，すべての $f(x)$ の値が自動的に定まる．

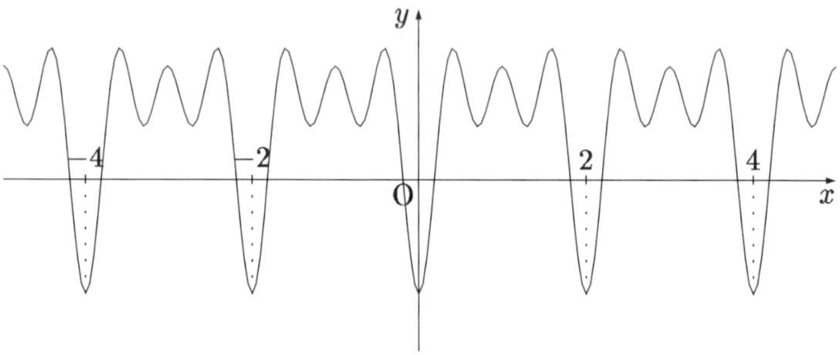

図 3.1 周期 2 の周期関数

例題 3.1.1 周期 2 の周期関数 $f(x)$ が $[0,2)$ において $f(x)=x^2$ で定義されているとき，$f(x)$ のグラフを $[-4,4)$ の範囲で描け．

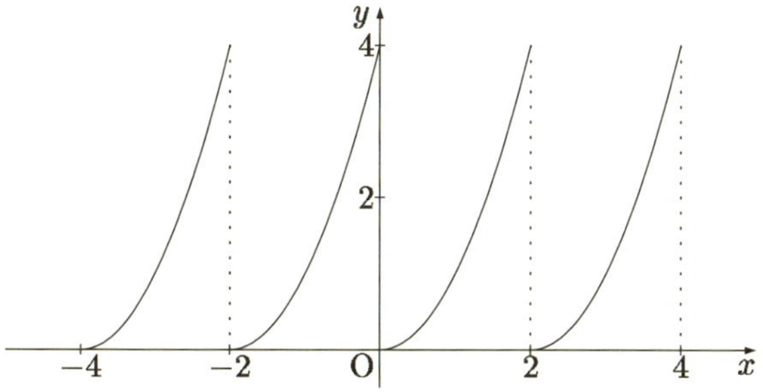

図 3.2　例題 3.1.1 の解

解　$f(x)$ の $[0,2)$ におけるグラフを繰り返せばよいので，図 3.2 となる．　□

次に，フーリエ級数を計算するときによく使う積分の公式を復習する．関数 $f(x)$ は $f(x)=f(-x)$ を満たすとき**偶関数**，$f(x)=-f(-x)$ を満たすとき**奇関数**という．偶関数は，そのグラフが y 軸対称であり，奇関数はグラフが原点対称になっている (図 3.3，図 3.4)．特に，$\cos nx$ は偶関数，$\sin nx$ は奇関数である．

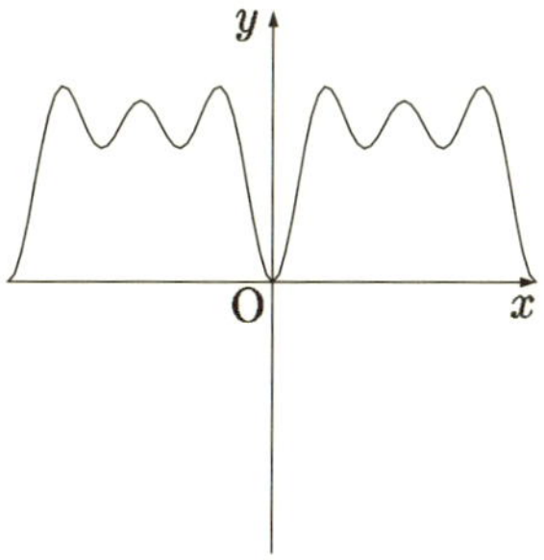

図 3.3　偶関数

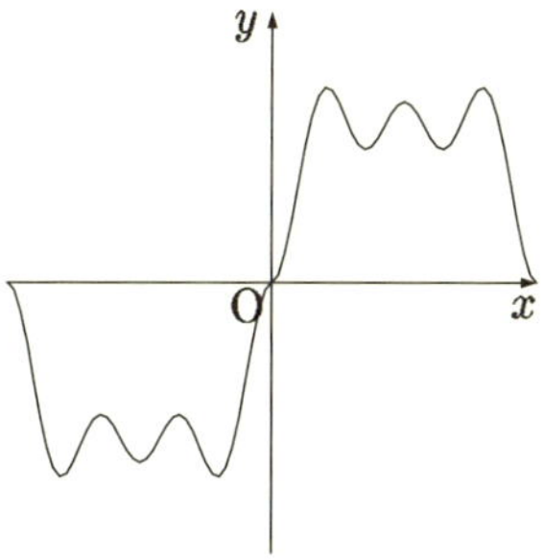

図 3.4　奇関数

偶関数 $f(x)$ を原点に関して対称な区間 $[-\ell,\ell]$ で積分すると

$$\int_{-\ell}^{\ell} f(x)dx = \int_{-\ell}^{0} f(x)dx + \int_{0}^{\ell} f(x)dx = 2\int_{0}^{\ell} f(x)dx$$

となる．一方，奇関数 $f(x)$ を同じ区間 $[-\ell,\ell]$ で積分すると

$$\int_{-\ell}^{\ell} f(x)dx = \int_{-\ell}^{0} f(x)dx + \int_{0}^{\ell} f(x)dx = 0$$

となる．偶関数と偶関数の積は偶関数，奇関数と奇関数の積も偶関数，偶関数と奇関数の積は奇関数となる．これらの性質はフーリエ級数を計算するときに便利なので覚えておこう．

三角関数の積分についても復習しておく．まず

$$\int_{-\pi}^{\pi} \sin nx dx = \int_{-\pi}^{\pi} \cos nx dx = 0 \qquad (n = \pm 1, \pm 2, \pm 3, \cdots) \tag{3.3}$$

である．また，三角関数の積の積分については，以下の性質 (三角関数の直交性) が成り立つ．

$$\int_{-\pi}^{\pi} \sin mx \sin nx dx = \begin{cases} \pi & (m = n) \\ 0 & (m \neq n) \end{cases} \tag{3.4}$$

$$\int_{-\pi}^{\pi} \cos mx \cos nx dx = \begin{cases} \pi & (m = n) \\ 0 & (m \neq n) \end{cases} \tag{3.5}$$

$$\int_{-\pi}^{\pi} \sin mx \cos nx dx = 0 \tag{3.6}$$

ただし，$m, n = 1, 2, 3, \cdots$ である．これらの証明は積和公式

$$\sin\alpha \sin\beta = \frac{1}{2}\{\cos(\alpha - \beta) - \cos(\alpha + \beta)\} \tag{3.7}$$

$$\cos\alpha \cos\beta = \frac{1}{2}\{\cos(\alpha - \beta) + \cos(\alpha + \beta)\} \tag{3.8}$$

$$\sin\alpha \cos\beta = \frac{1}{2}\{\sin(\alpha - \beta) + \sin(\alpha + \beta)\} \tag{3.9}$$

から求めることができる．ここでは (3.4) だけを示す．(3.7) を使って (3.4) を変形すれば

$$\int_{-\pi}^{\pi} \sin mx \sin nx dx = \int_{-\pi}^{\pi} \frac{1}{2}\{\cos(m-n)x - \cos(m+n)x\} dx$$

となるが，(3.3) を使えば $m \neq n$ のときは積分の値は 0 になる．また，$m = n$ のときは $\cos(m-n)x = \cos 0 = 1$ なので，積分の値は π となる．よって

$$\int_{-\pi}^{\pi} \sin mx \sin nx dx = \begin{cases} \pi & (m = n) \\ 0 & (m \neq n) \end{cases}$$

を得る．また，積分計算の途中で，公式

$$\cos n\pi = (-1)^n \tag{3.10}$$

もよく使う．これは $\cos 2n\pi = \cos 0 = 1 = (-1)^{2n}$ と $\cos(2n+1)\pi = \cos\pi = -1 = (-1)^{2n+1}$ より求まる．

さて，本題のフーリエ級数の話に戻ろう．関数 $f(x)$ が (3.1) や (3.2) のように $\sin nx$ や $\cos nx$ の重ね合せとして，定数 a_n，b_n を用いて

$$f(x) = \frac{a_0}{2} + \sum_{n=1}^{\infty}(a_n \cos nx + b_n \sin nx) \tag{3.11}$$

と表せると仮定する．このとき，係数 a_n と b_n を求めてみよう．まず，$f(x)$ に $\cos nx$ をかけて形式的に積分する．$n = 0$ のときは $\cos nx = \cos 0x = 1$ なので，(3.3) より

$$\begin{aligned}\int_{-\pi}^{\pi} f(x)\cos 0x dx &= \int_{-\pi}^{\pi} f(x) dx \\ &= \int_{-\pi}^{\pi}\left\{\frac{a_0}{2} + \sum_{n=1}^{\infty}(a_n \cos nx + b_n \sin nx)\right\}dx = \pi a_0\end{aligned}$$

となる．また，$n = 1, 2, 3, \cdots$ のときは，(3.3)，(3.5)，(3.6) より

$$\begin{aligned}&\int_{-\pi}^{\pi} f(x)\cos nx dx \\ &= \int_{-\pi}^{\pi}\left\{\frac{a_0}{2}\cos nx + \sum_{m=1}^{\infty}(a_m \cos mx \cos nx + b_m \sin mx \cos nx)\right\}dx \\ &= \pi a_n\end{aligned}$$

となる．同様に，$f(x)$ に $\sin nx$ $(n = 1, 2, 3, \cdots)$ をかけて形式的に積分すれば

$$\begin{aligned}&\int_{-\pi}^{\pi} f(x)\sin nx dx \\ &= \int_{-\pi}^{\pi}\left\{\frac{a_0}{2}\sin nx + \sum_{m=1}^{\infty}(a_m \cos mx \sin nx + b_m \sin mx \sin nx)\right\}dx \\ &= \pi b_n\end{aligned}$$

となる．これらの計算から，係数 a_n，b_n は，$f(x)$ にそれぞれ $\cos nx$，$\sin nx$ をかけて積分し，その値を π で割った式になっていることがわかる．そこで，このような a_n，b_n からつくった級数 (3.11) を，$f(x)$ のフーリエ級数，またはフーリエ展開という．まとめると次の定義になる．

フーリエ級数　関数 $f(x)$ に対して

$$a_n = \frac{1}{\pi}\int_{-\pi}^{\pi} f(x)\cos nx dx \quad (n = 0, 1, 2, \cdots)$$

$$b_n = \frac{1}{\pi}\int_{-\pi}^{\pi} f(x)\sin nx dx \quad (n = 1, 2, 3, \cdots)$$

を $f(x)$ の**フーリエ係数**という．特に，a_n を**フーリエ余弦係数**，b_n を**フーリエ正弦係数**という．また，次の形式的な級数

$$\frac{a_0}{2}+\sum_{n=1}^{\infty}(a_n\cos nx+b_n\sin nx)$$

を $f(x)$ の**フーリエ級数 (Fourier series)** または**フーリエ展開**といい

$$f(x)\sim\frac{a_0}{2}+\sum_{n=1}^{\infty}(a_n\cos nx+b_n\sin nx)$$

と書く．

例題 3.1.2 周期 2π の周期関数 $f(x)=|x|$ $(-\pi<x\leqq\pi)$ のフーリエ級数を求めよ．

解 $f(x)$ は偶関数なので，$f(x)\cos nx$ は偶関数になる．よって，$n\neq 0$ のとき

$$\begin{aligned}a_n&=\frac{2}{\pi}\int_0^{\pi}f(x)\cos nxdx=\frac{2}{\pi}\int_0^{\pi}x\cos nxdx\\&=\frac{2}{\pi}\left[\frac{1}{n}x\sin nx\right]_0^{\pi}-\frac{2}{\pi n}\int_0^{\pi}\sin nxdx\\&=-\frac{2}{\pi n}\left[-\frac{1}{n}\cos nx\right]_0^{\pi}=\frac{2\{(-1)^n-1\}}{\pi n^2}\end{aligned}$$

である．最後の式変形では (3.10) を用いた．また $n=0$ のとき

$$a_0=\frac{1}{\pi}\int_{-\pi}^{\pi}f(x)dx=\frac{2}{\pi}\int_0^{\pi}xdx=\pi$$

となる．一方，$f(x)\sin nx$ は奇関数なので

$$b_n=\frac{1}{\pi}\int_{-\pi}^{\pi}f(x)\sin nxdx=0$$

である．よって，$f(x)$ のフーリエ級数

$$f(x)\sim\frac{\pi}{2}+\frac{2}{\pi}\sum_{n=1}^{\infty}\frac{(-1)^n-1}{n^2}\cos nx$$

を得る． □

フーリエ級数の収束性に関して，関数 $f(x)$ にどのような条件を課せば，フーリエ級数が収束し，$f(x)$ と一致するかを調べることは重要な問題である．以下ではこの問題について簡単に解説する．

まず，関数 $f(x)$ が満たすべき条件を述べるため，関数の右極限値，左極限値を定義する．点 x_0 において，極限値

$$f(x_0+0)=\lim_{h\to+0}f(x_0+h),\quad f(x_0-0)=\lim_{h\to+0}f(x_0-h)$$

が存在するとき，この極限値をそれぞれ $f(x)$ の点 x_0 における**右極限値**，**左極限値**という．ここで，$h\to+0$ は h を正の方から 0 に近づけるという意味である．この 2 つの極限値は，関数の連続な点では一致するが，不連続点では一致しない．たとえば，関数

$$f(x)=\begin{cases}-1 & (-\pi<x<c)\\ 1 & (c\leqq x\leqq\pi)\end{cases}$$

に対して，その不連続点 $x=c$ における右極限値は x を c に右から近づけたときの極限の値，左極限値は x を c に左から近づけたときの極限の値なので

$$f(c+0)=1,\quad f(c-0)=-1$$

となる．

次に，区分的な連続性や微分可能性をもつ関数を定義する．有限区間 $[a,b]$ 上で定義された関数 $f(x)$ は，有限個の点を除き連続で，かつ不連続な点においては右極限値と左極限値が存在するとき，**区分的に連続**という．無限区間上で定義された関数については，任意の有限区間上で区分的に連続なとき，区分的に連続という．特に，周期 T の周期関数 $f(x)$ は，区間 $[0,T)$ で区分的に連続であれば，全区間で区分的に連続となる．また，区分的に連続な関数 $f(x)$ は，有限個の点を除いたところで微分可能で，その導関数が区分的に連続なとき，**区分的に滑らか**という．区分的に滑らかな関数 $f(x)$ のフーリエ級数の収束性と，$f(x)$ との一致性については，次の定理が知られている．

定理 3.1.1　周期 2π の周期関数 $f(x)$ が区分的に滑らかならば，$f(x)$ のフーリエ級数はすべての点 x において収束し

$$\frac{a_0}{2}+\sum_{n=1}^{\infty}(a_n\cos nx+b_n\sin nx)$$
$$=\begin{cases}f(x) & (x\text{ は連続点})\\ \dfrac{f(x+0)+f(x-0)}{2} & (x\text{ は不連続点})\end{cases}$$

が成り立つ．

定理 3.1.1 より，区分的に滑らかな周期 2π の周期関数が連続ならば，$f(x)$ のフーリエ級数と $f(x)$ は完全に一致する．また，関数 $f(x)$ が不連続点を含む場合には，不連続点におけるフーリエ級数の値は右極限値と左極限値の平均値と一致する．

不連続点におけるフーリエ級数の収束性に関しては，その点の近くで級数の収束する速さが遅くなるとともに，フーリエ級数のグラフが垂直に立つ現象が起きる．この現象を**ギブス (Gibbs) 現象**という．図 3.5 は例題 3.1.2 で求めたフーリエ級数の各項を $n=5$ まで足した関数のグラフであり，もとの関数とかなり近いことがわかる．

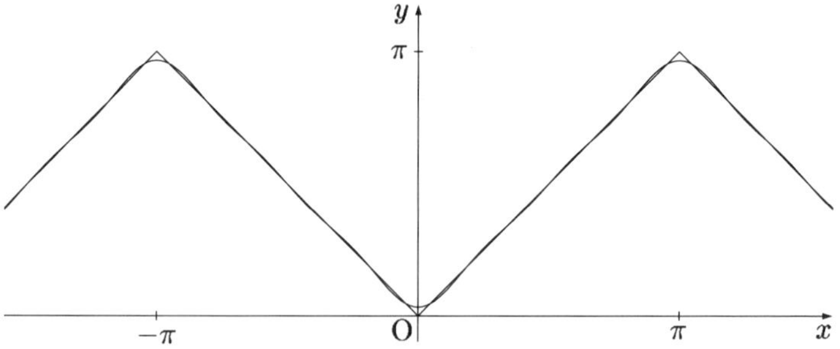

図 3.5　連続関数のフーリエ級数による近似，$n=5$ まで

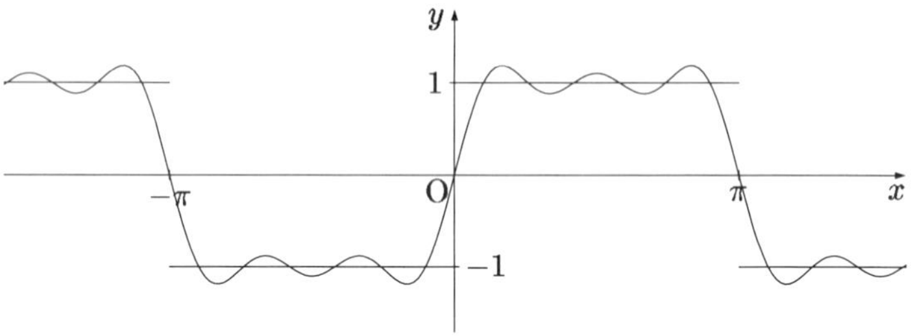

図 3.6　不連続関数のフーリエ級数による近似，$n=5$ まで

一方，図 3.6 は

$$f(x)=\begin{cases} -1 & (-\pi<x<0) \\ 1 & (0\leqq x\leqq \pi) \end{cases}$$

のフーリエ級数の各項を同じように $n=5$ まで足した関数であるが，先ほどと違ってもとの関数との差が大きい．また，フーリエ級数の部分和のグラフが，

不連続点で垂直に立ってくる様子が観察できる．これは後者の関数が不連続点をもつことにより，ギブス現象が生じたことを示しており，フーリエ級数が不連続点の付近で一様に収束しないことに起因している．以下では，特に断りがない限り，この章で扱う関数はすべて区分的に滑らかであるとする．

例題 3.1.3 周期 2π の周期関数 $f(x) = |x|$ $(-\pi < x \leqq \pi)$ のフーリエ級数を用いて，級数 $\displaystyle\sum_{n=1}^{\infty} \frac{1}{(2n-1)^2}$ の和を求めよ．

解 例題 3.1.2 より，$f(x)$ のフーリエ級数は

$$f(x) \sim \frac{\pi}{2} + \frac{2}{\pi}\sum_{n=1}^{\infty} \frac{(-1)^n - 1}{n^2} \cos nx$$

である．上式に $x = 0$ を代入すれば，定理 3.1.1 より

$$\frac{\pi}{2} + \frac{2}{\pi}\sum_{n=1}^{\infty} \frac{(-1)^n - 1}{n^2} = 0 \qquad \therefore \quad \sum_{n=1}^{\infty} \frac{1}{(2n-1)^2} = \frac{\pi^2}{8}$$

を得る． □

問題 3.1

1. 次の問いに答えよ．

(1) $[0, 1)$ において $f(x) = x$ で定義された周期 1 の周期関数のグラフを $[-2, 2)$ の範囲で描け．

(2) $[-1, 1)$ において $f(x) = x$ で定義された周期 2 の周期関数のグラフを $[-3, 3)$ の範囲で描け．

(3) $[-2, 1)$ において $f(x) = -x^2 + 2x$ で定義された周期 3 の周期関数のグラフを $[-6, 6)$ の範囲で描け．

(4) $(0, 1]$ において $f(x) = -x \log x$ で定義された周期 1 の周期関数のグラフを $[-2, 2]$ の範囲で描け．

2. 周期 2π の周期関数 $f(x)$ が $(-\pi, \pi]$ において次式で定義されているとき，$f(x)$ のフーリエ級数を求めよ．

(1) $f(x) = \begin{cases} -1 & (-\pi < x < 0) \\ 1 & (0 \leqq x \leqq \pi) \end{cases}$　　(2) $f(x) = x$

(3) $f(x) = 2x - 3$　　(4) $f(x) = x^2 - 3x$

(5) $f(x) = \sin^2 x$　　(6) $f(x) = e^x$

3. 次の関数のフーリエ級数を用いて，級数の和を求めよ．

(1) $f(x) = x^2 \ (-\pi < x \leqq \pi)$; $\displaystyle\sum_{n=1}^{\infty} \frac{(-1)^{n+1}}{n^2}$

(2) $f(x) = x \ (-\pi < x \leqq \pi)$; $\displaystyle\sum_{n=1}^{\infty} \frac{(-1)^{n+1}}{2n-1}$

3.2 フーリエ余弦級数とフーリエ正弦級数

前節では $(-\pi, \pi]$ で定義された関数のフーリエ級数を扱ったが，この節では $[0, \pi]$ でしか定義されていない関数 $f(x)$ のフーリエ級数を考える．そのための自然な方法は，$f(x)$ の定義域を $(-\pi, \pi]$ に拡張して，すでに学んだフーリエ級数の結果を利用することである．この拡張の仕方として，次の 2 つが考えられる．最初の方法は

$$f(-x) = f(x) \qquad (0 < x < \pi)$$

により，$(-\pi, 0)$ における $f(x)$ の値を定義して，$(-\pi, \pi]$ 上の関数に拡張する仕方である．このとき，$f(x)$ のグラフは y 軸に関して対称になる (図 3.7).

もう 1 つの方法は

$$f(-x) = -f(x) \qquad (0 < x < \pi)$$

により，$(-\pi, 0)$ における $f(x)$ の値を定義して拡張する仕方である．このとき，$f(x)$ のグラフは原点に関して対称になる (図 3.8)．厳密には $x = 0$ を除いたところが原点対称になる．

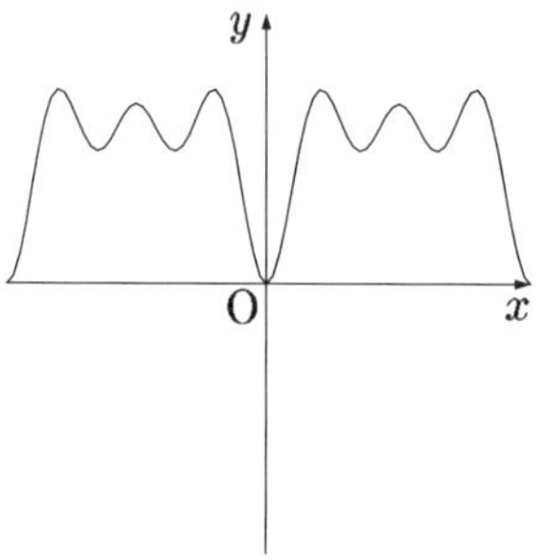

図 3.7 $f(-x) = f(x)$ による拡張

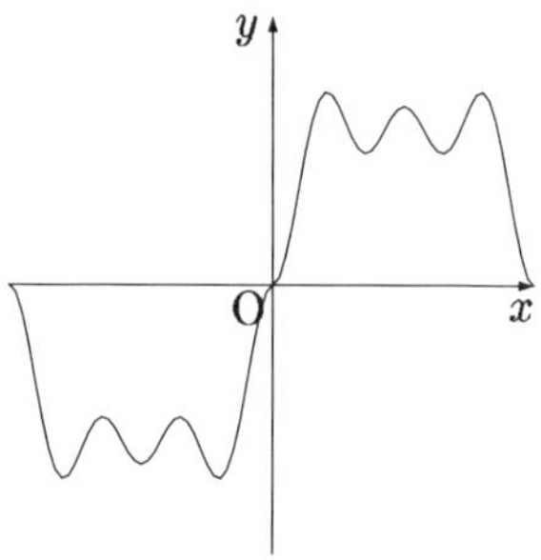

図 3.8 $f(-x) = -f(x)$ による拡張

これらの関数のフーリエ級数を計算してみよう．最初の方法で拡張した $f(x)$ は，グラフが y 軸対称になるようにつくっているので，偶関数になる．それゆえ，$f(x)\sin nx$ は奇関数となり，フーリエ係数 b_n は

$$b_n = \frac{1}{\pi}\int_{-\pi}^{\pi} f(x)\sin nx dx = 0$$

である．また，フーリエ係数 a_n は，$f(x)\cos nx$ が偶関数なので

$$a_n = \frac{1}{\pi}\int_{-\pi}^{\pi} f(x)\cos nx dx = \frac{2}{\pi}\int_{0}^{\pi} f(x)\cos nx dx$$

となり，拡張前の $f(x)$ から計算できる．以上より，$f(x)$ のフーリエ級数は

$$f(x) \sim \frac{a_0}{2} + \sum_{n=1}^{\infty} a_n \cos nx$$

となり，$\cos nx$ の級数で表すことができる．

一方，2 番目の方法で拡張した $f(x)$ は，グラフが原点対称になるようにつくっているので，奇関数になる．したがって，$f(x)\cos nx$ は奇関数となり，フーリエ係数 a_n は

$$a_n = \frac{1}{\pi}\int_{-\pi}^{\pi} f(x)\cos nx dx = 0$$

である．また，フーリエ係数 b_n についても

$$b_n = \frac{1}{\pi}\int_{-\pi}^{\pi} f(x)\sin nx dx = \frac{2}{\pi}\int_{0}^{\pi} f(x)\sin nx dx$$

となり，拡張前の $f(x)$ から計算できる．ゆえに，$f(x)$ のフーリエ級数は

$$f(x) \sim \sum_{n=1}^{\infty} b_n \sin nx$$

となり，この拡張方法では $\sin nx$ の級数で表すことができる．これらをまとめると，次の定義を得る．

フーリエ余弦級数とフーリエ正弦級数　$[0,\pi]$ 上で定義された関数 $f(x)$ に対して，フーリエ係数 a_n，b_n を

$$a_n = \frac{2}{\pi}\int_{0}^{\pi} f(x)\cos nx dx \quad (n = 0, 1, 2, \cdots)$$

$$b_n = \frac{2}{\pi}\int_{0}^{\pi} f(x)\sin nx dx \quad (n = 1, 2, 3, \cdots)$$

で定義する．このとき

$$f(x) \sim \frac{a_0}{2} + \sum_{n=1}^{\infty} a_n \cos nx$$

を $f(x)$ の**フーリエ余弦級数**という．また

$$f(x) \sim \sum_{n=1}^{\infty} b_n \sin nx$$

を $f(x)$ の**フーリエ正弦級数**という．

例題 3.2.1　$f(x) = x \ (0 \leqq x \leqq \pi)$ のフーリエ余弦級数とフーリエ正弦級数を求めよ．

解　まず，$a_0 = \dfrac{2}{\pi}\displaystyle\int_0^{\pi} x dx = \pi$ で，$n \neq 0$ に対しては

$$\begin{aligned} a_n &= \frac{2}{\pi}\int_0^{\pi} x \cos nx dx = \frac{2}{\pi}\left[\frac{1}{n} x \sin nx\right]_0^{\pi} - \frac{2}{\pi n}\int_0^{\pi} \sin nx dx \\ &= -\frac{2}{\pi n}\left[-\frac{1}{n}\cos nx\right]_0^{\pi} = \frac{2}{\pi n^2}\{(-1)^n - 1\} \end{aligned}$$

となる．一方

$$\begin{aligned} b_n &= \frac{2}{\pi}\int_0^{\pi} x \sin nx dx = \frac{2}{\pi}\left[-\frac{1}{n} x \cos nx\right]_0^{\pi} + \frac{2}{\pi n}\int_0^{\pi} \cos nx dx \\ &= -\frac{2}{n}(-1)^n + \frac{2}{\pi n}\left[\frac{1}{n}\sin nx\right]_0^{\pi} = \frac{2}{n}(-1)^{n+1} \end{aligned}$$

である．よって，フーリエ余弦級数は

$$f(x) \sim \frac{\pi}{2} + \sum_{n=1}^{\infty} \frac{2}{\pi n^2}\{(-1)^n - 1\}\cos nx$$

となり，フーリエ正弦級数は

$$f(x) \sim \sum_{n=1}^{\infty} \frac{2}{n}(-1)^{n+1} \sin nx$$

である．　□

問題 3.2

1.　$[0, \pi]$ において次式で定義された関数を，$(-\pi, 0)$ において $f(-x) = f(x)$ および $f(-x) = -f(x)$ によって拡張した関数のグラフを描け．

(1)　$f(x) = 3$　　(2)　$f(x) = x$

(3)　$f(x) = 3x^2 - 2$　　(4)　$f(x) = \log(x + 1)$

2.　$[0,\pi]$ において次式で定義された関数のフーリエ余弦級数とフーリエ正弦級数を求めよ．

(1)　$f(x)=\pi-x$　　(2)　$f(x)=1$

(3)　$f(x)=-x-2$　　(4)　$f(x)=x^2+4x$

(5)　$f(x)=\sin x$　　(6)　$f(x)=e^{2x}$

3.3　パーセバルの等式

周期 2π の周期関数 $f(x)$ のフーリエ級数展開

$$f(x)\sim\frac{a_0}{2}+\sum_{n=1}^{\infty}(a_n\cos nx+b_n\sin nx)$$

において，フーリエ余弦係数 a_n とフーリエ正弦係数 b_n を，それぞれ定数 α_n と β_n で置き換えた式

$$S_N(x)=\frac{\alpha_0}{2}+\sum_{n=1}^{N}(\alpha_n\cos nx+\beta_n\sin nx)\quad(N=1,2,\cdots)$$

を考える．このとき，$f(x)$ を $S_N(x)$ で関数近似する際の平均 2 乗誤差

$$I_N=\int_{-\pi}^{\pi}\{f(x)-S_N(x)\}^2\,dx$$

を最小にする α_n と β_n を求めてみよう．被積分関数 $\{f(x)-S_N(x)\}^2$ を展開して，三角関数の積分公式 (3.3)–(3.6) を用いて積分計算すると

$$\begin{aligned}
I_N&=\int_{-\pi}^{\pi}f(x)^2dx+\int_{-\pi}^{\pi}S_N(x)^2dx-2\int_{-\pi}^{\pi}f(x)S_N(x)dx\\
&=\int_{-\pi}^{\pi}f(x)^2dx+\int_{-\pi}^{\pi}\left\{\frac{\alpha_0}{2}+\sum_{n=1}^{N}(\alpha_n\cos nx+\beta_n\sin nx)\right\}^2dx\\
&\quad-2\int_{-\pi}^{\pi}\left\{\frac{\alpha_0}{2}f(x)+\sum_{n=1}^{N}(\alpha_nf(x)\cos nx+\beta_nf(x)\sin nx)\right\}dx\\
&=\int_{-\pi}^{\pi}f(x)^2dx+\pi\left\{\frac{\alpha_0^2}{2}+\sum_{n=1}^{N}(\alpha_n^2+\beta_n^2)\right\}\\
&\quad-\pi\left\{\alpha_0a_0+2\sum_{n=1}^{N}(\alpha_na_n+\beta_nb_n)\right\}
\end{aligned}$$

$$= \int_{-\pi}^{\pi} f(x)^2 dx + \frac{\pi(\alpha_0 - a_0)^2}{2} + \pi \sum_{n=1}^{N} \{(\alpha_n - a_n)^2 + (\beta_n - b_n)^2\}$$
$$- \pi \left\{ \frac{a_0^2}{2} + \sum_{n=1}^{N} (a_n^2 + b_n^2) \right\}$$

を得る．よって，平均 2 乗誤差が最小になるのは，$\alpha_n = a_n$，$\beta_n = b_n$ のときであり，このときの $S_N(x)$ を $S_N^*(x)$，I_N を I_N^* と書けば

$$I_N^* = \int_{-\pi}^{\pi} \{f(x) - S_N^*(x)\}^2 dx$$
$$= \int_{-\pi}^{\pi} f(x)^2 dx - \pi \left\{ \frac{a_0^2}{2} + \sum_{n=1}^{N} (a_n^2 + b_n^2) \right\}$$

となる．$S_N^*(x)$ は $f(x)$ のフーリエ級数の第 N 部分和なので，上の事実は，与えられた関数のフーリエ級数は，その関数を平均 2 乗誤差の意味で近似する際の最良な近似関数になっていることを示している．さらに，$I_N^* \geqq 0$ に注意すれば，次の定理が得られる．

定理 3.3.1 $(-\pi, \pi]$ で定義された関数 $f(x)$ のフーリエ係数に対して

$$\frac{1}{\pi} \int_{-\pi}^{\pi} f(x)^2 dx \geqq \frac{a_0^2}{2} + \sum_{n=1}^{N} (a_n^2 + b_n^2) \quad (N = 1, 2, \cdots)$$

が成り立つ．この不等式を**ベッセル (Bessel) の不等式**という．

また，フーリエ級数の収束性より，$N \to \infty$ のとき $I_N^* \to 0$ となるので，次の定理が成り立つことが示せる．

定理 3.3.2 $(-\pi, \pi]$ で定義された関数 $f(x)$ のフーリエ係数に対して

$$\frac{1}{\pi} \int_{-\pi}^{\pi} f(x)^2 dx = \frac{a_0^2}{2} + \sum_{n=1}^{\infty} \left(a_n^2 + b_n^2\right)$$

が成り立つ．この等式を**パーセバル (Parseval) の等式**という．

例題 3.3.1 $f(x) = |x|$ $(-\pi < x \leqq \pi)$ にパーセバルの等式を適用して，級数 $\displaystyle\sum_{n=1}^{\infty} \frac{1}{(2n-1)^4}$ の和を求めよ．

解 例題 3.1.2 より，$f(x) = |x|$ のフーリエ級数は

$$f(x) \sim \frac{\pi}{2} + \frac{2}{\pi} \sum_{n=1}^{\infty} \frac{(-1)^n - 1}{n^2} \cos nx$$

である．よって，パーセバルの等式を用いれば

$$\frac{1}{\pi}\int_{-\pi}^{\pi}|x|^2dx = \frac{\pi^2}{2} + \frac{16}{\pi^2}\sum_{n=1}^{\infty}\frac{1}{(2n-1)^4}$$

$$\therefore \quad \sum_{n=1}^{\infty}\frac{1}{(2n-1)^4} = \frac{\pi^4}{96}$$

を得る． □

問題 3.3

1. 次の関数にパーセバルの等式を適用して，級数の和を求めよ．

(1) $f(x) = x \ (-\pi < x \leqq \pi)$; $\displaystyle\sum_{n=1}^{\infty}\frac{1}{n^2}$

(2) $f(x) = \begin{cases} 1 & (0 \leqq x \leqq \pi) \\ -1 & (-\pi < x < 0) \end{cases}$; $\displaystyle\sum_{n=1}^{\infty}\frac{1}{(2n-1)^2}$

(3) $f(x) = x^2 \ (-\pi < x \leqq \pi)$; $\displaystyle\sum_{n=1}^{\infty}\frac{1}{n^4}$

2. $(-\pi, \pi]$ において次式で定義された関数 $f(x)$ と

$$S_5(x) = \frac{\alpha_0}{2} + \sum_{n=1}^{5}(\alpha_n \cos nx + \beta_n \sin nx)$$

の平均 2 乗誤差が最小になるときの，$S_5(x)$ を求めよ．

(1) $f(x) = 2x$

(2) $f(x) = \begin{cases} 0 & (-\pi < x < 0) \\ 2 & (0 \leqq x \leqq \pi) \end{cases}$

3.4 一般区間のフーリエ級数

フーリエ級数を考えるとき，その関数の周期が 2π であることは本質的ではなく，関数が一般の周期をもつ場合に，比較的容易に拡張できる．この節では，一般の周期をもつ関数のフーリエ級数について解説する．

$f(x)$ を周期 2ℓ の周期関数とする．これを三角関数の重ね合せで表すには，周期が 2π である $\sin nx$ や $\cos nx$ を用いることはできない．そこで，$\sin nx$ と $\cos nx$ の代わりに，次の三角関数

$$\sin\frac{\pi nx}{\ell}, \quad \cos\frac{\pi nx}{\ell}$$

を考える．これらの関数の周期は 2ℓ なので，周期 2ℓ のフーリエ級数を求めるのに役立ちそうである．

それでは，すでに学んだ周期 2π の関数のフーリエ級数に関する結果を利用して，一般の周期 2ℓ をもつ周期関数 $f(x)$ のフーリエ級数を求めてみよう．まず，変数変換

$$g(t) = f\left(\frac{\ell t}{\pi}\right) = f(x), \quad x = \frac{\ell t}{\pi}$$

により，周期 2ℓ の関数 $f(x)$ を周期 2π の関数 $g(t)$ に変換する．周期 2π の関数のフーリエ級数はすでにわかっているので，それを使えば

$$g(t) \sim \frac{a_0}{2} + \sum_{n=1}^{\infty}(a_n \cos nt + b_n \sin nt)$$

となる．ただし

$$a_n = \frac{1}{\pi}\int_{-\pi}^{\pi} g(t)\cos nt dt, \qquad b_n = \frac{1}{\pi}\int_{-\pi}^{\pi} g(t)\sin nt dt$$

である．$x = \dfrac{\ell t}{\pi}$ を使って，t を x に戻すと，$t = \dfrac{\pi x}{\ell}$，$dt = \dfrac{\pi}{\ell}dx$ より

$$f(x) = g(t) \sim \frac{a_0}{2} + \sum_{n=1}^{\infty}\left(a_n \cos\frac{\pi n x}{\ell} + b_n \sin\frac{\pi n x}{\ell}\right)$$

となる．ただし

$$a_n = \frac{1}{\pi}\int_{-\ell}^{\ell} f(x)\cos\frac{\pi n x}{\ell}\cdot\frac{\pi}{\ell}dx = \frac{1}{\ell}\int_{-\ell}^{\ell} f(x)\cos\frac{\pi n x}{\ell}dx$$

$$b_n = \frac{1}{\pi}\int_{-\ell}^{\ell} f(x)\sin\frac{\pi n x}{\ell}\cdot\frac{\pi}{\ell}dx = \frac{1}{\ell}\int_{-\ell}^{\ell} f(x)\sin\frac{\pi n x}{\ell}dx$$

である．以上の結果をまとめると，次のようになる．

周期 2ℓ の関数のフーリエ級数　周期 2ℓ の関数 $f(x)$ のフーリエ級数は

$$f(x) \sim \frac{a_0}{2} + \sum_{n=1}^{\infty}\left(a_n \cos\frac{\pi n x}{\ell} + b_n \sin\frac{\pi n x}{\ell}\right)$$

で与えられる．ただし

$$a_n = \frac{1}{\ell}\int_{-\ell}^{\ell} f(x)\cos\frac{\pi n x}{\ell}dx \qquad (n = 0, 1, 2, \cdots)$$

$$b_n = \frac{1}{\ell}\int_{-\ell}^{\ell} f(x)\sin\frac{\pi n x}{\ell}dx \qquad (n = 1, 2, 3, \cdots)$$

である．

例題 3.4.1 周期 2ℓ の関数 $f(x) = 2x - 3$ $(-\ell < x \leqq \ell)$ のフーリエ級数を求めよ．

解 フーリエ係数 a_n と b_n を計算する．

$$a_0 = \frac{1}{\ell}\int_{-\ell}^{\ell} f(x)dx = \frac{1}{\ell}\int_{-\ell}^{\ell}(2x-3)dx = \frac{1}{\ell}\left[x^2 - 3x\right]_{-\ell}^{\ell} = -6$$

である．また，$n \neq 0$ に対して

$$\begin{aligned}
a_n &= \frac{1}{\ell}\int_{-\ell}^{\ell} f(x)\cos\frac{\pi n x}{\ell}dx = \frac{1}{\ell}\int_{-\ell}^{\ell}\left(2x\cos\frac{\pi n x}{\ell} - 3\cos\frac{\pi n x}{\ell}\right)dx \\
&= \frac{1}{\ell}\left[\frac{\ell}{\pi n}2x\sin\frac{\pi n x}{\ell}\right]_{-\ell}^{\ell} - \frac{2}{\pi n}\int_{-\ell}^{\ell}\sin\frac{\pi n x}{\ell}dx \\
&\quad - \frac{3}{\ell}\left[\frac{\ell}{\pi n}\sin\frac{\pi n x}{\ell}\right]_{-\ell}^{\ell} \\
&= \frac{2\ell}{\pi^2 n^2}\left[\cos\frac{\pi n x}{\ell}\right]_{-\ell}^{\ell} = 0
\end{aligned}$$

となる．一方

$$\begin{aligned}
b_n &= \frac{1}{\ell}\int_{-\ell}^{\ell} f(x)\sin\frac{\pi n x}{\ell}dx = \frac{1}{\ell}\int_{-\ell}^{\ell}\left(2x\sin\frac{\pi n x}{\ell} - 3\sin\frac{\pi n x}{\ell}\right)dx \\
&= \frac{1}{\ell}\left[-2x\frac{\ell}{\pi n}\cos\frac{\pi n x}{\ell}\right]_{-\ell}^{\ell} + \frac{2}{\pi n}\int_{-\ell}^{\ell}\cos\frac{\pi n x}{\ell}dx \\
&\quad - 3\left[-\frac{\ell}{\pi n}\cos\frac{\pi n x}{\ell}\right]_{-\ell}^{\ell} \\
&= \frac{4\ell}{\pi n}(-1)^{n+1} + \frac{2}{\pi n}\left[\frac{\ell}{\pi n}\sin\frac{\pi n x}{\ell}\right]_{-\ell}^{\ell} = \frac{4\ell}{\pi n}(-1)^{n+1}
\end{aligned}$$

である．よって，フーリエ級数は

$$f(x) \sim -3 + \sum_{n=1}^{\infty}\frac{4\ell}{\pi n}(-1)^{n+1}\sin\frac{\pi n x}{\ell}$$

となる． □

$[0, \ell]$ 上で定義された関数 $f(x)$ についても，3.2 節と同様に，フーリエ余弦級数やフーリエ正弦級数を定義できる．

例題 3.4.2 $f(x)=4x-2\ (0 \leqq x \leqq \ell)$ のフーリエ余弦級数とフーリエ正弦級数を求めよ．

解 まず，フーリエ余弦級数を求める．定義より係数 a_n は

$$a_0 = \frac{2}{\ell}\int_0^\ell f(x)dx = 4\ell - 4$$

$$\begin{aligned} a_n &= \frac{2}{\ell}\int_0^\ell f(x)\cos\frac{\pi n x}{\ell}dx = \frac{2}{\ell}\int_0^\ell (4x-2)\cos\frac{\pi n x}{\ell}dx \\ &= \frac{2}{\ell}\left[\frac{\ell}{\pi n}(4x-2)\sin\frac{\pi n x}{\ell}\right]_0^\ell - \frac{8}{\pi n}\int_0^\ell \sin\frac{\pi n x}{\ell}dx \\ &= \frac{8\ell\{(-1)^n-1\}}{\pi^2 n^2} \quad (n \neq 0) \end{aligned}$$

となるので

$$f(x) \sim 2\ell - 2 + \sum_{n=1}^{\infty}\frac{8\ell\{(-1)^n-1\}}{\pi^2 n^2}\cos\frac{\pi n x}{\ell}$$

である．一方，フーリエ正弦級数の場合は，定義より係数 b_n は

$$b_n = \frac{2}{\ell}\int_0^\ell f(x)\sin\frac{\pi n x}{\ell}dx = \frac{4}{\pi n}\left\{(-1)^{n+1}2\ell + (-1)^n - 1\right\}$$

となるので

$$f(x) \sim \sum_{n=1}^{\infty}\frac{4}{\pi n}\left\{(-1)^{n+1}2\ell + (-1)^n - 1\right\}\sin\frac{\pi n x}{\ell}$$

である． □

問題 3.4

1. $[-\ell, \ell]$ において次式で定義された周期 2ℓ の関数のフーリエ級数を求めよ．

(1) $f(x) = \begin{cases} -1 & (-\ell < x < 0) \\ 1 & (0 \leqq x \leqq \ell) \end{cases}$ (2) $f(x) = x$

(3) $f(x) = 3 - 2x$ (4) $f(x) = x^2$

(5) $f(x) = \sin^3\frac{\pi x}{\ell}$ (6) $f(x) = e^{-x}$

2. $[0, \ell]$ 上で定義された次の関数のフーリエ余弦級数とフーリエ正弦級数を求めよ．

(1)　$f(x) = 3$　　(2)　$f(x) = x - 1$

(3)　$f(x) = \cos \dfrac{2\pi x}{\ell}$　　(4)　$f(x) = x^3$

3.5　フーリエ積分

フーリエ級数は物理現象や工学現象を解析する際に活用される．しかし，フーリエ級数に展開できる関数は，原点に関して対称な有界区間で定まる周期関数に限られる．そこで，実数直線全体で定義された周期のない関数 $f(x)$ についても，それをフーリエ級数のように三角関数の重ね合せで表すことができないか考えてみよう．ただし，後で問題が起こらないように，条件

$$\int_{-\infty}^{\infty} |f(x)| dx < \infty$$

を仮定しておく．この条件を満たす関数は**絶対積分可能**であるという．

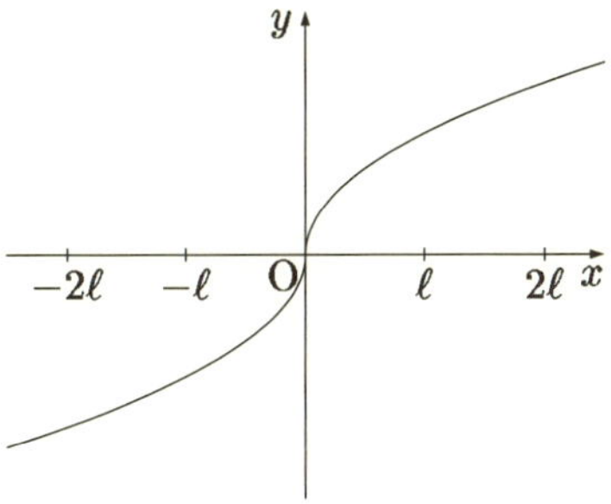

図 3.9　$f(x)$ のグラフ

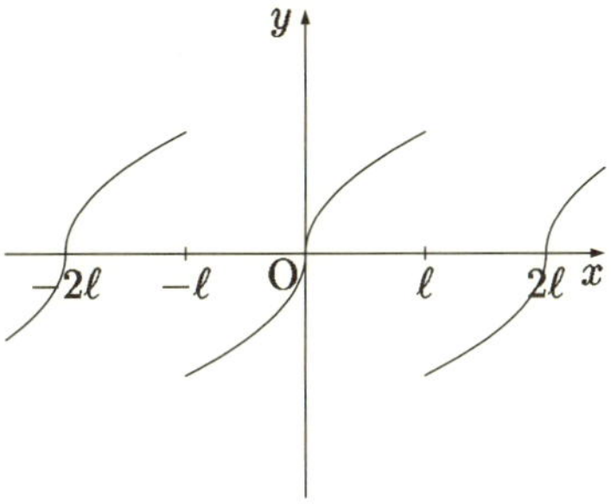

図 3.10　$f_\ell(x)$ のグラフ

$f(x)$ を $(-\ell, \ell]$ の区間で切り取り，切り取った部分を繰り返すように周期 2ℓ の関数をつくる (図 3.9，図 3.10)．この関数を $f_\ell(x)$ とする．$f(x)$ と $f_\ell(x)$ は $(-\ell, \ell]$ では同じ関数なので，$\ell \to \infty$ とすれば，両者は一致する．すなわち

$$f(x) = \lim_{\ell \to \infty} f_\ell(x)$$

である．$f_\ell(x)$ を周期 2ℓ のフーリエ級数で表し，形式的な計算を行うと

$$\begin{aligned} f(x) &= \lim_{\ell \to \infty} f_\ell(x) \\ &\sim \lim_{\ell \to \infty} \left\{ \frac{a_0}{2} + \sum_{n=1}^{\infty} \left(a_n \cos \frac{\pi n x}{\ell} + b_n \sin \frac{\pi n x}{\ell} \right) \right\} \end{aligned}$$

$$= \lim_{\ell\to\infty}\left[\frac{1}{2\ell}\int_{-\ell}^{\ell} f(x)dx + \sum_{n=1}^{\infty}\left\{\frac{1}{\ell}\left(\int_{-\ell}^{\ell} f(t)\cos\frac{\pi nt}{\ell}dt\right)\cos\frac{\pi nx}{\ell}\right.\right.$$
$$\left.\left. + \frac{1}{\ell}\left(\int_{-\ell}^{\ell} f(t)\sin\frac{\pi nt}{\ell}dt\right)\sin\frac{\pi nx}{\ell}\right\}\right]$$

となる．最後の式の極限を計算すると，第 1 項は $f(x)$ が絶対積分可能であることから 0 になる．第 2 項の極限は，区分求積法

$$\lim_{\ell\to\infty}\sum_{n=1}^{\infty}\frac{1}{\ell}\,g\left(\frac{n}{\ell}\right) = \int_0^{\infty} g(u)du$$

を形式的に使えば

$$\lim_{\ell\to\infty}\sum_{n=1}^{\infty}\frac{1}{\ell}\left(\int_{-\ell}^{\ell} f(t)\cos\frac{\pi nt}{\ell}dt\right)\cos\frac{\pi nx}{\ell}$$
$$= \frac{1}{\pi}\lim_{\ell\to\infty}\sum_{n=1}^{\infty}\frac{\pi}{\ell}\left(\int_{-\ell}^{\ell} f(t)\cos\frac{\pi n}{\ell}tdt\right)\cos\frac{\pi n}{\ell}x$$
$$= \frac{1}{\pi}\int_0^{\infty}\left(\int_{-\infty}^{\infty} f(t)\cos utdt\right)\cos uxdu$$

となる．同様にして第 3 項は

$$\lim_{\ell\to\infty}\sum_{n=1}^{\infty}\left(\frac{1}{\ell}\int_{-\ell}^{\ell} f(t)\sin\frac{\pi nt}{\ell}dt\right)\sin\frac{\pi nx}{\ell}$$
$$= \frac{1}{\pi}\int_0^{\infty}\left(\int_{-\infty}^{\infty} f(t)\sin utdt\right)\sin uxdu$$

となる．これらの形式的な計算より

$$f(x) \sim \frac{1}{\pi}\int_0^{\infty}\left(\int_{-\infty}^{\infty} f(t)\cos utdt\right)\cos uxdu$$
$$+ \frac{1}{\pi}\int_0^{\infty}\left(\int_{-\infty}^{\infty} f(t)\sin utdt\right)\sin uxdu$$

が得られる．

$(-\pi, \pi]$ で定義された関数のフーリエ級数が，その関数を $\sin nx$ と $\cos nx$ の和の形に分解するものだったのに対して，上式は実数直線全体で定義された関数を，$\sin ux$ と $\cos ux$ の積分の形に分解している．このとき，フーリエ係数に相当する部分は $\sin ux$ と $\cos ux$ の係数部分なので，これらを

$$A(u) = \int_{-\infty}^{\infty} f(t)\cos utdt, \quad B(u) = \int_{-\infty}^{\infty} f(t)\sin utdt$$

と書く．ここまでの結果をまとめると，次のようになる．

フーリエ積分 実数直線全体で定義された関数 $f(x)$ に対して

$$f(x) \sim \frac{1}{\pi}\int_0^{\infty} \{A(u)\cos ux + B(u)\sin ux\}\, du$$

を $f(x)$ の**フーリエ積分**という．ただし

$$A(u) = \int_{-\infty}^{\infty} f(t)\cos ut dt, \quad B(u) = \int_{-\infty}^{\infty} f(t)\sin ut dt$$

である．

さらに，フーリエ積分を変形すると

$$\begin{aligned}
&\frac{1}{\pi}\int_0^{\infty}\left\{\left(\int_{-\infty}^{\infty} f(t)\cos ut dt\right)\cos ux + \left(\int_{-\infty}^{\infty} f(t)\sin ut dt\right)\sin ux\right\} du \\
&= \frac{1}{\pi}\int_0^{\infty}\int_{-\infty}^{\infty} f(t)\left(\cos ut\cos ux + \sin ut\sin ux\right) dt du \\
&= \frac{1}{\pi}\int_0^{\infty}\int_{-\infty}^{\infty} f(t)\cos u(x-t) dt du
\end{aligned}$$

となり，**フーリエ積分公式**

$$f(x) \sim \frac{1}{\pi}\int_0^{\infty}\int_{-\infty}^{\infty} f(t)\cos u(x-t) dt du$$

を得る．

フーリエ積分の収束性に関しても，フーリエ級数の場合と同様の結果が成り立つことが知られている．

定理 3.5.1 区分的に滑らかな関数 $f(x)$ が絶対積分可能ならば，$f(x)$ のフーリエ積分はすべての点 x において収束し

$$\begin{aligned}
&\frac{1}{\pi}\int_0^{\infty} \{A(u)\cos ux + B(u)\sin ux\}\, du \\
&= \begin{cases} f(x) & (x \text{ は連続点}) \\ \dfrac{f(x+0)+f(x-0)}{2} & (x \text{ は不連続点}) \end{cases}
\end{aligned}$$

が成り立つ．

例題 3.5.1 $f(x) = \begin{cases} x & (0 \leqq x \leqq 1) \\ 0 & (\text{その他}) \end{cases}$ のフーリエ積分を求めよ．

解 フーリエ係数 $A(u)$ と $B(u)$ を計算すると

$$A(u) = \int_0^1 t\cos utdt = \left[\frac{1}{u}t\sin ut\right]_0^1 - \int_0^1 \frac{1}{u}\sin utdt$$
$$= \frac{1}{u}\sin u - \frac{1}{u}\left[-\frac{1}{u}\cos ut\right]_0^1 = \frac{\sin u}{u} + \frac{\cos u - 1}{u^2}$$
$$B(u) = \int_0^1 t\sin utdt = \left[-\frac{1}{u}t\cos ut\right]_0^1 + \int_0^1 \frac{1}{u}\cos utdt$$
$$= -\frac{1}{u}\cos u + \frac{1}{u}\left[\frac{1}{u}\sin ut\right]_0^1 = -\frac{\cos u}{u} + \frac{\sin u}{u^2}$$

となる．ゆえに，$f(x)$ のフーリエ積分は

$$f(x) \sim \frac{1}{\pi}\int_0^\infty \left\{\left(\frac{\sin u}{u} + \frac{\cos u - 1}{u^2}\right)\cos ux + \left(-\frac{\cos u}{u} + \frac{\sin u}{u^2}\right)\sin ux\right\}du$$

である． □

問題 3.5

1. 次の関数が絶対積分可能であるか判定せよ．

(1) $f(x) = 1$　(2) $f(x) = \sin 2x$

(3) $f(x) = xe^{-x^2}$　(4) $f(x) = \dfrac{1}{x^2}$

2. 次の関数 $f(x)$ のフーリエ積分を求めよ．

(1) $f(x) = \begin{cases} 1 & (-1 \leqq x \leqq 1) \\ 0 & (\text{その他}) \end{cases}$

(2) $f(x) = \begin{cases} x & (-2 \leqq x \leqq 2) \\ 0 & (\text{その他}) \end{cases}$

(3) $f(x) = \begin{cases} 3 - 2x & (0 \leqq x \leqq 2) \\ 0 & (\text{その他}) \end{cases}$

(4) $f(x) = \begin{cases} \pi - |x| & (-\pi \leqq x \leqq \pi) \\ 0 & (\text{その他}) \end{cases}$

(5) $f(x) = \begin{cases} x^2 - 3 & (-1 \leqq x \leqq 2) \\ 0 & (\text{その他}) \end{cases}$

(6) $f(x) = \begin{cases} x^3 & (-1 \leqq x \leqq 1) \\ 0 & (\text{その他}) \end{cases}$

3.6 フーリエ余弦変換とフーリエ正弦変換

フーリエ級数の場合と同様に，$[0, \infty)$ でしか定義されていない関数 $f(x)$ のフーリエ積分を考えたいが，前節で学んだフーリエ積分の結果を利用するには，$f(x)$ を実数直線全体に拡張する必要がある．3.2 節で述べたように，この拡張の仕方として

$$f(-x) = f(x) \quad (0 < x < \infty)$$

により，$(-\infty, 0)$ における $f(x)$ の値を定義する仕方と

$$f(-x) = -f(x) \quad (0 < x < \infty)$$

により定義する仕方の 2 つの拡張方法がある．最初の方法の場合は，$f(x)$ は偶関数，それゆえ $f(x) \sin ux$ は奇関数となるので

$$B(u) = \int_{-\infty}^{\infty} f(t) \sin utdt = 0$$

となる．また，$f(x) \cos ux$ は偶関数なので

$$A(u) = \int_{-\infty}^{\infty} f(t) \cos utdt = 2 \int_{0}^{\infty} f(t) \cos utdt$$

となり，拡張前の $f(x)$ を使って求めることができる．以上より，拡張した $f(x)$ のフーリエ積分は

$$f(x) \sim \frac{1}{\pi} \int_{0}^{\infty} A(u) \cos uxdu$$

となる．このとき，フーリエ係数にあたる $A(u)$ を $\sqrt{2\pi}$ で割ったものを

$$C(u) = \frac{1}{\sqrt{2\pi}} A(u) = \sqrt{\frac{2}{\pi}} \int_{0}^{\infty} f(t) \cos utdt$$

とおき，フーリエ余弦変換という．

一方，2 番目の方法で拡張した $f(x)$ は奇関数になるので，$f(x) \cos ux$ は奇関数になり

$$A(u) = \int_{-\infty}^{\infty} f(t) \cos utdt = 0$$

となる．また，$f(x) \sin ux$ は偶関数なので

$$B(u) = \int_{-\infty}^{\infty} f(t) \sin utdt = 2 \int_{0}^{\infty} f(t) \sin utdt$$

となり，やはり拡張前の $f(x)$ を使って求めることができる．よって，拡張した $f(x)$ のフーリエ積分は

$$f(x) \sim \frac{1}{\pi}\int_0^\infty B(u)\sin uxdu$$

となる．先ほどと同様に，フーリエ係数にあたる $B(u)$ を $\sqrt{2\pi}$ で割ったものを

$$S(u) = \frac{1}{\sqrt{2\pi}}B(u) = \sqrt{\frac{2}{\pi}}\int_0^\infty f(t)\sin utdt$$

とおき，フーリエ正弦変換という．以上をまとめると次のようになる．

フーリエ余弦積分とフーリエ正弦積分 $[0,\infty)$ 上で定義された関数 $f(x)$ に対して，**フーリエ余弦変換** $C(u)$，**フーリエ正弦変換** $S(u)$ を

$$C(u) = \sqrt{\frac{2}{\pi}}\int_0^\infty f(t)\cos utdt, \quad S(u) = \sqrt{\frac{2}{\pi}}\int_0^\infty f(t)\sin utdt$$

とするとき

$$f(x) \sim \sqrt{\frac{2}{\pi}}\int_0^\infty C(u)\cos uxdu$$

を $f(x)$ の**フーリエ余弦積分**といい

$$f(x) \sim \sqrt{\frac{2}{\pi}}\int_0^\infty S(u)\sin uxdu$$

を $f(x)$ の**フーリエ正弦積分**という．

例題 3.6.1 $f(x) = \begin{cases} x & (0 \leqq x \leqq a) \\ 0 & (x > a) \end{cases}$ のフーリエ余弦変換とフーリエ正弦変換を求めよ．ただし，$a > 0$ とする．

解 フーリエ余弦変換は

$$\begin{aligned} C(u) &= \sqrt{\frac{2}{\pi}}\int_0^\infty f(t)\cos utdt = \sqrt{\frac{2}{\pi}}\int_0^a t\cos utdt \\ &= \sqrt{\frac{2}{\pi}}\left[\frac{1}{u}t\sin ut\right]_0^a - \sqrt{\frac{2}{\pi}}\int_0^a \frac{1}{u}\sin utdt \\ &= \sqrt{\frac{2}{\pi}}\cdot\frac{a}{u}\sin au - \sqrt{\frac{2}{\pi}}\cdot\frac{1}{u}\left[-\frac{1}{u}\cos ut\right]_0^a \\ &= \sqrt{\frac{2}{\pi}}\left(\frac{a}{u}\sin au + \frac{1}{u^2}\cos au - \frac{1}{u^2}\right) \end{aligned}$$

となる．また，フーリエ正弦変換は

$$\begin{aligned} S(u) &= \sqrt{\frac{2}{\pi}}\int_0^\infty f(t)\sin utdt = \sqrt{\frac{2}{\pi}}\int_0^a t\sin utdt \\ &= \sqrt{\frac{2}{\pi}}\left[-\frac{1}{u}t\cos ut\right]_0^a + \sqrt{\frac{2}{\pi}}\int_0^a \frac{1}{u}\cos utdt \\ &= \sqrt{\frac{2}{\pi}}\left(-\frac{a}{u}\cos au\right) + \sqrt{\frac{2}{\pi}}\cdot\frac{1}{u}\left[\frac{1}{u}\sin ut\right]_0^a \\ &= \sqrt{\frac{2}{\pi}}\left(-\frac{a}{u}\cos au + \frac{1}{u^2}\sin au\right) \end{aligned}$$

となる．□

例題 3.6.2　$f(x) = \begin{cases} 1 & (0 \leqq x \leqq 1) \\ 0 & (x > 1) \end{cases}$ のフーリエ余弦積分を求め，等式

$$\int_0^\infty \frac{\sin u \cos ux}{u}du = \begin{cases} \dfrac{\pi}{2} & (0 \leqq x < 1) \\ \dfrac{\pi}{4} & (x = 1) \\ 0 & (x > 1) \end{cases}$$

を導け．この等式を**ディリクレ (Dirichlet) の不連続因子**という．

解　フーリエ余弦変換を計算すると

$$C(u) = \sqrt{\frac{2}{\pi}}\int_0^1 \cos utdt = \sqrt{\frac{2}{\pi}}\cdot\frac{\sin u}{u}$$

となる．よって，フーリエ余弦積分は

$$f(x) \sim \frac{2}{\pi}\int_0^\infty \frac{\sin u \cos ux}{u}du$$

である．フーリエ余弦積分は，$f(x)$ が偶関数となるように実数直線全体に拡張したときのフーリエ積分なので，定理 3.5.1 より

$$\frac{2}{\pi}\int_0^\infty \frac{\sin u \cos ux}{u}du = \begin{cases} 1 & (0 \leqq x < 1) \\ \dfrac{1}{2} & (x = 1) \\ 0 & (x > 1) \end{cases}$$

となり，求める等式を得る．□

問題 3.6

1. 次の関数のフーリエ余弦変換とフーリエ正弦変換を求めよ．ただし，$a > 0$ とする．

(1) $f(x) = \begin{cases} 1 & (0 \leqq x \leqq a) \\ 0 & (x > a) \end{cases}$

(2) $f(x) = \begin{cases} a - x & (0 \leqq x \leqq a) \\ 0 & (x > a) \end{cases}$

(3) $f(x) = \begin{cases} 4x - 5 & (0 \leqq x \leqq 3) \\ 0 & (x > 3) \end{cases}$

(4) $f(x) = \begin{cases} 3x^2 + 2x - 1 & (0 \leqq x \leqq 1) \\ 0 & (x > 1) \end{cases}$

(5) $f(x) = \begin{cases} |x - 1| & (0 \leqq x \leqq a) \\ 0 & (x > a) \end{cases}$

(6) $f(x) = \begin{cases} e^{2x} & (0 \leqq x \leqq a) \\ 0 & (x > a) \end{cases}$

2. $f(x) = \begin{cases} \sin x & (0 \leqq x \leqq \pi) \\ 0 & (x > \pi) \end{cases}$ のフーリエ余弦積分を求め，等式

$$\int_0^\infty \frac{(\cos \pi u + 1)\cos ux}{1 - u^2} du = \begin{cases} \dfrac{\pi}{2}|\sin x| & (|x| \leqq \pi) \\ 0 & (|x| > \pi) \end{cases}$$

を導け．

3. $f(x) = e^{-x}$ $(x \geqq 0)$ のフーリエ正弦積分を求め，等式

$$\int_0^\infty \frac{u \sin ux}{1 + u^2} du = \frac{\pi}{2} e^{-x} \qquad (x > 0)$$

を導け．

3.7　複素形フーリエ級数

フーリエ級数を求めるには，$\cos nx$ や $\sin nx$ などの三角関数を積分する必要がある．これら三角関数の積分計算は，複素数値関数

$$e^{ix} = \cos x + i \sin x \quad \left(i = \sqrt{-1} \text{ は虚数単位}\right)$$

を用いると，かなり簡単化できる．そこで，この節では三角関数の代わりに，関数 e^{ix} を用いたフーリエ級数の表現を考える．まず，$\cos x + i \sin x$ を e^{ix} と書く理由を述べておこう．

関数 e^x をマクローリン展開すると

$$e^x = 1 + x + \frac{1}{2}x^2 + \frac{1}{3!}x^3 + \frac{1}{4!}x^4 + \frac{1}{5!}x^5 + \cdots$$

となる．そこで，上式の x に複素数 ix を形式的に代入すれば

$$\begin{aligned} e^{ix} &= 1 + ix + \frac{1}{2}(ix)^2 + \frac{1}{3!}(ix)^3 + \frac{1}{4!}(ix)^4 + \frac{1}{5!}(ix)^5 + \cdots \\ &= 1 + ix - \frac{1}{2}x^2 - i\frac{1}{3!}x^3 + \frac{1}{4!}x^4 + i\frac{1}{5!}x^5 + \cdots \\ &= 1 - \frac{1}{2}x^2 + \frac{1}{4!}x^4 - \frac{1}{6!}x^6 + \cdots \\ &\quad + i\left(x - \frac{1}{3!}x^3 + \frac{1}{5!}x^5 - \frac{1}{7!}x^7 + \cdots\right) \end{aligned}$$

となる．一方，$\cos x$ と $\sin x$ のマクローリン展開は

$$\cos x = 1 - \frac{1}{2}x^2 + \frac{1}{4!}x^4 - \frac{1}{6!}x^6 + \cdots$$

$$\sin x = x - \frac{1}{3!}x^3 + \frac{1}{5!}x^5 - \frac{1}{7!}x^7 + \cdots$$

なので，これらを e^{ix} の展開式に代入して

$$e^{ix} = \cos x + i \sin x \tag{3.12}$$

を得る．関係式 (3.12) を**オイラーの公式**という．

オイラーの公式の x に $-x$ を代入すれば

$$e^{-ix} = \cos(-x) + i\sin(-x) = \cos x - i \sin x$$

$$\therefore \quad \cos x = \frac{e^{ix} + e^{-ix}}{2}, \qquad \sin x = \frac{e^{ix} - e^{-ix}}{2i}$$

を得る．これを使うと，関数 $f(x)$ のフーリエ級数

$$f(x) \sim \frac{a_0}{2} + \sum_{n=1}^{\infty}(a_n \cos nx + b_n \sin nx) \tag{3.13}$$

を，複素数値関数 e^{inx} を用いて

$$\begin{aligned} f(x) &\sim \frac{a_0}{2} + \sum_{n=1}^{\infty}\left(a_n \frac{e^{inx}+e^{-inx}}{2} + b_n \frac{e^{inx}-e^{-inx}}{2i}\right) \\ &= \frac{a_0}{2} + \sum_{n=1}^{\infty}\left(\frac{a_n - ib_n}{2}e^{inx} + \frac{a_n + ib_n}{2}e^{-inx}\right) \\ &= \sum_{n=-\infty}^{\infty} c_n e^{inx} \end{aligned}$$

と表すことができる．ただし

$$c_0 = \frac{a_0}{2}, \quad c_n = \frac{a_n - ib_n}{2}, \quad c_{-n} = \frac{a_n + ib_n}{2} \quad (n = 1, 2, 3, \cdots)$$

である．ここで，c_n $(n = 1, 2, 3, \cdots)$ を計算すると

$$\begin{aligned} c_n = \frac{a_n - ib_n}{2} &= \frac{1}{2\pi}\int_{-\pi}^{\pi} f(x)\cos nx dx - \frac{i}{2\pi}\int_{-\pi}^{\pi} f(x)\sin nx dx \\ &= \frac{1}{2\pi}\int_{-\pi}^{\pi} f(x)(\cos nx - i \sin nx)dx = \frac{1}{2\pi}\int_{-\pi}^{\pi} f(x)e^{-inx}dx \end{aligned}$$

となる．同様に，c_{-n} $(n = 1, 2, 3, \cdots)$ は

$$c_{-n} = \frac{a_n + ib_n}{2} = \frac{1}{2\pi}\int_{-\pi}^{\pi} f(x)e^{inx}dx$$

となる．また，c_0 は

$$c_0 = \frac{a_0}{2} = \frac{1}{2\pi}\int_{-\pi}^{\pi} f(x)dx$$

である．以上をまとめると，次のようになる．

複素形フーリエ級数　周期 2π の周期関数 $f(x)$ に対して

$$c_n = \frac{1}{2\pi}\int_{-\pi}^{\pi} f(x)e^{-inx}dx \qquad (n = 0, \pm 1, \pm 2, \cdots)$$

を**複素形フーリエ係数**という．また

$$f(x) \sim \sum_{n=-\infty}^{\infty} c_n e^{inx}$$

を $f(x)$ の**複素形フーリエ級数**という．複素形に対して，(3.13) を**実数形**という．

以下では，e^{iax} (a は定数) の形の複素数値関数の微分積分が必要になるが，これは虚数単位 i を定数と考えれば，実数の微積分と同じように計算することができる．たとえば

$$\frac{d}{dx}e^{iax} = iae^{iax}, \qquad \int e^{iax}dx = \frac{1}{ia}e^{iax} \quad (a \neq 0)$$

である．また，オイラーの公式から

$$e^{in\pi} = \cos n\pi + i\sin n\pi = (-1)^n$$

が成り立つ．同様に，$e^{-in\pi} = (-1)^n$ である．

例題 3.7.1 周期 2π の周期関数 $f(x) = 1 - x \ (-\pi < x \leqq \pi)$ の複素形フーリエ級数を求め，実数形に直せ．

解 フーリエ係数 c_n を計算する．まず

$$c_0 = \frac{1}{2\pi}\int_{-\pi}^{\pi}(1-x)dx = \frac{1}{2\pi}\left[x - \frac{1}{2}x^2\right]_{-\pi}^{\pi} = 1$$

である．また，$n \neq 0$ のときは

$$\begin{aligned} c_n &= \frac{1}{2\pi}\int_{-\pi}^{\pi}(1-x)e^{-inx}dx \\ &= \frac{1}{2\pi}\left[-\frac{1}{in}(1-x)e^{-inx}\right]_{-\pi}^{\pi} - \frac{1}{2i\pi n}\int_{-\pi}^{\pi}e^{-inx}dx \\ &= -\frac{1}{2i\pi n}\left\{(1-\pi)e^{-in\pi} - (1+\pi)e^{in\pi}\right\} - \frac{1}{2i\pi n}\left[-\frac{1}{in}e^{-inx}\right]_{-\pi}^{\pi} \\ &= \frac{1}{in}(-1)^n - \frac{1}{2\pi n^2}(e^{-in\pi} - e^{in\pi}) = \frac{i}{n}(-1)^{n+1} \end{aligned}$$

となる．よって，$f(x)$ の複素形フーリエ級数は

$$f(x) \sim 1 + \sum_{n\neq 0}\frac{i}{n}(-1)^{n+1}e^{inx}$$

である．これを実数形に直せば

$$\begin{aligned} f(x) &\sim 1 + \sum_{n=1}^{\infty}\frac{i}{n}(-1)^{n+1}\left(e^{inx} - e^{-inx}\right) \\ &= 1 + \sum_{n=1}^{\infty}\frac{2}{n}(-1)^n \sin nx \end{aligned}$$

となる． □

問題 3.7

1. 周期 2π の周期関数 $f(x)$ が $(-\pi, \pi]$ において次式で定義されているとき，$f(x)$ の複素形フーリエ級数を求めよ．

(1) $f(x) = \begin{cases} 0 & (-\pi < x < 0) \\ 2 & (0 \leqq x \leqq \pi) \end{cases}$ (2) $f(x) = |x|$

(3) $f(x) = \sin 3x$ (4) $f(x) = x^3$

2. 周期 2π の周期関数 $f(x)$ が $(-\pi, \pi]$ において次式で定義されているとき，$f(x)$ の複素形フーリエ級数を求め，実数形に直せ．

(1) $f(x) = x$ (2) $f(x) = x^2 - x + 1$

(3) $f(x) = \begin{cases} 1 & (-\pi < x < 0) \\ x+1 & (0 \leqq x \leqq \pi) \end{cases}$ (4) $f(x) = e^x$

3.8 フーリエ変換

関数 $f(x)$ のフーリエ積分

$$\frac{1}{\pi}\int_0^\infty \{A(u)\cos ux + B(u)\sin ux\}\,du$$

を，オイラーの公式から導かれる等式

$$\cos ux = \frac{e^{iux} + e^{-iux}}{2}, \quad \sin ux = \frac{e^{iux} - e^{-iux}}{2i}$$

で書き換えると

$$\frac{1}{\pi}\int_0^\infty \left\{\frac{A(u) - iB(u)}{2}\cdot e^{iux} + \frac{A(u) + iB(u)}{2}\cdot e^{-iux}\right\} du \tag{3.14}$$

となる．ここで，e^{iux} の係数を計算すると

$$\begin{aligned}\frac{A(u) - iB(u)}{2} &= \frac{1}{2}\int_{-\infty}^\infty f(t)\cos ut dt - \frac{i}{2}\int_{-\infty}^\infty f(t)\sin ut dt \\ &= \frac{1}{2}\int_{-\infty}^\infty f(t)(\cos ut - i\sin ut)dt \\ &= \frac{1}{2}\int_{-\infty}^\infty f(t)e^{-iut}dt\end{aligned}$$

となる．同様に，e^{-iux} の係数は

$$\frac{A(u) + iB(u)}{2} = \frac{1}{2}\int_{-\infty}^\infty f(t)e^{iut}dt$$

なので，(3.14) は

$$\frac{1}{\sqrt{2\pi}}\int_{-\infty}^{\infty}\left(\frac{1}{\sqrt{2\pi}}\int_{-\infty}^{\infty}f(t)e^{-iut}dt\right)e^{iux}du$$

となる．この式を，$f(x)$ を e^{iux} の積分の形に分解したものととらえて，その係数部分を

$$\hat{f}(u)=\frac{1}{\sqrt{2\pi}}\int_{-\infty}^{\infty}f(t)e^{-iut}dt$$

とおくと，$f(x)$ のフーリエ積分の複素形

$$f(x)\sim\frac{1}{\sqrt{2\pi}}\int_{-\infty}^{\infty}\hat{f}(u)e^{iux}du \tag{3.15}$$

が得られる．以上をまとめると次のようになる．

フーリエ変換　関数 $f(x)$ に対して

$$\hat{f}(u)=\frac{1}{\sqrt{2\pi}}\int_{-\infty}^{\infty}f(t)e^{-iut}dt$$

を $f(x)$ の**フーリエ変換**といい，(3.15) をその**反転公式**という．

例題 3.8.1　$f(x)=\begin{cases} x & (0\leqq x\leqq 1) \\ 0 & (\text{その他}) \end{cases}$ のフーリエ変換を求め，フーリエ積分を複素形で表せ．また，オイラーの公式を用いて，実数形に直せ．

解　フーリエ変換の定義より

$$\begin{aligned}\hat{f}(u)&=\frac{1}{\sqrt{2\pi}}\int_{-\infty}^{\infty}f(t)e^{-iut}dt=\frac{1}{\sqrt{2\pi}}\int_{0}^{1}te^{-iut}dt\\&=\frac{1}{\sqrt{2\pi}}\left[-\frac{1}{iu}te^{-iut}\right]_0^1+\frac{1}{iu\sqrt{2\pi}}\int_0^1 e^{-iut}dt\\&=\frac{i}{u\sqrt{2\pi}}e^{-iu}+\frac{1}{iu\sqrt{2\pi}}\left[-\frac{1}{iu}e^{-iut}\right]_0^1\\&=\frac{i}{u\sqrt{2\pi}}e^{-iu}+\frac{1}{u^2\sqrt{2\pi}}e^{-iu}-\frac{1}{u^2\sqrt{2\pi}}\end{aligned}$$

となる．よって，$f(x)$ のフーリエ積分の複素形は

$$f(x)\sim\frac{1}{2\pi}\int_{-\infty}^{\infty}\left(\frac{i}{u}e^{-iu}+\frac{1}{u^2}e^{-iu}-\frac{1}{u^2}\right)e^{iux}du$$

となる．

また，オイラーの公式を用いて，前頁の式の右辺の被積分関数を変形すると

$$\left(\frac{i}{u}e^{-iu}+\frac{1}{u^2}e^{-iu}-\frac{1}{u^2}\right)e^{iux}$$
$$=\left\{\frac{i}{u}(\cos u-i\sin u)+\frac{1}{u^2}(\cos u-i\sin u)-\frac{1}{u^2}\right\}\cos ux$$
$$+i\left\{\frac{i}{u}(\cos u-i\sin u)+\frac{1}{u^2}(\cos u-i\sin u)-\frac{1}{u^2}\right\}\sin ux$$
$$=\left\{\left(\frac{\sin u}{u}+\frac{\cos u-1}{u^2}\right)+i\left(\frac{\cos u}{u}-\frac{\sin u}{u^2}\right)\right\}\cos ux$$
$$+\left\{\left(-\frac{\cos u}{u}+\frac{\sin u}{u^2}\right)+i\left(\frac{\sin u}{u}+\frac{\cos u-1}{u^2}\right)\right\}\sin ux$$

となる．よって，偶関数，奇関数の積分に関する公式より，$f(x)$ のフーリエ積分の実数形は

$$\frac{1}{\pi}\int_0^\infty\left\{\left(\frac{\sin u}{u}+\frac{\cos u-1}{u^2}\right)\cos ux+\left(-\frac{\cos u}{u}+\frac{\sin u}{u^2}\right)\sin ux\right\}du$$

である． □

問題 3.8

1. 次の関数のフーリエ変換を求めよ．

(1) $f(x)=\begin{cases} x-4 & (|x|\leqq 4) \\ 0 & (|x|>4) \end{cases}$　(2) $f(x)=\begin{cases} |x| & (|x|\leqq 1) \\ 0 & (|x|>1) \end{cases}$

(3) $f(x)=\begin{cases} e^{-x} & (x\geqq 0) \\ 0 & (x<0) \end{cases}$　(4) $f(x)=\begin{cases} x^3 & (0\leqq x\leqq 1) \\ 0 & (\text{その他}) \end{cases}$

2. 次の関数のフーリエ変換を計算し，フーリエ積分の実数形を求めよ．

(1) $f(x)=\begin{cases} 2 & (|x|\leqq 2) \\ 0 & (|x|>2) \end{cases}$　(2) $f(x)=\begin{cases} x & (|x|\leqq 1) \\ 0 & (|x|>1) \end{cases}$

(3) $f(x)=e^{-|x|}$　(4) $f(x)=\begin{cases} x^2-1 & (|x|\leqq 3) \\ 0 & (|x|>3) \end{cases}$

3.9 偏微分方程式への応用

2 変数関数 $u(x,t)$ に関する特に重要な偏微分方程式

熱伝導方程式 $$\frac{\partial u}{\partial t} = k^2 \frac{\partial^2 u}{\partial x^2}$$

波動方程式 $$\frac{\partial^2 u}{\partial t^2} = k^2 \frac{\partial^2 u}{\partial x^2}$$

ラプラス方程式 $$\frac{\partial^2 u}{\partial t^2} + \frac{\partial^2 u}{\partial x^2} = 0$$

の中で，波動方程式については，2.5 節でラプラス変換による解法を説明した．そこで，この節では残りの 2 つの方程式をフーリエ級数を使って解いてみる．そのために，補題を 1 つ準備する．

補題 3.9.1 関数 $y = y(x)$ の 2 階微分方程式の境界値問題

$$y'' = ay, \qquad y(0) = y(\pi) = 0$$

は，$a = -n^2$ の場合だけ恒等的には 0 でない解をもち，その解は

$$y(x) = C\sin nx \qquad (C \text{ は任意定数})$$

で与えられる．

証明 ラプラス変換を使って解を求める．方程式の両辺をラプラス変換すると，微分法則より

$$s^2Y(s) - sy(0) - y'(0) = aY(s)$$

となる．$y(0) = 0$ であるが，$y'(0)$ は値がわからないので，$y'(0) = C$ とおくと

$$s^2Y(s) - C = aY(s) \qquad \therefore \quad Y(s) = \frac{C}{s^2 - a}$$

を得る．よって，$Y(s)$ のラプラス逆変換を求めればよい．ところが，ラプラス逆変換は a の値により変わってしまうので，場合分けを行う．

$a = 0$ の場合は

$$Y(s) = \frac{C}{s^2} \qquad \therefore \quad y(x) = Cx$$

となる．この解が境界条件 $y(\pi) = 0$ を満たすには $C = 0$ でなくてはならないが，このとき $y(x)$ は恒等的に 0 となり不適である．

$a > 0$ の場合は

$$Y(s) = \frac{C}{s^2 - a} = \frac{C}{2\sqrt{a}}\left(\frac{1}{s - \sqrt{a}} - \frac{1}{s + \sqrt{a}}\right)$$

$$\therefore \quad y(x) = \frac{C}{2\sqrt{a}}\left(e^{\sqrt{a}x} - e^{-\sqrt{a}x}\right)$$

となる．境界条件 $y(\pi) = 0$ より

$$0 = y(\pi) = \frac{C}{2\sqrt{a}}\left(e^{\sqrt{a}\pi} - e^{-\sqrt{a}\pi}\right)$$

となるが，$a > 0$ より，やはり $C = 0$ となり不適である．

$a < 0$ の場合は

$$Y(s) = \frac{C}{s^2 - a} \qquad \therefore \quad y(x) = \frac{C}{\sqrt{-a}} \sin \sqrt{-a}x \tag{3.16}$$

となる．境界条件 $y(\pi) = 0$ より

$$0 = y(\pi) = \frac{C}{\sqrt{-a}} \sin \sqrt{-a}\pi$$

なので，$C = 0$ か $\sin \sqrt{-a}\pi = 0$ である．$C = 0$ なら $y(x)$ は恒等的に 0 になるので，$\sin \sqrt{-a}\pi = 0$ の場合を考える．$\sin \sqrt{-a}\pi = 0$ が成り立つ必要十分条件は $\sqrt{-a}\pi = \pi n$ (n は整数)，すなわち $a = -n^2$ である．これを (3.16) に代入すれば，$y(x) = \dfrac{C}{\sqrt{-a}} \sin nx$ となり，補題の主張を得る． □

3.9.1 熱伝導方程式

2 変数関数 $u(x,t)$ $(0 \leqq x \leqq \pi, 0 \leqq t)$ の熱伝導方程式

$$\frac{\partial u}{\partial t} = k^2 \frac{\partial^2 u}{\partial x^2} \tag{3.17}$$

を初期条件と境界条件

$$u(x,0) = f(x), \qquad u(0,t) = u(\pi,t) = 0$$

のもとで解こう．ただし，$f(x) \neq 0$ とする．

まず，解 $u(x,t)$ が

$$u(x,t) = X(x)T(t) \tag{3.18}$$

という形であると仮定して，与えられた境界条件を満たす解を求める．このような形の解を**変数分離解**という．$u(x,t)$ の t についての偏微分を考えると，$X(x)$ は定数と同じ扱いをしてよいので

$$\frac{\partial u}{\partial t} = X(x)T'(t)$$

となる．同様に，右辺は

$$\frac{\partial^2 u}{\partial x^2} = X''(x)T(t)$$

であるので

$$X(x)T'(t) = k^2 X''(x)T(t) \qquad \therefore \quad \frac{T'(t)}{k^2 T(t)} = \frac{X''(x)}{X(x)}$$

を得る．この式の左辺は t だけの式，右辺は x だけの式である．この 2 つが等しいので，これらの式は定数でなければならない．そこで

$$\frac{T'(t)}{k^2 T(t)} = \frac{X''(x)}{X(x)} = a \tag{3.19}$$

とおく．

まず，$X(x)$ を求める．(3.19) より，補題 3.9.1 と同じ形の 2 階微分方程式

$$X''(x) = aX(x) \tag{3.20}$$

が得られる．さらに，与えられた境界条件 $u(0,t) = u(\pi,t) = 0$ より

$$X(0)T(t) = X(\pi)T(t) = 0$$

となる．$T(t) \equiv 0$ なら $u(x,t) \equiv 0$ なので，$f(x) = u(x,0) \equiv 0$ となり $f(x) \not\equiv 0$ に矛盾する．よって，$X(0) = X(\pi) = 0$ となり，境界条件も補題 3.9.1 と同じである．以上より，(3.20) が恒等的に 0 でない解をもつには，$a = -n^2$ でなければならない．このとき，解は

$$X(x) = C_n \sin nx$$

で与えられる．ただし，任意定数 C は n ごとに変えてよいので，C を C_n と書いている．

次に，$T(t)$ を求める．(3.19) と $a = -n^2$ より，微分方程式

$$T'(t) = -k^2 n^2 T(t)$$

を得る．これは変数分離形なので，その一般解は

$$\int \frac{T'(t)}{T(t)} dt = \int -k^2 n^2 dt \qquad \therefore \quad \log T(t) = -k^2 n^2 t + c$$

$$\therefore \quad T(t) = e^c e^{-k^2 n^2 t}$$

となる．この任意定数 c も n ごとに変えてよいので，e^c を新たに D_n とおいて

$$T(t) = D_n e^{-k^2 n^2 t}$$

を得る．以上より，$u(x,t)$ の変数分離解は

$$u(x,t) = C_n D_n e^{-k^2n^2t} \sin nx$$

となるが，C_n，D_n はともに任意定数なので，$A_n = C_n D_n$ とおいて

$$u(x,t) = A_n e^{-k^2n^2t} \sin nx$$

を得る．

次に，この変数分離解を用いて，熱伝導方程式 (3.17) の解を求める．まず，上で得られた変数分離解は n を変えるごとに得られるが，これらの和も，与えられた境界条件を満たす熱伝導方程式の解になっていることが容易に確かめられる．それゆえ，無限級数と偏微分の順序交換が可能，すなわち，項別に微分が可能であると仮定すると

$$u(x,t) = \sum_{n=1}^{\infty} A_n e^{-k^2n^2t} \sin nx$$

も解になっている．このような解の導き方を**重ね合せの原理**という．

重ね合せの原理によって導かれた解は，熱伝導方程式の解であり，かつ境界条件を満たすので，後はこの解が初期条件を満たすように任意定数 A_n を定めればよい．初期条件 $u(x,0) = f(x)$ より

$$u(x,0) = \sum_{n=1}^{\infty} A_n \sin nx = f(x)$$

となるが，この式は $f(x)$ のフーリエ正弦級数を表している．よって

$$A_n = \frac{2}{\pi} \int_0^{\pi} f(x) \sin nx dx$$

となる．以上をまとめると次の定理を得る．

定理 3.9.2 2 変数関数 $u(x,t)$ $(0 \leqq x \leqq \pi, 0 \leqq t)$ の熱伝導方程式

$$\frac{\partial u}{\partial t} = k^2 \frac{\partial^2 u}{\partial x^2}$$

の初期条件と境界条件が

$$u(x,0) = f(x), \qquad u(0,t) = u(\pi,t) = 0$$

で与えられているとき，この方程式の解は

$$u(x,t) = \sum_{n=1}^{\infty} \frac{2}{\pi} \left(\int_0^{\pi} f(s) \sin nsds \right) e^{-k^2n^2t} \sin nx$$

である．

例題 3.9.1 2 変数関数 $u(x,t)$ $(0 \leqq x \leqq \pi, 0 \leqq t)$ の熱伝導方程式

$$\frac{\partial u}{\partial t} = k^2 \frac{\partial^2 u}{\partial x^2}$$

を，初期条件と境界条件

$$u(x,0) = x - \frac{\pi}{2}, \qquad u(0,t) = u(\pi,t) = 0$$

のもとで解け．

解 $f(x) = x - \dfrac{\pi}{2}$ のフーリエ正弦級数のフーリエ係数 A_n は

$$\begin{aligned} A_n &= \frac{2}{\pi}\int_0^\pi \left(x - \frac{\pi}{2}\right)\sin nx dx \\ &= \frac{2}{\pi}\left[-\frac{1}{n}\left(x - \frac{\pi}{2}\right)\cos nx\right]_0^\pi + \frac{2}{\pi n}\int_0^\pi \cos nx dx \\ &= \frac{1}{n}\left\{(-1)^{n+1} - 1\right\} + \frac{2}{\pi n}\left[\frac{1}{n}\sin nx\right]_0^\pi = \frac{1}{n}\left\{(-1)^{n+1} - 1\right\} \end{aligned}$$

となるので，求める解は

$$u(x,t) = \sum_{n=1}^{\infty} \frac{1}{n}\left\{(-1)^{n+1} - 1\right\} e^{-k^2 n^2 t} \sin nx$$

である． □

3.9.2 ラプラス方程式

ここでは，ラプラス方程式を解く．そのために，今回も常微分方程式の解に関する補題を 1 つ用意しておく．

補題 3.9.3 関数 $y = y(x)$ についての微分方程式

$$y'' = n^2 y, \qquad y(0) = 0$$

の解は

$$y(x) = C\left(e^{nx} - e^{-nx}\right) \qquad (C \text{ は任意定数})$$

である．

証明 方程式の両辺をラプラス変換すると，微分法則より

$$s^2 Y(s) - sy(0) - y'(0) = n^2 Y(s)$$

となる．$y'(0) = C$ とおくと，$y(0) = 0$ より

$$s^2Y(s) - C = n^2Y(s)$$

となる．これを $Y(s)$ について解けば

$$Y(s) = \frac{C}{s^2 - n^2} = \frac{C}{2n}\left(\frac{1}{s-n} - \frac{1}{s+n}\right)$$

である．C は任意定数なので，$\dfrac{C}{2n}$ を新たに C とおいて，ラプラス逆変換すれば

$$y(x) = C\left(e^{nx} - e^{-nx}\right)$$

を得る． □

さて，2 変数関数 $u(x, y)$ $(0 \leqq x \leqq \pi, 0 \leqq y \leqq \pi)$ のラプラス方程式

$$\frac{\partial^2 u}{\partial x^2} + \frac{\partial^2 u}{\partial y^2} = 0$$

を，図 3.11 の四角形領域の境界上で指定された境界条件

$$u(x, 0) = u(0, y) = u(\pi, y) = 0, \quad u(x, \pi) = f(x)$$

のもとで解いてみよう．このように，与えられた境界値をもつラプラス方程式の解を求める問題を**ディリクレ問題**，その解を**調和関数**という．

熱伝導方程式を解いたときと同様に，まず変数分離解を求める．$u(x, y) = X(x)Y(y)$ とおいて，ラプラス方程式に代入すると

$$X''(x)Y(y) + X(x)Y''(y) = 0$$

となる．これを変形して

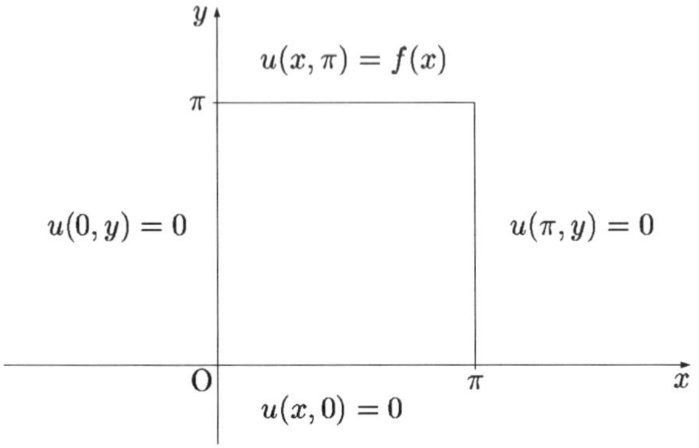

図 3.11 ラプラス方程式の境界条件

$$\frac{X''(x)}{X(x)} = -\frac{Y''(y)}{Y(y)}$$

を得る．この式の左辺は x だけの関数，右辺は y だけの関数なので，これらの式は定数である．そこで

$$\frac{X''(x)}{X(x)} = -\frac{Y''(y)}{Y(y)} = a \tag{3.21}$$

とおく．

まず，$X(x)$ を求める．上式より，$X(x)$ についての 2 階微分方程式

$$X''(x) = aX(x)$$

が得られる．境界条件 $u(0,y) = u(\pi,y) = 0$ から，$X(x)$ の境界条件 $X(0) = X(\pi) = 0$ が求まる．よって，補題 3.9.1 より，$a = -n^2$ のとき，上の方程式は恒等的に 0 でない解をもち，その解は

$$X(x) = C_n \sin nx$$

となる．

次に，$Y(y)$ を求める．(3.21) と $a = -n^2$ より，$Y(y)$ についての微分方程式

$$Y''(y) = n^2 Y(y)$$

が得られる．境界条件 $u(x,0) = 0$ より，$Y(y)$ の初期条件 $Y(0) = 0$ が求まる．ゆえに，補題 3.9.3 より

$$Y(y) = D_n\left(e^{ny} - e^{-ny}\right)$$

となる．以上より，変数分離解

$$\begin{aligned} u(x,y) &= C_n D_n\left(e^{ny} - e^{-ny}\right)\sin nx \\ &= A_n\left(e^{ny} - e^{-ny}\right)\sin nx \end{aligned}$$

を得る．ただし，$A_n = C_n D_n$ である．ゆえに，重ね合せの原理より

$$u(x,y) = \sum_{n=1}^{\infty} A_n\left(e^{ny} - e^{-ny}\right)\sin nx$$

が，境界条件 $u(x,0) = u(0,y) = u(\pi,y) = 0$ を満たすラプラス方程式の解になる．

この解がもう 1 つの境界条件 $u(x,\pi) = f(x)$ を満たすように A_n を定める．この境界条件より

$$f(x) = u(x, \pi) = \sum_{n=1}^{\infty} A_n \left(e^{n\pi} - e^{-n\pi}\right) \sin nx$$

となるが，これは $A_n\left(e^{n\pi} - e^{-n\pi}\right)$ が $f(x)$ のフーリエ正弦級数のフーリエ係数であることを示している．よって

$$A_n \left(e^{n\pi} - e^{-n\pi}\right) = \frac{2}{\pi} \int_0^{\pi} f(x) \sin nx dx$$

$$\therefore \quad A_n = \frac{2}{\pi\left(e^{n\pi} - e^{-n\pi}\right)} \int_0^{\pi} f(x) \sin nx dx$$

である．以上をまとめて，次の定理を得る．

定理 3.9.4　2 変数関数 $u(x, y)$ $(0 \leqq x \leqq \pi, 0 \leqq y \leqq \pi)$ のラプラス方程式

$$\frac{\partial^2 u}{\partial x^2} + \frac{\partial^2 u}{\partial y^2} = 0$$

の境界条件が

$$u(x, 0) = u(0, y) = u(\pi, y) = 0, \quad u(x, \pi) = f(x)$$

で与えられているとき，この方程式の解は

$$u(x, y) = \sum_{n=1}^{\infty} \frac{2\left(e^{ny} - e^{-ny}\right)}{\pi\left(e^{n\pi} - e^{-n\pi}\right)} \left(\int_0^{\pi} f(t) \sin nt dt\right) \sin nx$$

である．

例題 3.9.2　2 変数関数 $u(x, y)$ $(0 \leqq x \leqq \pi, 0 \leqq y \leqq \pi)$ のラプラス方程式

$$\frac{\partial^2 u}{\partial x^2} + \frac{\partial^2 u}{\partial y^2} = 0$$

を境界条件

$$u(x, 0) = u(0, y) = u(\pi, y) = 0, \quad u(x, \pi) = \pi x - x^2$$

のもとで解け．

解　$f(x) = \pi x - x^2$ なので

$$\begin{aligned}
&\int_0^{\pi} f(x) \sin nx dx \\
&\quad = \int_0^{\pi} (\pi x - x^2) \sin nx dx \\
&\quad = \left[-\frac{1}{n}(\pi x - x^2) \cos nx\right]_0^{\pi} + \frac{1}{n} \int_0^{\pi} (\pi - 2x) \cos nx dx
\end{aligned}$$

$$= \frac{1}{n}\left[\frac{1}{n}(\pi - 2x)\sin nx\right]_0^\pi - \frac{1}{n^2}\int_0^\pi (-2\sin nx)dx$$

$$= \frac{2}{n^2}\left[-\frac{1}{n}\cos nx\right]_0^\pi = \frac{2}{n^3}\left\{(-1)^{n+1}+1\right\}$$

となる．よって，定理 3.9.4 より，求めるラプラス方程式の解は

$$u(x,y) = \sum_{n=1}^{\infty} \frac{4\left(e^{ny} - e^{-ny}\right)}{\pi n^3\left(e^{n\pi} - e^{-n\pi}\right)}\left\{(-1)^{n+1}+1\right\}\sin nx$$

である．　□

問題 3.9

1.　2 変数関数 $u(x,t)$ $(0 \leqq x \leqq \pi, 0 \leqq t)$ の熱伝導方程式

$$\frac{\partial u}{\partial t} = k^2 \frac{\partial^2 u}{\partial x^2}$$

の境界条件が $u(0,t) = u(\pi,t) = 0$ であるとき，次の初期条件のもとで解け．

(1)　$u(x,0) = 1$　　　(2)　$u(x,0) = \begin{cases} -1 & (0 \leqq x \leqq \pi/2) \\ 1 & (\pi/2 \leqq x \leqq \pi) \end{cases}$

2.　2 変数関数 $u(x,y)$ $(0 \leqq x \leqq \pi, 0 \leqq y \leqq \pi)$ のラプラス方程式

$$\frac{\partial^2 u}{\partial x^2} + \frac{\partial^2 u}{\partial y^2} = 0$$

の境界条件が

$$u(x,0) = u(0,y) = u(\pi,y) = 0, \quad u(x,\pi) = f(x)$$

であるとき，次の $f(x)$ に対してラプラス方程式の解を求めよ．

(1)　$f(x) = x$　　　(2)　$f(x) = 1 - 2\sin^2 x$

3.　2 変数関数 $u(x,y)$ $(0 \leqq x \leqq \pi, 0 \leqq y \leqq \pi)$ のラプラス方程式の境界条件が

$$u(x,\pi) = u(0,y) = u(\pi,y) = 0, \quad u(x,0) = f(x)$$

であるとき，ラプラス方程式の解の公式を求めよ．また，$f(x) = x$ $(0 \leqq x < \pi)$ に対してラプラス方程式の解を求めよ．

4
ベクトル解析

ベクトル解析は多変数のベクトル関数に関する微分積分学である．曲線や曲面はベクトル関数によって表示されるため，それらの微積分を通して，その性質を知ることができる．また，スカラー場やベクトル場は空間や平面の各点で実数やベクトルを定める関数である．重力や流体の速度はベクトル場，温度や圧力はスカラー場であるように，物理的な例は数多くある．これらの場の微分である勾配・発散・回転や，曲線や曲面上の積分である線積分や面積分は，場の性質を知るうえで重要であるのみならず，それ自身が物理的に意味のある量を表すことも多い．ベクトル解析は物理学や工学のさまざまな分野において基本的な役割を果たしている．

4.1 ベクトルとベクトル関数

4.1.1 ベクトルの演算

空間内の 2 点 A，B を結ぶ線分 AB に向きを考えたものを**有向線分**という．有向線分 AB に対して，点 A を**始点**，点 B を**終点**といい，図 4.1 のように，点 A から点 B に向かう矢印を対応させる．有向線分 AB の空間における位置を無視したものを**幾何ベクトル**または**ベクトル**といい，$\overrightarrow{\mathrm{AB}}$ と書く．AB と

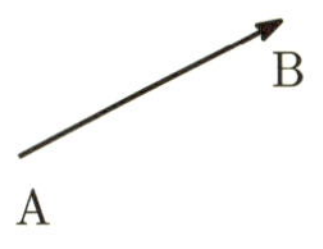

図 4.1 有向線分 AB

CD の向きと長さが等しいとき，2 つのベクトル $\overrightarrow{\mathrm{AB}}$ と $\overrightarrow{\mathrm{CD}}$ は等しいと考え，$\overrightarrow{\mathrm{AB}} = \overrightarrow{\mathrm{CD}}$ と表す．このとき，有向線分 AB と CD は図 4.2 のように，ABDC が平行四辺形になるか，2 線分 AB と CD は長さが等しく，同一直線上にある．

一方，$\overrightarrow{\mathrm{AB}} = \overrightarrow{\mathrm{CD}}$ であっても，これらの点の位置が異なっていれば，有向線分としては $\mathrm{AB} \neq \mathrm{CD}$ となる．線分の位置を無視するので，ベクトルを $\boldsymbol{a}$, $\boldsymbol{b}$, $\boldsymbol{c}$ などの文字を用いて表すこともある．任意のベクトル $\boldsymbol{a}$ は，空間内の任意の点 A を始点とするベクトルを用いて表されることに注意しよう．実際，$\boldsymbol{a} = \overrightarrow{\mathrm{AB}}$ となるような点 B がただ 1 つ存在する．

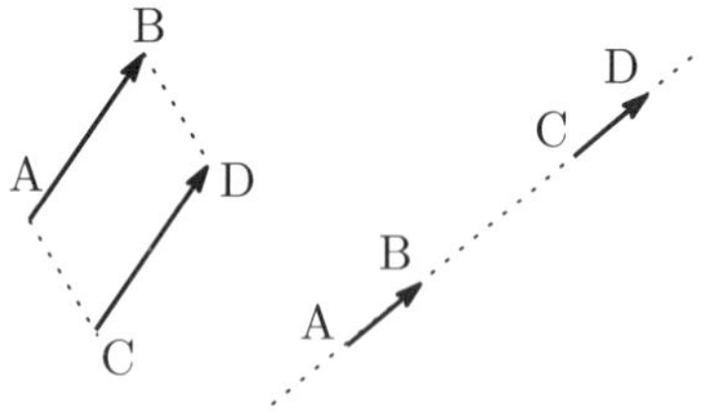

図 4.2 向きと長さが等しい線分

実数には正負はあるが，ベクトルのような向きをもたない．ベクトルでないことを強調するときは，実数のことを**スカラー**という．

(a) ベクトルの内積 座標空間の原点を O とするとき，座標空間内の点 P に対して，ベクトル $\overrightarrow{\mathrm{OP}}$ を点 P の**位置ベクトル**という．座標空間内のベクトル $\boldsymbol{a}$ を，原点 O を始点とするベクトルを用いて表すとき，$\overrightarrow{\mathrm{OA}} = \boldsymbol{a}$ となる点 $\mathrm{A}(a_1, a_2, a_3)$ がただ 1 つ定まる．つまり，$\boldsymbol{a}$ を位置ベクトルにもつ点は A のみである．そこで，点 A の座標を用いて，$\boldsymbol{a} = (a_1, a_2, a_3)$ と表す．これを $\boldsymbol{a}$ の**成分表示**といい，a_1，a_2，a_3 をそれぞれ $\boldsymbol{a}$ の x 成分，y 成分，z 成分という．特に，ベクトル $\boldsymbol{0} = (0, 0, 0)$ を**零ベクトル**という．

ベクトル $\boldsymbol{a} = (a_1, a_2, a_3)$ は $\overrightarrow{\mathrm{OA}} = \boldsymbol{a}$ を満たすベクトルとする．このとき，ベクトル $\boldsymbol{a}$ の**長さ** $|\boldsymbol{a}|$ は線分 OA の長さによって定義され，成分表示を用いると

$$|\boldsymbol{a}| = \sqrt{a_1^2 + a_2^2 + a_3^2}$$

となる．また，2 つのベクトル $\boldsymbol{a} = (a_1, a_2, a_3)$ と $\boldsymbol{b} = (b_1, b_2, b_3)$ の**内積**を

$$\boldsymbol{a} \cdot \boldsymbol{b} = a_1 b_1 + a_2 b_2 + a_3 b_3$$

と定義する．内積を用いると，ベクトル $\boldsymbol{a}$ の長さは

$$|\boldsymbol{a}| = \sqrt{\boldsymbol{a} \cdot \boldsymbol{a}}$$

で表される．

例題 4.1.1 次が成り立つことを示せ.

$$\boldsymbol{a}\cdot\boldsymbol{b}=|\boldsymbol{a}||\boldsymbol{b}|\cos\theta \quad (\theta \text{ は } \boldsymbol{a} \text{ と } \boldsymbol{b} \text{ のなす角}) \tag{4.1}$$

解 余弦定理より, $|\boldsymbol{b}-\boldsymbol{a}|^2=|\boldsymbol{a}|^2-2|\boldsymbol{a}||\boldsymbol{b}|\cos\theta+|\boldsymbol{b}|^2$ が成り立つ. 一方, 内積の定義から $|\boldsymbol{b}-\boldsymbol{a}|^2=|\boldsymbol{a}|^2-2\boldsymbol{a}\cdot\boldsymbol{b}+|\boldsymbol{b}|^2$ なので, (4.1) が成り立つ. □

2 つの $\boldsymbol{0}$ でないベクトル $\boldsymbol{a}$, $\boldsymbol{b}$ が直交する, すなわち, なす角が $\theta=\dfrac{\pi}{2}$ であるとき, $\boldsymbol{a}\perp\boldsymbol{b}$ と書く. (4.1) より

$$\boldsymbol{a}\perp\boldsymbol{b}\iff\boldsymbol{a}\cdot\boldsymbol{b}=0$$

が成り立つ. 図 4.3 のような $\boldsymbol{a}$, $\boldsymbol{b}$ のつくる平行四辺形の面積を S, $\boldsymbol{a}$, $\boldsymbol{b}$ のなす角を θ とすると

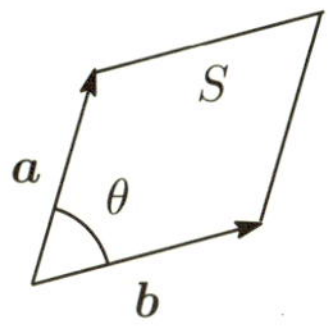

図 4.3 $\boldsymbol{a}$, $\boldsymbol{b}$ のつくる平行四辺形

$$S=|\boldsymbol{a}||\boldsymbol{b}|\sin\theta \tag{4.2}$$

が成り立つ (問題 1).

長さ 1 のベクトルを**単位ベクトル**という. 互いに直交する 3 つの単位ベクトル $\boldsymbol{a}_1$, $\boldsymbol{a}_2$, $\boldsymbol{a}_3$ に対して, その組 $\{\boldsymbol{a}_1,\boldsymbol{a}_2,\boldsymbol{a}_3\}$ を**正規直交基底**という. 任意のベクトル $\boldsymbol{a}$ は, 正規直交基底の 1 次結合として

$$\boldsymbol{a}=(\boldsymbol{a}\cdot\boldsymbol{a}_1)\boldsymbol{a}_1+(\boldsymbol{a}\cdot\boldsymbol{a}_2)\boldsymbol{a}_2+(\boldsymbol{a}\cdot\boldsymbol{a}_3)\boldsymbol{a}_3 \tag{4.3}$$

と表される.

3 つの単位ベクトル $\boldsymbol{e}_1=(1,0,0)$, $\boldsymbol{e}_2=(0,1,0)$, $\boldsymbol{e}_3=(0,0,1)$ を**基本ベクトル**という. 基本ベクトルは正規直交基底をなす. 任意のベクトル $\boldsymbol{a}=(a_1,a_2,a_3)$ に対して, $\boldsymbol{a}\cdot\boldsymbol{e}_i=a_i$ $(i=1,2,3)$ であるから

$$\boldsymbol{a}=a_1\boldsymbol{e}_1+a_2\boldsymbol{e}_2+a_3\boldsymbol{e}_3 \tag{4.4}$$

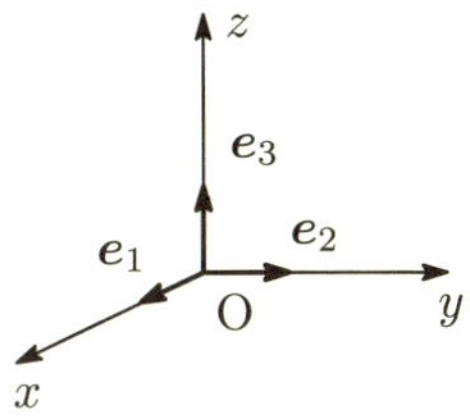

図 4.4 右手系の座標系

と表される. 図 4.4 のように, 基本ベクトルは**右手系**にとる. すなわち, $\boldsymbol{e}_1$, $\boldsymbol{e}_2$, $\boldsymbol{e}_3$ の向きは, それぞれ右手の親指, 人差し指, 中指の向きである.

(b) ベクトルの外積 2つのベクトル $\boldsymbol{a} = (a_1, a_2, a_3)$，$\boldsymbol{b} = (b_1, b_2, b_3)$ に対して，**外積** $\boldsymbol{a} \times \boldsymbol{b}$ を

$$\boldsymbol{a} \times \boldsymbol{b} = \left(\begin{vmatrix} a_2 & a_3 \\ b_2 & b_3 \end{vmatrix}, \begin{vmatrix} a_3 & a_1 \\ b_3 & b_1 \end{vmatrix}, \begin{vmatrix} a_1 & a_2 \\ b_1 & b_2 \end{vmatrix} \right) \tag{4.5}$$

で定義する．ベクトルの外積はベクトルである．(4.5) の右辺を展開すると

$$\boldsymbol{a} \times \boldsymbol{b} = (a_2 b_3 - a_3 b_2, a_3 b_1 - a_1 b_3, a_1 b_2 - a_2 b_1) \tag{4.6}$$

となる．

注意 (4.5), (4.6) のどちらで覚えてもよい．形式的に基本ベクトルを用いた次のような覚え方もある．

$$\boldsymbol{a} \times \boldsymbol{b} = \begin{vmatrix} \boldsymbol{e}_1 & \boldsymbol{e}_2 & \boldsymbol{e}_3 \\ a_1 & a_2 & a_3 \\ b_1 & b_2 & b_3 \end{vmatrix} \tag{4.7}$$

実際，(4.7) の右辺を形式的に余因子展開すると

$$\begin{vmatrix} a_2 & a_3 \\ b_2 & b_3 \end{vmatrix} \boldsymbol{e}_1 + \begin{vmatrix} a_3 & a_1 \\ b_3 & b_1 \end{vmatrix} \boldsymbol{e}_2 + \begin{vmatrix} a_1 & a_2 \\ b_1 & b_2 \end{vmatrix} \boldsymbol{e}_3$$

となる．(4.4) より，これは (4.5) の右辺に等しい．

例題 4.1.2 $\boldsymbol{a} = (1, 2, -1)$，$\boldsymbol{b} = (-1, 1, 2)$ とするとき，$\boldsymbol{a} \times \boldsymbol{b}$ と $\boldsymbol{a} \cdot (\boldsymbol{a} \times \boldsymbol{b})$ を計算せよ．

解 (4.5) を用いて計算すると

$$\boldsymbol{a} \times \boldsymbol{b} = \left(\begin{vmatrix} 2 & -1 \\ 1 & 2 \end{vmatrix}, \begin{vmatrix} -1 & 1 \\ 2 & -1 \end{vmatrix}, \begin{vmatrix} 1 & 2 \\ -1 & 1 \end{vmatrix} \right) = (5, -1, 3)$$

となる．また，$\boldsymbol{a} \cdot (\boldsymbol{a} \times \boldsymbol{b})$ は，2つのベクトル $\boldsymbol{a}$ と $\boldsymbol{a} \times \boldsymbol{b}$ の内積なので

$$\boldsymbol{a} \cdot (\boldsymbol{a} \times \boldsymbol{b}) = (1, 2, -1) \cdot (5, -1, 3) = 5 - 2 - 3 = 0$$

である． □

外積の性質 I 平行でない2つのベクトル $\boldsymbol{a}$，$\boldsymbol{b}$ に対して，次が成り立つ．

(1) $\boldsymbol{a} \times \boldsymbol{b}$ は，$\boldsymbol{a}$，$\boldsymbol{b}$ と直交する．

(2) $\boldsymbol{a}$，$\boldsymbol{b}$ のつくる平行四辺形の面積 S は，$S = |\boldsymbol{a} \times \boldsymbol{b}|$ である．

証明 (1) 2つの行が等しい行列式の値は0なので

$$\boldsymbol{a}\cdot(\boldsymbol{a}\times\boldsymbol{b}) = a_1\begin{vmatrix} a_2 & a_3 \\ b_2 & b_3 \end{vmatrix} + a_2\begin{vmatrix} a_3 & a_1 \\ b_3 & b_1 \end{vmatrix} + a_3\begin{vmatrix} a_1 & a_2 \\ b_1 & b_2 \end{vmatrix}$$

$$= \begin{vmatrix} a_1 & a_2 & a_3 \\ a_1 & a_2 & a_3 \\ b_1 & b_2 & b_3 \end{vmatrix} = 0$$

である．よって，$\boldsymbol{a}\perp\boldsymbol{a}\times\boldsymbol{b}$ が成り立つ．$\boldsymbol{b}\perp\boldsymbol{a}\times\boldsymbol{b}$ も同様に示せる．

(2) (4.2) より

$$S^2 = |\boldsymbol{a}|^2|\boldsymbol{b}|^2\sin^2\theta = |\boldsymbol{a}|^2|\boldsymbol{b}|^2(1-\cos^2\theta) = |\boldsymbol{a}|^2|\boldsymbol{b}|^2 - (\boldsymbol{a}\cdot\boldsymbol{b})^2$$

となる．最後の等号で (4.1) を用いた．後は

$$|\boldsymbol{a}|^2|\boldsymbol{b}|^2 - (\boldsymbol{a}\cdot\boldsymbol{b})^2 = |\boldsymbol{a}\times\boldsymbol{b}|^2 \tag{4.8}$$

を示せばよい (問題 4). □

以下の性質は，(4.5) と行列式の多重線形性から導かれる．

外積の性質 II ベクトル $\boldsymbol{a}$，$\boldsymbol{b}$，$\boldsymbol{c}$ と実数 α に対して，次が成り立つ．

(3) $\boldsymbol{a}\times\boldsymbol{b} = -\boldsymbol{b}\times\boldsymbol{a}$

(4) $\boldsymbol{a}\times(\boldsymbol{b}+\boldsymbol{c}) = \boldsymbol{a}\times\boldsymbol{b}+\boldsymbol{a}\times\boldsymbol{c}$

(5) $\alpha(\boldsymbol{a}\times\boldsymbol{b}) = (\alpha\boldsymbol{a})\times\boldsymbol{b} = \boldsymbol{a}\times(\alpha\boldsymbol{b})$

2つの $\boldsymbol{0}$ でないベクトル $\boldsymbol{a}$，$\boldsymbol{b}$ が1次従属であることは，$\boldsymbol{a} = c\boldsymbol{b}$ (c は定数) と書けること (これは $\boldsymbol{a}$ と $\boldsymbol{b}$ が平行であることを意味する) と同値である．この場合，(4.5) の右辺の各成分は0となるので，$\boldsymbol{a}\times\boldsymbol{b} = \boldsymbol{0}$.

この逆も正しい (問題 5).

外積の性質 III 2つのベクトル $\boldsymbol{a}$，$\boldsymbol{b}$ に対して，次が成り立つ．

(6) $\boldsymbol{a}$，$\boldsymbol{b}$ が1次従属 $\Longleftrightarrow \boldsymbol{a}\times\boldsymbol{b} = \boldsymbol{0}$

内積の性質から，2つのベクトル $\boldsymbol{a}$，$\boldsymbol{b}$ が直交することは，$\boldsymbol{a}\cdot\boldsymbol{b} = 0$ と同値である．一方，外積の性質 (6) から，2つのベクトルが平行であることは，$\boldsymbol{a}\times\boldsymbol{b} = \boldsymbol{0}$ と同値となる．

注意 $\boldsymbol{a}\times\boldsymbol{b}\neq\boldsymbol{0}$ のときは，$\boldsymbol{a}$，$\boldsymbol{b}$，$\boldsymbol{a}\times\boldsymbol{b}$ はこの順で右手系をなしている (図 4.5)．より詳しくは，問題 6，7 を参照せよ．

(c) 三重積 3 つのベクトル $\boldsymbol{a}$，$\boldsymbol{b}$，$\boldsymbol{c}$ に対して，$\boldsymbol{a}\times(\boldsymbol{b}\times\boldsymbol{c})$，$(\boldsymbol{a}\times\boldsymbol{b})\times\boldsymbol{c}$ などを，ベクトル三重積という．外積の定義から直接計算すれば

$$\boldsymbol{a}\times(\boldsymbol{b}\times\boldsymbol{c})=(\boldsymbol{a}\cdot\boldsymbol{c})\boldsymbol{b}-(\boldsymbol{a}\cdot\boldsymbol{b})\boldsymbol{c} \tag{4.9}$$

が示される．一方，外積の性質 (3) と (4.9) より

$$(\boldsymbol{a}\times\boldsymbol{b})\times\boldsymbol{c}=-\boldsymbol{c}\times(\boldsymbol{a}\times\boldsymbol{b})=(\boldsymbol{a}\cdot\boldsymbol{c})\boldsymbol{b}-(\boldsymbol{b}\cdot\boldsymbol{c})\boldsymbol{a} \tag{4.10}$$

を得る．一般に，$\boldsymbol{a}\times(\boldsymbol{b}\times\boldsymbol{c})=(\boldsymbol{a}\times\boldsymbol{b})\times\boldsymbol{c}$ が成り立つとは限らないことが (4.9)，(4.10) よりわかる (問題 8)．

ベクトル $\boldsymbol{a}$，$\boldsymbol{b}$，$\boldsymbol{c}$ の**スカラー三重積**を

$$|\boldsymbol{a}\ \boldsymbol{b}\ \boldsymbol{c}|=\begin{vmatrix} a_1 & a_2 & a_3 \\ b_1 & b_2 & b_3 \\ c_1 & c_2 & c_3 \end{vmatrix} \tag{4.11}$$

で定義する．スカラー三重積は行列式なので，負の値をとることもある．(4.11) の右辺で 3 行目に関する余因子展開を行うと

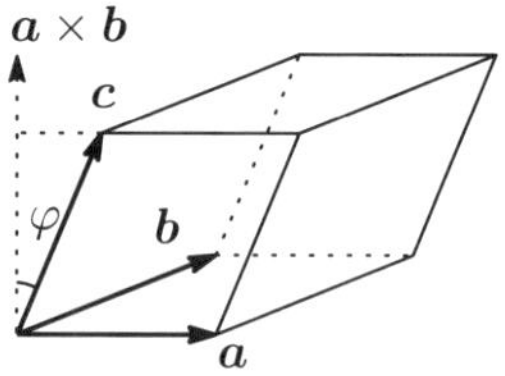

図 4.5 $\boldsymbol{a}$，$\boldsymbol{b}$，$\boldsymbol{c}$ のつくる平行六面体

$$|\boldsymbol{a}\ \boldsymbol{b}\ \boldsymbol{c}|=(\boldsymbol{a}\times\boldsymbol{b})\cdot\boldsymbol{c}$$

を得る．ここで，$\boldsymbol{a}\times\boldsymbol{b}$ と $\boldsymbol{c}$ のなす角を φ とすると $|\boldsymbol{a}\ \boldsymbol{b}\ \boldsymbol{c}|=|\boldsymbol{a}\times\boldsymbol{b}||\boldsymbol{c}|\cos\varphi$ となる．したがって，平行でない 3 つのベクトル $\boldsymbol{a}$，$\boldsymbol{b}$，$\boldsymbol{c}$ のつくる平行六面体 (図 4.5) の体積は $|\boldsymbol{a}\ \boldsymbol{b}\ \boldsymbol{c}|$ の絶対値に等しい．

スカラー三重積の性質 3 つのベクトル $\boldsymbol{a}$，$\boldsymbol{b}$，$\boldsymbol{c}$ に対して，次が成り立つ．

(1) $|\boldsymbol{a}\ \boldsymbol{b}\ \boldsymbol{c}|=(\boldsymbol{a}\times\boldsymbol{b})\cdot\boldsymbol{c}=(\boldsymbol{b}\times\boldsymbol{c})\cdot\boldsymbol{a}=(\boldsymbol{c}\times\boldsymbol{a})\cdot\boldsymbol{b}$

(2) $|\boldsymbol{a}\ \boldsymbol{b}\ \boldsymbol{c}|=|\boldsymbol{a}\times\boldsymbol{b}||\boldsymbol{c}|\cos\varphi$ (φ は $\boldsymbol{a}\times\boldsymbol{b}$ と $\boldsymbol{c}$ のなす角)

(3) $\boldsymbol{a}$，$\boldsymbol{b}$，$\boldsymbol{c}$ が 1 次従属 $\Longleftrightarrow$ $|\boldsymbol{a}\ \boldsymbol{b}\ \boldsymbol{c}|=0$

性質 (1) の第 2，第 3 の等式および性質 (3) は，(4.11) と行列式の性質から容易に導かれる．

問題 4.1.1

1. (4.2) を示せ.

2. ベクトル $\boldsymbol{a}=(1,2,1)$, $\boldsymbol{b}=(2,1,3)$, $\boldsymbol{c}=(2,0,1)$ について, $\boldsymbol{a}\times\boldsymbol{b}$ および $|\boldsymbol{a}\ \boldsymbol{b}\ \boldsymbol{c}|$ を求めよ. また, $\boldsymbol{a}\times\boldsymbol{b}$ と $\boldsymbol{c}$ のなす角を φ とするとき, $\cos\varphi$ の値を求めよ.

3. ベクトル $\boldsymbol{a}=(a,0,1)$, $\boldsymbol{b}=(-1,0,b)$ に対して, 次の (1), (2) を満たす定数 a, b の条件を求めよ.

(1) $\boldsymbol{a}$ と $\boldsymbol{b}$ は直交する　　(2) $\boldsymbol{a}$ と $\boldsymbol{b}$ は平行である

4. (4.8) を示せ.

5. $\boldsymbol{a}\times\boldsymbol{b}=\boldsymbol{0}$ ならば $\boldsymbol{a}$ と $\boldsymbol{b}$ が 1 次従属となることを示せ.

6. 一般に, 3 つのベクトル $\boldsymbol{a}$, $\boldsymbol{b}$, $\boldsymbol{c}$ が $|\boldsymbol{a}\ \boldsymbol{b}\ \boldsymbol{c}|>0$ を満たすとき, **右手系**をなす, または**正の向き**であるという. $\boldsymbol{a}\times\boldsymbol{b}\neq\boldsymbol{0}$ を満たす 2 つのベクトルに対して, $\boldsymbol{a}$, $\boldsymbol{b}$, $\boldsymbol{a}\times\boldsymbol{b}$ は右手系をなすこと, すなわち $|\boldsymbol{a}\ \boldsymbol{b}\ \boldsymbol{a}\times\boldsymbol{b}|>0$ を示せ.

7. 右手系をなすベクトル $\boldsymbol{a}$, $\boldsymbol{b}$, $\boldsymbol{c}$ を, 次の (i), (ii) を満たすように同時に回転させたものを, $\tilde{\boldsymbol{a}}=(a,0,0)$, $\tilde{\boldsymbol{b}}=(b\cos\theta,b\sin\theta,0)$, $\tilde{\boldsymbol{c}}=(c_1,c_2,c_3)$ とおく. ここで, $a=|\boldsymbol{a}|>0$, $b=|\boldsymbol{b}|>0$ で, θ は, $\boldsymbol{a}$, $\boldsymbol{b}$ のなす角 $(0<\theta<\pi)$ である.

(i) $\boldsymbol{a}$, $\boldsymbol{b}$ が xy 平面に含まれる.　　(ii) $\boldsymbol{a}$ は $\boldsymbol{e}_1$ と同じ向きをもつ.

以下の問いに答え, $\boldsymbol{a}$, $\boldsymbol{b}$, $\boldsymbol{c}$ の位置関係が図 4.5 と同じになることを確かめよ.

(1) $\tilde{\boldsymbol{a}}\times\tilde{\boldsymbol{b}}$ が $\boldsymbol{e}_3$ と同じ向きであることを示せ.

(2) $\tilde{\boldsymbol{a}}\times\tilde{\boldsymbol{b}}$ と $\tilde{\boldsymbol{c}}$ のなす角 φ は, $0\leqq\varphi<\dfrac{\pi}{2}$ を満たすことを示せ.

8. (4.9) を示せ. また, $\boldsymbol{a}$, $\boldsymbol{b}$, $\boldsymbol{c}$ が 1 次独立なとき, $\boldsymbol{a}\times(\boldsymbol{b}\times\boldsymbol{c})=(\boldsymbol{a}\times\boldsymbol{b})\times\boldsymbol{c}$ が成り立つのは, $\boldsymbol{a}\perp\boldsymbol{b}$ かつ $\boldsymbol{b}\perp\boldsymbol{c}$ の場合に限られることを示せ.

4.1.2 ベクトル関数

実変数 t に対して, ベクトル $\boldsymbol{a}(t)$ が定まるとき, $\boldsymbol{a}(t)$ を**ベクトル値関数**または**ベクトル関数**という. 各 t において, $\boldsymbol{a}(t)$ を成分表示すると

$$\boldsymbol{a}(t)=(a_1(t),a_2(t),a_3(t)) \tag{4.12}$$

と表すことができ, $\boldsymbol{a}(t)$ の成分 $a_i(t)$ $(i=1,2,3)$ は t を変数とする実数値関数となる. 各成分が連続なとき, ベクトル関数は**連続**であるという.

(a)　ベクトル関数の微分　区間 (t_1, t_2) で定義されたベクトル関数 $\boldsymbol{a}(t) = (a_1(t), a_2(t), a_3(t))$ の各成分 $a_i(t)$ $(i = 1, 2, 3)$ が，ある点 t_0 において微分可能なとき，$\boldsymbol{a}(t)$ は t_0 で**微分可能**であるという．また，各成分の微分係数 $a_i'(t_0)$ から定まるベクトル $(a_1'(t_0), a_2'(t_0), a_3'(t_0))$ を $\boldsymbol{a}(t)$ の t_0 における**微分係数**といい，$\boldsymbol{a}'(t_0)$ で表す．区間 (t_1, t_2) の各点 t で $\boldsymbol{a}(t)$ が微分可能なとき，$\boldsymbol{a}(t)$ は区間 (t_1, t_2) 上で微分可能であるという．このとき，$\boldsymbol{a}(t)$ の導関数 $\boldsymbol{a}'(t)$ を $(a_1'(t), a_2'(t), a_3'(t))$，$\dfrac{d\boldsymbol{a}}{dt}(t)$ などで表す．また，t を省略して，$\boldsymbol{a}'$，(a_1', a_2', a_3')，$\dfrac{d\boldsymbol{a}}{dt}$ と書くことも多い．

変数 t に依存しないベクトル $\boldsymbol{k}$ を**定ベクトル**という．ベクトル関数 $\boldsymbol{k}(t)$ が，恒等的に $\boldsymbol{k}'(t) = \boldsymbol{0}$ を満たすのは，ある定ベクトル $\boldsymbol{k}$ が存在して，$\boldsymbol{k}(t) = \boldsymbol{k}$ となる場合だけである．ベクトル関数の微分公式をいくつか述べる．

ベクトル関数の微分公式 I　ベクトル関数 $\boldsymbol{a}$，$\boldsymbol{b}$ と関数 f に対して，次が成り立つ．

(1)　$(\boldsymbol{a} + \boldsymbol{b})' = \boldsymbol{a}' + \boldsymbol{b}'$　　(2)　$(f\boldsymbol{a})' = f'\boldsymbol{a} + f\boldsymbol{a}'$

(3)　$(\boldsymbol{a} \cdot \boldsymbol{b})' = \boldsymbol{a}' \cdot \boldsymbol{b} + \boldsymbol{a} \cdot \boldsymbol{b}'$　　(4)　$(|\boldsymbol{a}|^2)' = 2\boldsymbol{a} \cdot \boldsymbol{a}'$

証明　(1)　$\boldsymbol{a} + \boldsymbol{b} = (a_1 + b_1, a_2 + b_2, a_3 + b_3)$ より

$$(\boldsymbol{a} + \boldsymbol{b})' = (a_1' + b_1', a_2' + b_2', a_3' + b_3') = \boldsymbol{a}' + \boldsymbol{b}'$$

となる．(2) は，$f\boldsymbol{a} = (fa_1, fa_2, fa_3)$ なので，(1) と同様に示せる．

(3)　積の微分より

$$(\boldsymbol{a} \cdot \boldsymbol{b})' = \left(\sum_{i=1}^{3} a_i b_i\right)' = \sum_{i=1}^{3} (a_i' b_i + a_i b_i') = \boldsymbol{a}' \cdot \boldsymbol{b} + \boldsymbol{a} \cdot \boldsymbol{b}'$$

である．(4) は，$|\boldsymbol{a}|^2 = \boldsymbol{a} \cdot \boldsymbol{a}$ に注意して，(3) の結果を用いればよい．　□

ベクトル関数の微分公式 II　ベクトル関数 $\boldsymbol{a}$，$\boldsymbol{b}$，$\boldsymbol{c}$ に対し，次が成り立つ．

(5)　$(\boldsymbol{a} \times \boldsymbol{b})' = \boldsymbol{a}' \times \boldsymbol{b} + \boldsymbol{a} \times \boldsymbol{b}'$

(6)　$|\boldsymbol{a}\ \boldsymbol{b}\ \boldsymbol{c}|' = |\boldsymbol{a}'\ \boldsymbol{b}\ \boldsymbol{c}| + |\boldsymbol{a}\ \boldsymbol{b}'\ \boldsymbol{c}| + |\boldsymbol{a}\ \boldsymbol{b}\ \boldsymbol{c}'|$

(5)，(6) の証明は読者にゆだねる (問題 2).

例題 4.1.3 ベクトル関数 $\boldsymbol{a}(t)$ が微分可能なとき，次の (1)，(2) が成り立つことを示せ．

(1) $\boldsymbol{a}(t)$ の長さが一定 $\Longleftrightarrow$ $\boldsymbol{a}(t) \perp \boldsymbol{a}'(t)$

(2) $\boldsymbol{a}(t)$ の方向が一定 $\Longleftrightarrow$ $\boldsymbol{a}(t)$ と $\boldsymbol{a}'(t)$ が平行

解 (1) $\boldsymbol{a}(t)$ の長さが一定のとき，微分公式 (4) より

$$0 = \left(|\boldsymbol{a}(t)|^2\right)' = 2\boldsymbol{a}(t) \cdot \boldsymbol{a}'(t)$$

となる．これは，$\boldsymbol{a}(t) \perp \boldsymbol{a}'(t)$ を意味する．逆は上の議論を反対にたどればよい．

(2) $\boldsymbol{a}(t)$ は方向が一定のとき，$\boldsymbol{a}(t) = f(t)\boldsymbol{a}$ としてよい．ただし，$\boldsymbol{a}$ は定ベクトルである．微分公式 (2) より

$$\boldsymbol{a}'(t) = f'(t)\boldsymbol{a}$$

なので，$\boldsymbol{a}(t)$ と $\boldsymbol{a}'(t)$ は平行である．逆に，$\boldsymbol{a}(t)$ と $\boldsymbol{a}'(t)$ が平行のとき，$\boldsymbol{a}'(t) = f(t)\boldsymbol{a}(t)$ となる関数 $f(t)$ が存在する．これを各成分でみると，線形微分方程式 $a_i'(t) = f(t)a_i(t)$ $(i = 1, 2, 3)$ が得られる．ゆえに，1.2.3 項で学んだように，その解は $a_i(t) = k_i e^{\int f(t)dt}$ と書けて

$$\boldsymbol{a}(t) = e^{\int f(t)dt}\boldsymbol{k} \qquad (\boldsymbol{k} = (k_1, k_2, k_3) \text{ は定ベクトル})$$

となる．よって，$\boldsymbol{a}(t)$ の方向は一定である． □

(b) ベクトル関数の積分 ベクトル関数 $\boldsymbol{a}(t) = (a_1(t), a_2(t), a_3(t))$ の微分は，各成分関数 $a_i(t)$ の微分によって定義したが，積分も各成分関数 $a_i(t)$ の積分によって定義しよう．区間 $[t_1, t_2]$ で定義された連続なベクトル関数 $\boldsymbol{a}(t) = (a_1(t), a_2(t), a_3(t))$ に対して

$$\int_{t_1}^{t_2} \boldsymbol{a}(t)dt = \left(\int_{t_1}^{t_2} a_1(t)dt, \int_{t_1}^{t_2} a_2(t)dt, \int_{t_1}^{t_2} a_3(t)dt\right)$$

で定まるベクトルを，$\boldsymbol{a}(t)$ の区間 $[t_1, t_2]$ における**定積分**という．

ベクトル関数 $\boldsymbol{A}(t)$ の導関数が $\boldsymbol{a}(t)$ のとき，$\boldsymbol{A}(t)$ を $\boldsymbol{a}(t)$ の**原始関数**という．1 つのベクトル関数 $\boldsymbol{a}(t)$ に対して，その原始関数は無数に存在する (問題 7) が，それらの差は定ベクトルである．そこで，$\boldsymbol{a}(t)$ の 1 つの原始関数 $\boldsymbol{A}(t)$ を使って

$$\int \boldsymbol{a}(t)dt = \boldsymbol{A}(t) + \boldsymbol{C} \quad (\boldsymbol{C} \text{ は定ベクトル})$$

と表し，これを $\boldsymbol{a}(t)$ の**不定積分**とよぶ．定ベクトル $\boldsymbol{C}$ を省略することもある．原始関数の各成分は，成分関数 $a_i(t)$ の原始関数になっているので，$a_i(t)$ の不定積分を用いて

$$\int \boldsymbol{a}(t)dt = \left(\int a_1(t)dt, \int a_2(t)dt, \int a_3(t)dt\right)$$

と書くこともある．

問題 4.1.2

1. 次のベクトル関数 $\boldsymbol{a}$，$\boldsymbol{b}$，$\boldsymbol{c}$ の導関数を求めよ．また，$(|\boldsymbol{a}|^2)'$，$(\boldsymbol{a}\cdot\boldsymbol{b})'$，$(\boldsymbol{a}\times\boldsymbol{b})'$，$|\boldsymbol{a}\ \boldsymbol{b}\ \boldsymbol{c}|'$ を求めよ．

$$\boldsymbol{a}(t) = (\cos t, \sin t, t), \quad \boldsymbol{b}(t) = (\cos t, \sin t, e^{-t}), \quad \boldsymbol{c}(t) = (1, t, e^t)$$

2. ベクトル関数の微分公式 (5)，(6) を証明せよ．(6) はスカラー三重積の性質 $|\boldsymbol{a}\ \boldsymbol{b}\ \boldsymbol{c}| = (\boldsymbol{a}\times\boldsymbol{b})\cdot\boldsymbol{c}$ を使ってよい．

3. 関数 $f(t)$ とベクトル関数 $\boldsymbol{a}(t)$ に対して，次の公式を示せ．

$$\left(\frac{\boldsymbol{a}}{f}\right)' = \frac{\boldsymbol{a}'f - \boldsymbol{a}f'}{f^2}$$

4. 関数 $f(s)$ とベクトル関数 $\boldsymbol{a}(t)$ に対して，$t = f(s)$ と変数変換するとき，合成関数 $\boldsymbol{a}(f(s))$ について，次が成り立つことを示せ．

$$\frac{d}{ds}\boldsymbol{a}(f(s)) = f'(s)\boldsymbol{a}'(f(s))$$

5. ベクトル関数 $\boldsymbol{a}_1$，$\boldsymbol{a}_2$，$\boldsymbol{a}_3$ は，各 t に対して，$\{\boldsymbol{a}_1(t), \boldsymbol{a}_2(t), \boldsymbol{a}_3(t)\}$ が正規直交基底をなすものとする．このとき，関数 $\alpha(t)$，$\beta(t)$，$\gamma(t)$ が存在して

$$\begin{aligned}
\boldsymbol{a}_1'(t) &= \qquad\qquad\quad \alpha(t)\boldsymbol{a}_2(t) - \beta(t)\boldsymbol{a}_3(t)\\
\boldsymbol{a}_2'(t) &= -\alpha(t)\boldsymbol{a}_1(t) \qquad\qquad\quad + \gamma(t)\boldsymbol{a}_3(t)\\
\boldsymbol{a}_3'(t) &= \quad \beta(t)\boldsymbol{a}_1(t) - \gamma(t)\boldsymbol{a}_2(t)
\end{aligned}$$

が成り立つことを示せ．

6. 微分方程式 $\boldsymbol{x}'(t) + p(t)\boldsymbol{x}(t) = \boldsymbol{q}(t)$ の一般解は

$$\boldsymbol{x}(t) = e^{-\int p(t)dt}\left\{\int e^{\int p(t)dt}\boldsymbol{q}(t)dt + \boldsymbol{C}\right\}$$

で与えられることを示せ．ただし，$\boldsymbol{C}$ は定ベクトルである．

7.　ベクトル関数 $\boldsymbol{A}(t)$，$\boldsymbol{B}(t)$ がともにベクトル関数 $\boldsymbol{a}(t)$ の原始関数であるとき，$\boldsymbol{B}(t)-\boldsymbol{A}(t)$ の微分を計算することにより，$\boldsymbol{B}(t)=\boldsymbol{A}(t)+\boldsymbol{C}$ を満たす定ベクトル $\boldsymbol{C}$ が存在することを示せ．

4.2　曲線と曲面

4.2.1　曲線と運動

連続なベクトル関数 $\boldsymbol{r}(t)=(x(t),y(t),z(t))$ に対して，位置ベクトル $\overrightarrow{\mathrm{OP}(t)}=\boldsymbol{r}(t)$ によって定まる点 $\mathrm{P}(t)$ の軌跡は空間内の 1 つの曲線 C を定める．こうして定まる曲線 C を**空間曲線**または単に**曲線**とよび

$$C:\boldsymbol{r}(t)=(x(t),y(t),z(t)) \tag{4.13}$$

と表す．(4.13) を曲線 C の**パラメータ表示**，変数 t を**パラメータ**とよぶ．同様にして，平面内の **(平面) 曲線**は，連続なベクトル関数 $\boldsymbol{r}(t)=(x(t),y(t))$ によって表される．

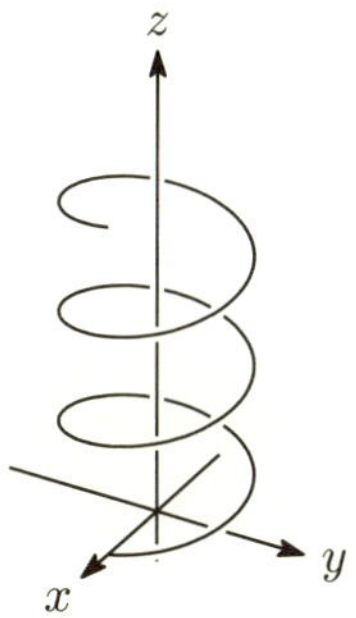

図 4.6　$\boldsymbol{r}(t)=\left(\cos t,\sin t,\dfrac{t}{5}\right)$

例 4.2.1　(1)　定ベクトル $\boldsymbol{p}=(p_1,p_2,p_3)\neq\boldsymbol{0}$，$\boldsymbol{q}=(q_1,q_2,q_3)$ に対して，ベクトル関数

$$\boldsymbol{r}(t)=t\boldsymbol{p}+\boldsymbol{q}=(p_1t+q_1,p_2t+q_2,p_3t+q_3)$$

で定まる曲線は直線である．この直線を，点 $\boldsymbol{q}$ を通る $\boldsymbol{p}$ 方向の直線といい，$\boldsymbol{p}$ をこの直線の**方向ベクトル**という．

(2)　定数 a，b が 0 でないとき，ベクトル関数

$$\boldsymbol{r}(t)=(a\cos t,a\sin t,bt)$$

で定まる曲線は**常ら線**とよばれ，図 4.6 のようになる．$b=0$ のときは，xy 平面内の半径 a の円である．

以後，特に断らない限り，$\boldsymbol{r}(t)$ は何回でも微分可能であるとし，変数 t についての導関数 $\dfrac{d\boldsymbol{r}}{dt}$，$\dfrac{dx}{dt}$ などを $\dot{\boldsymbol{r}}(t)$，$\dot{x}(t)$ と書く．また，力学との対応から，パラメータ t が時間，$\boldsymbol{r}(t)$ が曲線上を運動する粒子の位置を表すと考えて，$\boldsymbol{r}(t)$ の 1 階

微分 $\dot{\boldsymbol{r}}(t) = (\dot{x}(t), \dot{y}(t), \dot{z}(t))$ を**速度ベクトル**，2 階微分 $\ddot{\boldsymbol{r}}(t) = (\ddot{x}(t), \ddot{y}(t), \ddot{z}(t))$ を**加速度ベクトル**という場合もある．このとき，$|\dot{\boldsymbol{r}}(t)|$ を**速さ**という．

例 4.2.2 常ら線 $\boldsymbol{r}(t) = (a\cos t, a\sin t, bt)$ 上を運動する粒子の速度ベクトルと加速度ベクトルは

$$\dot{\boldsymbol{r}}(t) = (-a\sin t, a\cos t, b), \quad \ddot{\boldsymbol{r}}(t) = (-a\cos t, -a\sin t, 0)$$

となる．速さは一定で，$|\dot{\boldsymbol{r}}(t)| = \sqrt{a^2+b^2}$ である．また，定ベクトル $\boldsymbol{B} = (0, 0, -1)$ に対して

$$\ddot{\boldsymbol{r}}(t) = \dot{\boldsymbol{r}}(t) \times \boldsymbol{B}$$

が容易に確かめられる．この形の運動方程式は，磁場中を運動する荷電粒子の運動を表している．

パラメータ t が有限の区間 $[t_1, t_2]$ を動くとき，ベクトル関数 $\boldsymbol{r}(t)$ によって表される曲線 C には自然に**向き**が定まる．すなわち，$\boldsymbol{r}(t_1)$ を**始点**，$\boldsymbol{r}(t_2)$ を**終点**として，始点から終点に向かう向きである．これは C 上を運動する粒子の運動の向きと同じである．C とは逆向きに，C 上を $\boldsymbol{r}(t_2)$ から $\boldsymbol{r}(t_1)$ に向かう曲線を $-C$ で表す．曲線 C が $\boldsymbol{r}(t)$ $(t_1 \leqq t \leqq t_2)$ とパラメータ表示されているとき，逆向きの曲線 $-C$ は

$$\tilde{\boldsymbol{r}}(t) = \boldsymbol{r}(t_2 + t_1 - t), \quad t_1 \leqq t \leqq t_2$$

によってパラメータ表示される．

ベクトル関数 $\boldsymbol{r}(t)$ で定まる曲線 C は，$\boldsymbol{r}(t)$ が微分可能で，その導関数 $\dot{\boldsymbol{r}}(t)$ が連続なとき，**滑らか**であるという．また，$\dot{\boldsymbol{r}}(t_0) = \boldsymbol{0}$ となるとき，点 $\boldsymbol{r}(t_0)$ を曲線 C の**特異点**という．直線や常ら線は，滑らかで特異点をもたない曲線である (問題 1)．点 $\boldsymbol{r}(t_0)$ が特異点でなければ，点 $\boldsymbol{r}(t_0)$ における曲線 C の**接線**は

$$\boldsymbol{p}(t) = t\dot{\boldsymbol{r}}(t_0) + \boldsymbol{r}(t_0)$$

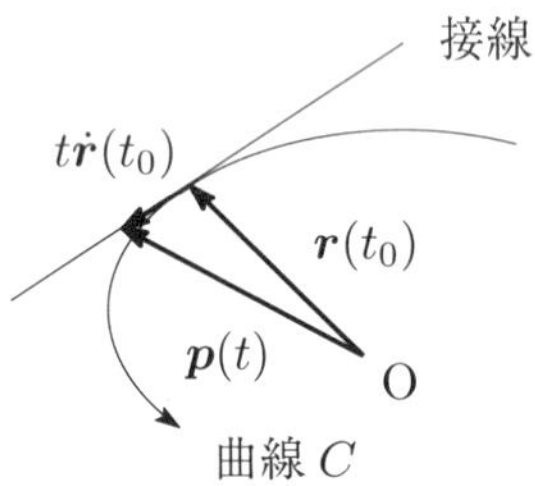

図 4.7 点 $\boldsymbol{r}(t_0)$ における接線

で定まる．点 $\boldsymbol{r}(t_0)$ における速度ベクトル $\dot{\boldsymbol{r}}(t_0)$ は**接線ベクトル**ともよばれ，接線の方向ベクトルとなる (図 4.7)．平面曲線の場合も同様である．

例 4.2.3　$a \neq 0, b$ は定数とする．曲線

$$\boldsymbol{r}(t) = (a(t - \sin t), a(1 - \cos t), b) \tag{4.14}$$

は特異点をもつ．実際，接線ベクトルは

$$\dot{\boldsymbol{r}}(t) = (a(1 - \cos t), a \sin t, 0)$$

なので，$t_0 = 2\pi n\ (n = 0, \pm 1, \pm 2, \cdots)$ のとき，$\dot{\boldsymbol{r}}(t_0) = \boldsymbol{0}$ となる．したがって，$\boldsymbol{r}(t_0) = (at_0, 0, b)$ は特異点である．同様に，平面曲線 $\boldsymbol{r}(t) = (a(t - \sin t), a(1 - \cos t))$ は特異点をもつ．この平面曲線は，**サイクロイド**とよばれ，特異点は $(2\pi na, 0)\ (n = 0, \pm 1, \pm 2, \cdots)$ である (図 4.8).

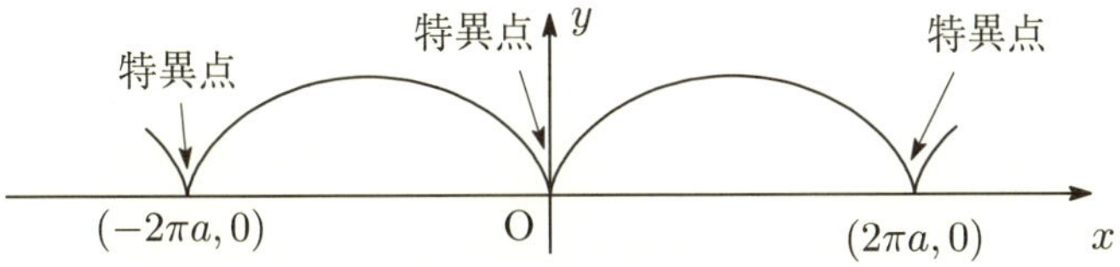

図 **4.8**　サイクロイド $\boldsymbol{r}(t) = (a(t - \sin t), a(1 - \cos t))$

弧長パラメータ表示　滑らかな曲線 $C : \boldsymbol{r}(t) = (x(t), y(t), z(t))$ 上の点 $\boldsymbol{r}(t_0)$ から $\boldsymbol{r}(t)$ までの弧の長さ $s = s(t)$ は

$$s(t) = \int_{t_0}^{t} \sqrt{\dot{x}(\tau)^2 + \dot{y}(\tau)^2 + \dot{z}(\tau)^2}\, d\tau = \int_{t_0}^{t} |\dot{\boldsymbol{r}}(\tau)| d\tau \tag{4.15}$$

で与えられる．曲線 C が特異点をもたない場合は

$$\frac{ds}{dt} = |\dot{\boldsymbol{r}}(t)| > 0$$

が成り立つ．よって，$s(t)$ は狭義単調増加で逆関数が存在し，t は s の関数として，$t = t(s)$ と表される．このとき，曲線 C は s の関数として

$$\boldsymbol{r}(s) = \boldsymbol{r}(t(s)) = (x(t(s)), y(t(s)), z(t(s))) \tag{4.16}$$

と表示できる．(本来は，$\boldsymbol{r}(s)$ は，$\boldsymbol{r}(t)$ とは記号を変えて，$\tilde{\boldsymbol{r}}(s) = \boldsymbol{r}(t(s))$ などと表すべきだが，習慣に従って，(4.16) のように書く．) この表示を**弧長パラメータ表示**といい，変数 s を**弧長**という．この場合，曲線 C は少なくとも 2 つのパラメータ表示 $\boldsymbol{r}(t)$ と $\boldsymbol{r}(s)$ をもつことに注意しよう．一般に，曲線をパラメータ表示する方法は一通りではない．以後は，弧長 s による微分は $\boldsymbol{r}'(s)$, $\boldsymbol{r}''(s)$ などと表し，一般の媒介変数 t による微分 $\dot{\boldsymbol{r}}(t)$, $\ddot{\boldsymbol{r}}(t)$ と区別する．

弧長パラメータ表示の性質を調べる．合成関数の微分法から

$$\boldsymbol{r}'(s) = \left(\dot{x}(t(s))\frac{dt}{ds}, \dot{y}(t(s))\frac{dt}{ds}, \dot{z}(t(s))\frac{dt}{ds}\right) = \dot{\boldsymbol{r}}(t(s))\frac{dt}{ds}$$

となる．また，逆関数の微分法より $\dfrac{dt}{ds} = \dfrac{1}{|\dot{\boldsymbol{r}}(t(s))|}$ なので

$$|\boldsymbol{r}'(s)| = |\dot{\boldsymbol{r}}(t(s))|\left|\frac{dt}{ds}\right| = 1$$

が成り立つ．以後，$x(t(s))$ なども $x(s)$ と書いて，単に $\boldsymbol{r}(s) = (x(s), y(s), z(s))$ と表し，その成分の導関数 $\dfrac{dx}{ds}$ などを $x'(s)$ で表す．

弧長パラメータ表示　特異点をもたない滑らかな曲線は弧長パラメータ表示 $\boldsymbol{r}(s) = (x(s), y(s), z(s))$ をもち，$|\boldsymbol{r}'(s)| = 1$ を満たす．

例題 4.2.1　常ら線 $\boldsymbol{r}(t) = (a\cos t, a\sin t, bt)$ に対して，$\boldsymbol{r}(0)$ から $\boldsymbol{r}(t)$ までの弧長 s を求め，弧長パラメータ表示せよ．

解　$\dot{\boldsymbol{r}}(t) = (-a\sin t, a\cos t, b)$ より，$|\dot{\boldsymbol{r}}(t)| = \sqrt{a^2+b^2}$ となるので

$$s = \int_0^t |\dot{\boldsymbol{r}}(\tau)|d\tau = \sqrt{a^2+b^2}\ t \qquad \therefore t = \frac{s}{c}$$

となる．ただし，$c = \sqrt{a^2+b^2}$ である．よって，弧長パラメータ表示は

$$\boldsymbol{r}(s) = \left(a\cos\frac{s}{c}, a\sin\frac{s}{c}, \frac{bs}{c}\right) \tag{4.17}$$

で与えられる．　□

問題 4.2.1

1.　常ら線は特異点をもたないことを示し，接線を求めよ．

2.　a，b は 0 でない定数とする．曲線 $\boldsymbol{r}(t) = (a(t-\sin t), a(1-\cos t), bt)$ 上を運動する粒子の速度ベクトルと加速度ベクトルを求めよ．また，この曲線は特異点をもたないことを示せ．

3.　曲線 $\boldsymbol{r}(t) = (t^2, t^3, 0)$ が特異点をもつことを示せ．また，$x = t^2$, $y = t^3$ とするとき y を x を用いて表し，この曲線の概形を描け．

4. 次の平面曲線に対して，$\boldsymbol{r}(0)$ から $\boldsymbol{r}(t)$ までの弧長 s を求め，弧長パラメータ表示せよ．

(1)　$\boldsymbol{r}(t) = (2\cos t, 2\sin t)$　　(2)　$\boldsymbol{r}(t) = (t, 1+2t)$

4.2.2　フレネ標構

物体の運動を静止した人が外から観測する場合は，座標軸を固定して考えるのが自然である．座標軸を固定するというのは，たとえば，正規直交基底として基本ベクトル $\boldsymbol{e}_1$，$\boldsymbol{e}_2$，$\boldsymbol{e}_3$ をとることに対応する．一方，観測する人が物体とともに運動しているときは，物体の位置 $\boldsymbol{r}(s)$ とともに正規直交基底を $\boldsymbol{e}_1(s)$，$\boldsymbol{e}_2(s)$，$\boldsymbol{e}_3(s)$ のように変化させる方が自然なこともある．たとえば，旋回している飛行機の座席に座っている人は，天井は頭上にあり，右隣の座席の人は右にいると認識できるだろう．飛行機の進行方向 $\boldsymbol{r}'(s)$ に対して，機内の上下左右という方向を正規直交基底の向きに対応させれば，飛行機の運動とともに変化する座標系がとれる．

以後，曲線 C のパラメータ表示 $\boldsymbol{r}(s)$ は，$|\boldsymbol{r}'(s)| = 1$ を満たすとする．特異点をもたない滑らかな曲線の弧長パラメータ表示は，このような表示になっている．曲線 C の**曲率** $\kappa(s)$ を

$$\kappa(s) = |\boldsymbol{r}''(s)| = \sqrt{\{x''(s)\}^2 + \{y''(s)\}^2 + \{z''(s)\}^2} \geqq 0$$

で定義する．

$\boldsymbol{r}(s)$ が $\kappa(s) > 0$ を満たすとき，**単位接線ベクトル** $\boldsymbol{e}_1(s)$，**単位主法線ベクトル** $\boldsymbol{e}_2(s)$，**単位従法線ベクトル** $\boldsymbol{e}_3(s)$ を

$$\boldsymbol{e}_1(s) = \boldsymbol{r}'(s), \quad \boldsymbol{e}_2(s) = \frac{\boldsymbol{r}''(s)}{\kappa(s)},$$

$$\boldsymbol{e}_3(s) = \boldsymbol{e}_1(s) \times \boldsymbol{e}_2(s)$$

と定義する．接線ベクトル $\boldsymbol{r}'(s)$ の長さは一定なので，例題 4.1.3 (1) より

$$\boldsymbol{r}'(s) \perp \boldsymbol{r}''(s) \tag{4.18}$$

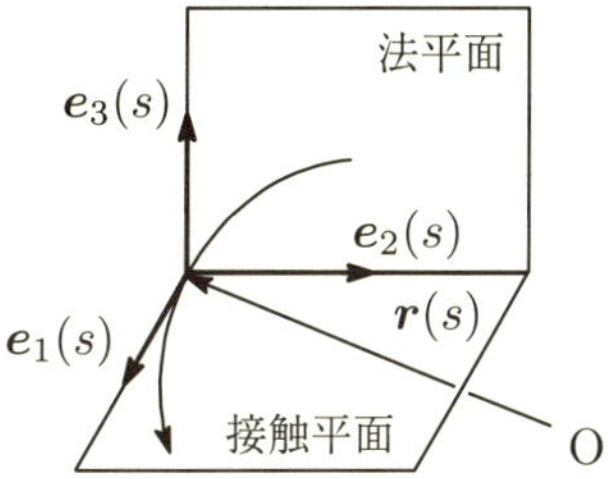

図 **4.9**　フレネ標構

となる．よって，$\{\boldsymbol{e}_1(s), \boldsymbol{e}_2(s), \boldsymbol{e}_3(s)\}$ は C 上の各点 $\boldsymbol{r}(s)$ で右手系の正規直交基底をなす (問題 1)．この基底を**フレネ (Frenet) 標構**といい，$\boldsymbol{e}_1(s)$，$\boldsymbol{e}_2(s)$ を含む平面を**接触平面**，$\boldsymbol{e}_2(s)$，$\boldsymbol{e}_3(s)$ を含む平面を**法平面**という (図 4.9)．

例 4.2.4 例題 4.2.1 の常ら線の問題で，$b=0$ とすると，(4.17) より，曲線 $\boldsymbol{r}(s)$ は xy 平面内の半径 a の円となる．この場合，$\boldsymbol{r}''(s) = -\dfrac{\boldsymbol{r}(s)}{a^2}$ かつ $|\boldsymbol{r}(s)| = a$ なので，円の曲率は一定で，$\kappa(s) = \dfrac{1}{a}$ となる．

注意 曲率は，曲線の曲がり具合を表す量である．実際，$\kappa(s) = 0$ がすべての s で成り立つとき，加速度ベクトルは常に $\boldsymbol{r}''(s) = \boldsymbol{0}$ となるので，$\boldsymbol{r}(s)$ は直線となる．一方，半径 a の円の曲率は $\dfrac{1}{a}$ となるが，これは半径 a が大きくなるほど曲がり具合が緩やかになることと対応している (道路標識でカーブの急さを半径を用いて $R = 400$ などと表すのを思い出そう)．一般に，曲率の逆数 $\dfrac{1}{\kappa(s)}$ を**曲率半径**という．

曲線 C の**捩率**(れいりつ) $\tau(s)$ を

$$\tau(s) = \frac{1}{\kappa(s)^2} |\boldsymbol{r}'(s)\ \boldsymbol{r}''(s)\ \boldsymbol{r}'''(s)|$$

で定義する．

定理 4.2.1 (フレネ・セレ (Frenet-Serret) の公式) 曲線のパラメータ表示 $\boldsymbol{r}(s)$ が $|\boldsymbol{r}'(s)| = 1$ かつ $\kappa(s) > 0$ を満たすとき，フレネ標構 $\{\boldsymbol{e}_1(s), \boldsymbol{e}_2(s), \boldsymbol{e}_3(s)\}$ は関係式

$$\begin{aligned} \boldsymbol{e}_1'(s) &= \kappa(s)\boldsymbol{e}_2(s) \\ \boldsymbol{e}_2'(s) &= -\kappa(s)\boldsymbol{e}_1(s) + \tau(s)\boldsymbol{e}_3(s) \\ \boldsymbol{e}_3'(s) &= -\tau(s)\boldsymbol{e}_2(s) \end{aligned}$$

を満たす．

証明 最初の等式は，$\boldsymbol{e}_1(s)$ と $\boldsymbol{e}_2(s)$ の定義式からただちに導ける．問題 4.1.2 の 5 と比較すると，$\alpha = \kappa$，$\beta = 0$ となる．よって，$\gamma = \tau$ を示せばよい．最初の等式から $\boldsymbol{e}_1'(s) \times \boldsymbol{e}_2(s) = \boldsymbol{0}$ なので，$\boldsymbol{e}_3(s)$ の定義式を微分すると

$$\boldsymbol{e}_3'(s) = \boldsymbol{e}_1(s) \times \boldsymbol{e}_2'(s) = \frac{1}{\kappa(s)}\boldsymbol{r}'(s) \times \boldsymbol{r}'''(s) - \frac{\kappa'(s)}{\kappa(s)}\boldsymbol{e}_3(s)$$

を得る．問題 4.1.2 の 5 の第 3 式と (4.3) を用いると，$\gamma(s) = -\boldsymbol{e}_3'(s) \cdot \boldsymbol{e}_2(s)$ なので，上式と $\boldsymbol{e}_2(s)$ の定義式を代入し，スカラー三重積の性質 (1) と外積の性質 (3) を用いて変形すると

$$\gamma(s) = -\frac{1}{\kappa(s)^2}(\boldsymbol{r}'(s) \times \boldsymbol{r}'''(s)) \cdot \boldsymbol{r}''(s) = \tau(s)$$

となる． □

例題 4.2.2 常ら線 $\boldsymbol{r}(s)=(a\cos t, a\sin t, bt)$ について，フレネ標構，曲率，捩率を求めよ．

解 例題 4.2.1 より，弧長パラメータ表示は $\boldsymbol{r}(s)=\left(a\cos\dfrac{s}{c}, a\sin\dfrac{s}{c}, \dfrac{bs}{c}\right)$ なので

$$\boldsymbol{e}_1(s)=\boldsymbol{r}'(s)=\left(-\frac{a}{c}\sin\frac{s}{c}, \frac{a}{c}\cos\frac{s}{c}, \frac{b}{c}\right)$$

となる．$\boldsymbol{e}_1'(s)=\boldsymbol{r}''(s)=\left(-\dfrac{a}{c^2}\cos\dfrac{s}{c}, -\dfrac{a}{c^2}\sin\dfrac{s}{c}, 0\right)$ なので，曲率は $\kappa(s)=|\boldsymbol{r}''(s)|=\dfrac{a}{c^2}$ である．フレネ・セレの公式を使うと

$$\boldsymbol{e}_2(s)=\frac{1}{\kappa(s)}\boldsymbol{e}_1'(s)=\left(-\cos\frac{s}{c}, -\sin\frac{s}{c}, 0\right)$$

なので

$$\boldsymbol{e}_3(s)=\boldsymbol{e}_1(s)\times\boldsymbol{e}_2(s)=\left(\frac{b}{c}\sin\frac{s}{c}, -\frac{b}{c}\cos\frac{s}{c}, \frac{a}{c}\right)$$

となる．捩率は定義から求めてもよいが，フレネ・セレの公式を使うと

$$\boldsymbol{e}_3'(s)+\tau(s)\boldsymbol{e}_2(s)=\left(\frac{b}{c^2}-\tau(s)\right)\left(\cos\frac{s}{c}, \sin\frac{s}{c}, 0\right)=\boldsymbol{0}$$

を得るので，$\tau(s)=\dfrac{b}{c^2}$ となる． □

注意 捩率 $\tau(s)$ は，曲線の捩じれ具合を表す量である．すべての s について $\tau(s)=0$ を満たす曲線は，接触平面内に含まれ，捩じれていない．実際，$\boldsymbol{r}(s)$ で定まる曲線 C が $\tau(s)=0$ を満たせば，フレネ・セレの公式より $\boldsymbol{e}_3'(s)=\boldsymbol{0}$ となる．よって，$\boldsymbol{b}=\boldsymbol{e}_3(s)$ は定ベクトルで，$(\boldsymbol{r}(s)\cdot\boldsymbol{b})'=\boldsymbol{e}_1(s)\cdot\boldsymbol{b}=0$ より，$\boldsymbol{r}(s)\cdot\boldsymbol{b}$ は定数となる．ゆえに，C 上の任意の 2 点 $\boldsymbol{r}(s_2)$，$\boldsymbol{r}(s_1)$ に対して，$(\boldsymbol{r}(s_2)-\boldsymbol{r}(s_1))\cdot\boldsymbol{b}=0$ となる．これは，曲線 C が接触平面内にあることを意味する．たとえば，例題 4.2.2 で $b=0$ とすると，$\boldsymbol{r}(s)$ は xy 平面内の円を表し，$\tau(s)=0$ となる．

問題 4.2.2

1. フレネ標構が右手系の正規直交基底をなすことを示せ．

2. 特異点をもたない滑らかな曲線 C のパラメータ表示が $\boldsymbol{r}(t)$ であるとき，C の弧長を $s=s(t)$ とし，フレネ標構，曲率，捩率をそれぞれ $\boldsymbol{e}_i(t)=\boldsymbol{e}_i(s(t))$ $(i=1,2,3)$，$\kappa(t)=\kappa(s(t))$, $\tau(t)=\tau(s(t))$ と表す．このとき

$$\boldsymbol{e}_1(t)=\frac{\dot{\boldsymbol{r}}}{|\dot{\boldsymbol{r}}|},\quad \boldsymbol{e}_2(t)=\frac{1}{\kappa}\left(\frac{\ddot{\boldsymbol{r}}}{|\dot{\boldsymbol{r}}|^2}-\frac{(\dot{\boldsymbol{r}}\cdot\ddot{\boldsymbol{r}})\dot{\boldsymbol{r}}}{|\dot{\boldsymbol{r}}|^4}\right),\quad \boldsymbol{e}_3(t)=\frac{\dot{\boldsymbol{r}}\times\ddot{\boldsymbol{r}}}{|\dot{\boldsymbol{r}}\times\ddot{\boldsymbol{r}}|}$$

$$\kappa(t) = \frac{|\dot{\boldsymbol{r}} \times \ddot{\boldsymbol{r}}|}{|\dot{\boldsymbol{r}}|^3}, \quad \tau(t) = \frac{|\dot{\boldsymbol{r}}\ \ddot{\boldsymbol{r}}\ \dddot{\boldsymbol{r}}|}{|\dot{\boldsymbol{r}} \times \ddot{\boldsymbol{r}}|^2}$$

となることを示せ．また，次の曲線のフレネ標構，曲率，捩率を求めよ．ただし，a，b は正の定数とする．

(1) $\boldsymbol{r}(t) = (a\cos t, b\sin t, 0)$ (2) $\boldsymbol{r}(t) = (\cosh t, \sinh t, t)$

3. 平面曲線 $\boldsymbol{r}(t)$ に対する曲率 $\kappa(t)$ を問題 2 と同様に定義すると

$$\kappa(t) = \frac{\sqrt{|\dot{\boldsymbol{r}}|^2|\ddot{\boldsymbol{r}}|^2 - (\dot{\boldsymbol{r}} \cdot \ddot{\boldsymbol{r}})^2}}{|\dot{\boldsymbol{r}}|^3}$$

となる．これを用いて，以下の曲線の曲率を求めよ．

(1) $\boldsymbol{r}(t) = (2\cos t, 2\sin t)$ (2) $\boldsymbol{r}(t) = (\cosh t, \sinh t)$

4. 関数 $y = f(x)$ が定める平面曲線 $C : \boldsymbol{r}(t) = (t, f(t))$ の曲率が

$$\kappa(t) = \frac{|\ddot{f}|}{\{1 + (\dot{f})^2\}^{\frac{3}{2}}}$$

で与えられることを示せ．また，以下の曲線の曲率を求めよ．

(1) $\boldsymbol{r}(t) = (t, t^2)$ (2) $\boldsymbol{r}(t) = (t, e^{-t})$

4.2.3 曲面とその面積

連続な 1 変数のベクトル関数 $\boldsymbol{r}(t)$ で曲線が表されたように，連続な 2 変数のベクトル関数 $\boldsymbol{r}(u, v)$ によって定まる**曲面**を

$$S : \boldsymbol{r}(u, v) = (x(u, v), y(u, v), z(u, v)) \tag{4.19}$$

で表し，(4.19) を曲面 S の**パラメータ表示**という．

例 4.2.5 2 変数関数 $z = f(x, y)$ のグラフは 1 つの曲面を定める．実際，$u = x$，$v = y$ とすると，ベクトル関数 $\boldsymbol{r}(x, y) = (x, y, f(x, y))$ によって曲面が定まる．図 4.10 は，$f(x, y) = x^2 + y^2$ のグラフが定める曲面である．

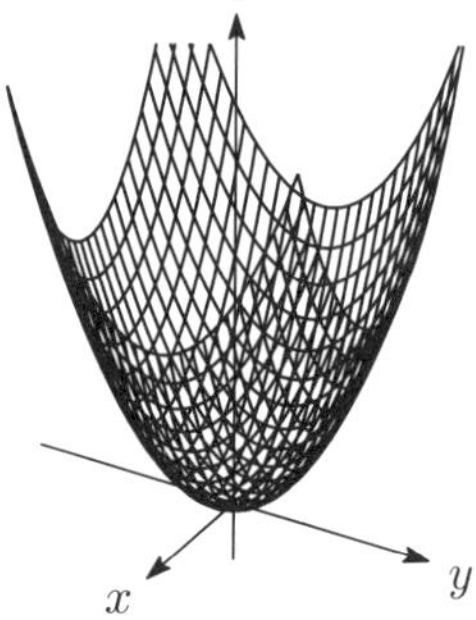

図 4.10 曲面 $z = x^2 + y^2$

曲面のパラメータ表示 (4.19) が与えられると，$\boldsymbol{r}(u, v)$ の v の値を定数 c に固定し

て得られる 1 変数 u のベクトル関数 $\boldsymbol{r}(u) = \boldsymbol{r}(u, c)$ は 1 つの空間曲線を定める．この曲線を $\boldsymbol{u}$ **曲線**という．同様にして，$\boldsymbol{r}(v) = \boldsymbol{r}(c, v)$ によって定まる曲線を $\boldsymbol{v}$ **曲線**という．図 4.10 のように，u 曲線および v 曲線を空間内にいくつか描くことによって，曲面の概形をつかむことができる．

1 変数のベクトル関数と同様に，2 変数のベクトル関数 $\boldsymbol{r}(u, v)$ の導関数を

$$\boldsymbol{r}_u(u, v) = \frac{\partial}{\partial u}\boldsymbol{r}(u, v) = \left(\frac{\partial x}{\partial u}, \frac{\partial y}{\partial u}, \frac{\partial z}{\partial u}\right)$$
$$\boldsymbol{r}_v(u, v) = \frac{\partial}{\partial v}\boldsymbol{r}(u, v) = \left(\frac{\partial x}{\partial v}, \frac{\partial y}{\partial v}, \frac{\partial z}{\partial v}\right)$$

で定義する．明示する必要がない場合は，変数 u，v を省略して，$\boldsymbol{r}_u$，$\boldsymbol{r}_v$ などと書く．また，$\dfrac{\partial f}{\partial u}$ の代わりに f_u などの記号も用いることがある．

例 4.2.6 (直線と平面)　点 $\boldsymbol{q}$ を通る直線は，定ベクトル $\boldsymbol{p} \neq \boldsymbol{0}$ を用いて，$\boldsymbol{r}(t) = t\boldsymbol{p} + \boldsymbol{q}$ で表され，接線ベクトル $\dot{\boldsymbol{r}} = \boldsymbol{p}$ はこの直線の方向ベクトルを与える．一方，点 $\boldsymbol{q}$ を通る平面は，1 次独立なベクトル $\boldsymbol{p}_1$，$\boldsymbol{p}_2$ を用いて

$$\boldsymbol{r}(u, v) = u\boldsymbol{p}_1 + v\boldsymbol{p}_2 + \boldsymbol{q}$$

とパラメータ表示される．このとき，$\boldsymbol{r}_u = \boldsymbol{p}_1$，$\boldsymbol{r}_v = \boldsymbol{p}_2$ は 1 次独立である．

図 4.11 のベクトル関数 $\boldsymbol{r}(u, v)$ で定まる曲面 S は，$\boldsymbol{r}(u, v)$ が u と v について偏微分可能で，その偏導関数 $\boldsymbol{r}_u$，$\boldsymbol{r}_v$ が連続なとき，**滑らか**であるという．また，$\boldsymbol{r}_u(u_0, v_0) \times \boldsymbol{r}_v(u_0, v_0) = \boldsymbol{0}$ となるとき，点 $\boldsymbol{r}(u_0, v_0)$ を曲面 S の**特異点**という．点 $\boldsymbol{r}(u_0, v_0)$ が特異点でなければ $\boldsymbol{r}_u(u_0, v_0) \times \boldsymbol{r}_v(u_0, v_0) \neq \boldsymbol{0}$ なので，**単位法線ベクトル**

$$\boldsymbol{n}(u_0, v_0) = \frac{\boldsymbol{r}_u(u_0, v_0) \times \boldsymbol{r}_v(u_0, v_0)}{|\boldsymbol{r}_u(u_0, v_0) \times \boldsymbol{r}_v(u_0, v_0)|}$$

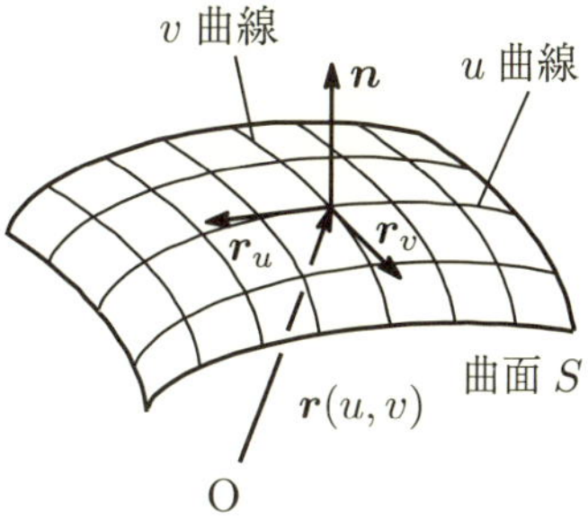

図 4.11

が定義できて，$\boldsymbol{r}_u, \boldsymbol{r}_v, \boldsymbol{n}$ は右手系をなす．また，特異点でない点 $\boldsymbol{r}(u_0, v_0)$ では，$\boldsymbol{r}_u(u_0, v_0)$，$\boldsymbol{r}_v(u_0, v_0)$ が 1 次独立になるので，その点において S と接する平面を

$$\boldsymbol{p}(u, v) = u\boldsymbol{r}_u(u_0, v_0) + v\boldsymbol{r}_v(u_0, v_0) + \boldsymbol{r}(u_0, v_0)$$

で定義できる．これを，点 $\boldsymbol{r}(u_0, v_0)$ における曲面 S の**接平面**という．接平面内の任意の 2 点を結ぶベクトルは，$\boldsymbol{r}_u$ と $\boldsymbol{r}_v$ の 1 次結合で表されるので，単位

法線ベクトル $\boldsymbol{n}(u_0, v_0)$ は点 $\boldsymbol{r}(u_0, v_0)$ における接平面と直交する．

曲線に向きがあったように，曲面にも向きが定まる．特異点をもたない滑らかな曲面 S の単位法線ベクトル $\boldsymbol{n}(u, v)$ がすべての (u, v) で連続なとき，S は**向きづけ可能**であるという．本書では，向きづけ可能な曲面だけを扱い，単位法線ベクトル $\boldsymbol{n}(u, v)$ が向かう方向にある面を S の**表**と定める．S と逆向きの単位法線ベクトルをもつ曲面は $-S$ と表す．向きづけ可能な曲面 S がベクトル関数 $\boldsymbol{r}(u, v)$ でパラメータ表示されるとき，曲面 $-S$ は，変数の順序を変えて

$$\tilde{\boldsymbol{r}}(\tilde{u}, \tilde{v}) = \boldsymbol{r}(\tilde{v}, \tilde{u})$$

と表される．ただし，$\boldsymbol{r}(u, v)$ が領域 D 上で定義されるときは，$(\tilde{v}, \tilde{u})$ も D 上を動くとする．実際，$u = \tilde{v}$，$v = \tilde{u}$ とおくと，合成関数の微分法より $\tilde{\boldsymbol{r}}_{\tilde{u}} = \boldsymbol{r}_u u_{\tilde{u}} + \boldsymbol{r}_v v_{\tilde{u}} = \boldsymbol{r}_v$，$\tilde{\boldsymbol{r}}_{\tilde{v}} = \boldsymbol{r}_u u_{\tilde{v}} + \boldsymbol{r}_v v_{\tilde{v}} = \boldsymbol{r}_u$ となるから，点 $\tilde{\boldsymbol{r}}(\tilde{u}, \tilde{v}) = \boldsymbol{r}(u, v)$ における $-S$ の単位法線ベクトルは

$$\tilde{\boldsymbol{r}}_{\tilde{u}} \times \tilde{\boldsymbol{r}}_{\tilde{v}} = \boldsymbol{r}_v \times \boldsymbol{r}_u = -\boldsymbol{r}_u \times \boldsymbol{r}_v$$

と同じ向きをもち，S の単位法線ベクトルとは逆向きになる．

例 4.2.7 (球面) 原点を中心とする単位球面は

$$\boldsymbol{r}(u, v) = (\sin u \cos v, \sin u \sin v, \cos u) \qquad (4.20)$$

と表される．ただし，$0 \leqq u \leqq \pi$，$0 \leqq v \leqq 2\pi$ とする．球面の単位法線ベクトルを求めてみよう．

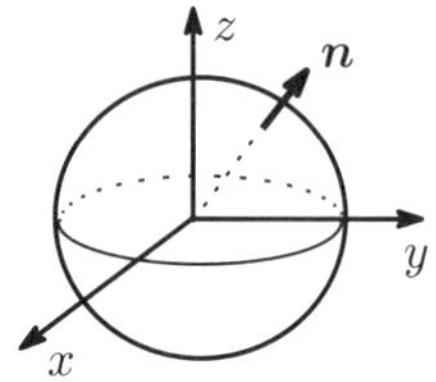

図 4.12

$$\boldsymbol{r}_u = (\cos u \cos v, \cos u \sin v, -\sin u)$$
$$\boldsymbol{r}_v = (-\sin u \sin v, \sin u \cos v, 0)$$

なので

$$\boldsymbol{r}_u \times \boldsymbol{r}_v = (\sin^2 u \cos v, \sin^2 u \sin v, \cos u \sin u) \qquad \therefore \quad |\boldsymbol{r}_u \times \boldsymbol{r}_v| = \sin u$$

$u = 0, \pi$ のとき，$\boldsymbol{r}_u \times \boldsymbol{r}_v = \boldsymbol{0}$ となるので，北極 $\boldsymbol{r}(0, v) = (0, 0, 1)$ と南極 $\boldsymbol{r}(\pi, v) = (0, 0, -1)$ が特異点である．これ以外の点では

$$\boldsymbol{n}(u, v) = (\sin u \cos v, \sin u \sin v, \cos u) = \boldsymbol{r}(u, v)$$

となる (図 4.12)．したがって，単位球面を (4.20) で表すと，球面の外側が表となる．

注意 単位球面の表示 (4.20) では北極と南極は特異点であるが，球面を

$$\boldsymbol{r}(u, v) = (\sin u \sin v, \cos u, \sin u \cos v)$$

と表示すれば，北極と南極が特異点でないようにできる (問題 2)．

次に，曲面 S の面積である**曲面積**を定義する．記号が多くならないように曲面積を表す記号として，曲面を表すのと同じ記号 S を用いる．滑らかな曲面 S が領域 D を動く媒介変数 (u, v) を用いて $\boldsymbol{r}(u, v)$ と表されるとき，S の曲面積を

$$S = \iint_D |\boldsymbol{r}_u \times \boldsymbol{r}_v| du dv \tag{4.21}$$

と定義する．

注意 曲面積 S の幾何学的意味を考えるために，u 曲線と v 曲線を用いて曲面 S を次のように分割しよう．いま，媒介変数 (u, v) が動く領域 D を u 軸と v 軸に平行な直線によって，図 4.13 のような長方形 D_i $(i = 1, 2, \cdots, n)$ に分割し，その頂点を (u_i, v_i), $(u_i + h_i, v_i)$, $(u_i, v_i + k_i)$, $(u_i + h_i, v_i + k_i)$ とする．このとき，分割 D_i に対応して，曲面 S は u 曲線 $\boldsymbol{r}(u, v_i)$, $\boldsymbol{r}(u, v_i + k_i)$ と v 曲線 $\boldsymbol{r}(u_i, v)$, $\boldsymbol{r}(u_i + h_i, v)$ で囲まれた微小部分 S_i によって分割される．分割を細かくしていくことは，微小部分 S_i の個数 n を大きくして，h_i, k_i を小さくしていくことに対応する．この微小部分の面積 S_i は，h_i, k_i が十分小さければ，図 4.13 の平行四辺形 PQRS の面積で近似できるので

$$S_i \doteqdot |\overrightarrow{\mathrm{PQ}} \times \overrightarrow{\mathrm{PS}}| \doteqdot |\boldsymbol{r}_u(u_i, v_i) \times \boldsymbol{r}_v(u_i, v_i)| h_i k_i$$

となる．ここで

$$\overrightarrow{\mathrm{PQ}} = \boldsymbol{r}(u_i + h_i, v_i) - \boldsymbol{r}(u_i, v_i) \doteqdot h_i \boldsymbol{r}_u(u_i, v_i)$$
$$\overrightarrow{\mathrm{PS}} = \boldsymbol{r}(u_i, v_i + k_i) - \boldsymbol{r}(u_i, v_i) \doteqdot k_i \boldsymbol{r}_v(u_i, v_i)$$

という近似を用いた．分割を細かくしていけば微小部分の面積 S_i の総和

$$\sum_{i=1}^{n} S_i \doteqdot \sum_{i=1}^{n} |\boldsymbol{r}_u(u_i, v_i) \times \boldsymbol{r}_v(u_i, v_i)| h_i k_i$$

は，曲面 S の面積をよく近似していると考えられる．曲面 S が滑らかなとき，右辺は (4.21) に収束することが知られている．

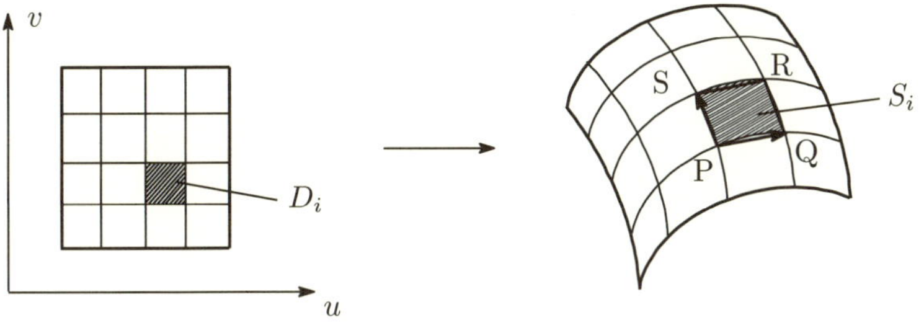

図 **4.13**

例 4.2.8 半径 a の球面の曲面積 S を，例 4.2.7 の結果を用いて計算すると

$$S = \int_0^{\pi}\int_0^{2\pi} |\boldsymbol{r}_u \times \boldsymbol{r}_v| dudv = a^2 \int_0^{\pi} \sin u du \cdot \int_0^{2\pi} dv = 4\pi a^2$$

となる.

例題 4.2.3 領域 D 上で定義された 2 変数関数 $z = f(x,y)$ で定まる曲面 $\boldsymbol{r}(x,y) = (x, y, f(x,y))$ の曲面積は

$$S = \iint_D \sqrt{1 + f_x^2 + f_y^2}\, dxdy$$

となることを示せ.

解 $\boldsymbol{r}_x = (1, 0, f_x)$，$\boldsymbol{r}_y = (0, 1, f_y)$ より

$$\boldsymbol{r}_x \times \boldsymbol{r}_y = (-f_x, -f_y, 1) \qquad \therefore |\boldsymbol{r}_x \times \boldsymbol{r}_y| = \sqrt{1 + f_x^2 + f_y^2}$$

なので結論を得る. □

問題 4.2.3

1. 次の曲面の単位法線ベクトルを求めよ.

(1) 双曲放物面 $\boldsymbol{r}(u,v) = (u, v, u^2 - v^2)$

(2) 円環面 $\boldsymbol{r}(u,v) = ((2 + \cos u)\cos v, (2 + \cos u)\sin v, \sin u)$

(3) 懸垂面 $\boldsymbol{r}(u,v) = (\cosh u \cos v, \cosh u \sin v, u)$

2. 半径 a の球面を $\boldsymbol{r}(u,v) = (a \sin u \sin v, a \cos u, a \sin u \cos v)$ $(0 \leqq u \leqq \pi$, $0 \leqq v \leqq 2\pi)$ で表すとき，特異点は $(0, \pm a, 0)$ となり，南極と北極は特異点ではないことを示せ.

3. $\boldsymbol{r}(u,v)$ で定まる曲面 S 内の曲線 $\boldsymbol{x}(t) = \boldsymbol{r}(u(t), v(t))$ $(t_1 \leqq t \leqq t_2)$ に対して，以下の各問いに答えよ.

(1) $\dot{\boldsymbol{x}}(t) = \boldsymbol{r}_u(u(t), v(t))\dot{u}(t) + \boldsymbol{r}_v(u(t), v(t))\dot{v}(t)$ を示せ.

(2) $E = \boldsymbol{r}_u \cdot \boldsymbol{r}_u$，$F = \boldsymbol{r}_u \cdot \boldsymbol{r}_v$，$G = \boldsymbol{r}_v \cdot \boldsymbol{r}_v$ を曲面 S の**基本量**という.

$$|\dot{\boldsymbol{x}}|^2 = |\boldsymbol{r}_u \dot{u} + \boldsymbol{r}_v \dot{v}|^2 = E\dot{u}\dot{u} + 2F\dot{u}\dot{v} + G\dot{v}\dot{v}$$

が成り立つことを示せ.

(3) 曲線 $\boldsymbol{r}(u(t), v(t))$ の弧長は次式で与えられることを示せ.

$$s(t) = \int_{\alpha}^{t} \sqrt{E\dot{u}\dot{u} + 2F\dot{u}\dot{v} + G\dot{v}\dot{v}}\, dt$$

(4) 次が成り立つことを示せ.

$$E = x_u^2 + y_u^2 + z_u^2, \quad F = x_u x_v + y_u y_v + z_u z_v, \quad G = x_v^2 + y_v^2 + z_v^2$$

4. 曲面積 S に対する公式

$$S = \iint_D \sqrt{EG - F^2}\, dudv$$

を示せ. また, 次の曲面の曲面積を求めよ.

(1) 円錐面 $\boldsymbol{r}(u,v) = (u\cos v, u\sin v, u) \quad (0 \leqq u \leqq 1,\ 0 \leqq v \leqq 2\pi)$

(2) 円環面 $\boldsymbol{r}(u,v) = ((2+\cos u)\cos v, (2+\cos u)\sin v, \sin u)$
$(0 \leqq u \leqq 2\pi,\ 0 \leqq v \leqq 2\pi)$

4.3 スカラー場とベクトル場の微分演算

座標空間内の各点 $\mathrm{P}(x,y,z)$ に対して, 実数 $f(x,y,z)$ を対応させる関数 f を**スカラー場**という. 同様に, 各点 $\mathrm{P}(x,y,z)$ に対して, ベクトル $\boldsymbol{a}(x,y,z)$ を対応させる関数 $\boldsymbol{a}$ を**ベクトル場**という. 空間上のスカラー場は 3 変数の実数値関数であり, ベクトル場は 3 変数のベクトル関数である. 特に, ベクトル場を成分で書けば

$$\boldsymbol{a}(x,y,z) = (a_1(x,y,z), a_2(x,y,z), a_3(x,y,z))$$

となり, 3 変数の 3 つの関数の組で表される. 空間の場合と同様に, 座標平面上の各点 $\mathrm{P}(x,y)$ に対しても, スカラー場 $f(x,y)$ やベクトル場 $\boldsymbol{a}(x,y) = (a_1(x,y), a_2(x,y))$ を考えることができる.

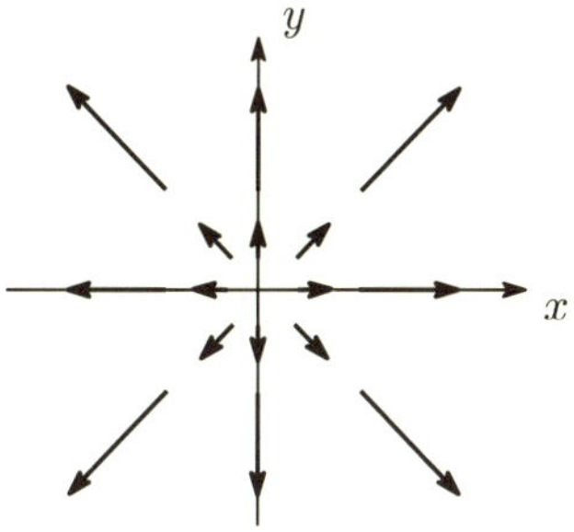

(a) $\boldsymbol{a}(x,y) = (x,y)$

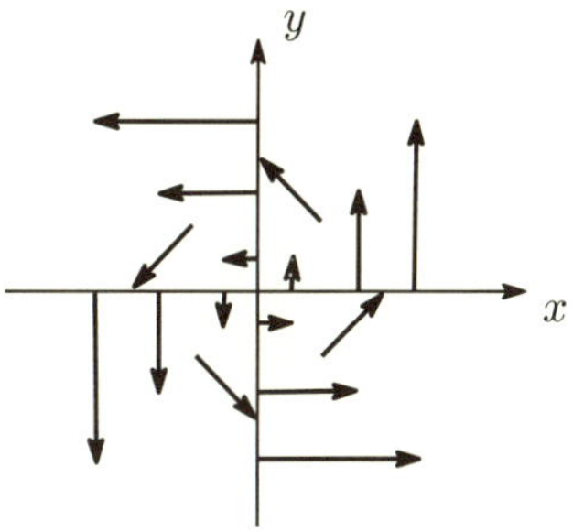

(b) $\boldsymbol{a}(x,y) = (-y,x)$

図 4.14 平面上のベクトル場

例 4.3.1 平面上のベクトル場 $\boldsymbol{a}(x,y)$ に対して，平面内の各点 $\mathrm{P}(x,y)$ に，P を始点とするベクトル $\boldsymbol{a}(x,y)$ をいくつか描くと，図 4.14 のようになる．

空間内の点 $\mathrm{P}(x,y,z)$ にベクトル (x,y,z) を対応させたものを $\boldsymbol{r}(x,y,z)$ で表せば，$\boldsymbol{r}(x,y,z)=(x,y,z)$ はベクトル場の 1 つである．このベクトル場を平面で考えたものが，図 4.14(a) のベクトル場である．また，$r(x,y,z)=\sqrt{x^2+y^2+z^2}$ はスカラー場の 1 つである．これらの関係は変数を省略すると

$$\boldsymbol{r}=(x,y,z), \quad r=|\boldsymbol{r}| \tag{4.22}$$

と表される．(4.22) の記号を用いて

$$f(\boldsymbol{r})=f(x,y,z), \quad \boldsymbol{a}(\boldsymbol{r})=\boldsymbol{a}(x,y,z)$$

などと書くこともある．以後，特に断りがない限り，空間上のスカラー場およびベクトル場を考えることにする．

例 4.3.2 (静電場) 原点にある電気量 q の点電荷のつくる電場

$$\boldsymbol{E}(\boldsymbol{r})=\frac{q\boldsymbol{r}}{4\pi\epsilon_0 r^3}=\left(\frac{qx}{4\pi\epsilon_0 r^3},\frac{qy}{4\pi\epsilon_0 r^3},\frac{qz}{4\pi\epsilon_0 r^3}\right)$$

は，ベクトル場である．ただし，r は (4.22) で定義される関数で，ϵ_0 は真空の誘電率である．また，電場 $\boldsymbol{E}(\boldsymbol{r})$ の静電ポテンシャル

$$\phi(\boldsymbol{r})=\frac{q}{4\pi\epsilon_0 r}$$

は，スカラー場である．合成関数の微分法から

$$\boldsymbol{E}(\boldsymbol{r})=\left(-\frac{\partial\phi}{\partial x},-\frac{\partial\phi}{\partial y},-\frac{\partial\phi}{\partial z}\right) \tag{4.23}$$

となる．

4.3.1 スカラー場の勾配

この節の目的は，スカラー場とベクトル場の微分法を学ぶことである．今後，(4.23) のように (またはそれ以上に) 表記が煩雑な微分にしばしば遭遇する．そのような事態を避けるために，演算子 $\boldsymbol{\nabla}$ (ナブラ) を

$$\boldsymbol{\nabla}=\left(\frac{\partial}{\partial x},\frac{\partial}{\partial y},\frac{\partial}{\partial z}\right)$$

によって導入し，スカラー場 f に対して，$\boldsymbol{\nabla}f$ を

$$\boldsymbol{\nabla}f=\left(\frac{\partial f}{\partial x},\frac{\partial f}{\partial y},\frac{\partial f}{\partial z}\right)$$

と定義する．演算子 $\boldsymbol{\nabla}$ を用いると，以後の計算の見通しがよくなる．たとえば，例 4.3.2 のベクトル場 $\boldsymbol{E}$ とスカラー場 ϕ に関する等式 (4.23) は

$$\boldsymbol{E} = -\boldsymbol{\nabla}\phi$$

と簡潔に書ける．このとき，スカラー場 ϕ をベクトル場 $\boldsymbol{E}$ の**スカラー・ポテンシャル**または単に**ポテンシャル**という．次の例題でみるように，$\boldsymbol{\nabla}$ を用いた計算は 1 変数関数の微分と類似の公式を導く．

例題 4.3.1　スカラー場 f，g と定数 α，β に対して，以下の公式が成り立つことを示せ．

(1)　$\boldsymbol{\nabla}(\alpha f + \beta g) = \alpha\boldsymbol{\nabla}f + \beta\boldsymbol{\nabla}g$　　(2)　$\boldsymbol{\nabla}(fg) = (\boldsymbol{\nabla}f)g + f(\boldsymbol{\nabla}g)$

(3)　$\boldsymbol{\nabla}\left(\dfrac{f}{g}\right) = \dfrac{(\boldsymbol{\nabla}f)g - f(\boldsymbol{\nabla}g)}{g^2}$

解　(1)　次のように示される．

$$\begin{aligned}\boldsymbol{\nabla}(\alpha f + \beta g) &= \left(\frac{\partial}{\partial x}(\alpha f + \beta g), \frac{\partial}{\partial y}(\alpha f + \beta g), \frac{\partial}{\partial z}(\alpha f + \beta g)\right)\\ &= \left(\alpha\frac{\partial f}{\partial x} + \beta\frac{\partial g}{\partial x}, \alpha\frac{\partial f}{\partial y} + \beta\frac{\partial g}{\partial y}, \alpha\frac{\partial f}{\partial z} + \beta\frac{\partial g}{\partial z}\right) = \alpha\boldsymbol{\nabla}f + \beta\boldsymbol{\nabla}g\end{aligned}$$

(2), (3)　積と商の微分公式を用いて，同様に示せばよい．　□

問 1　関数 $f(t)$ とスカラー場 $g(\boldsymbol{r})$ に対して，次が成り立つことを示せ．

$$\boldsymbol{\nabla}f(g(\boldsymbol{r})) = f'(g(\boldsymbol{r}))\boldsymbol{\nabla}g(\boldsymbol{r}) \tag{4.24}$$

スカラー場 f の **勾配** grad f を

$$\mathrm{grad}\ f = \boldsymbol{\nabla}f$$

と定義する．勾配 grad f は，ベクトル場である．スカラー場 f とベクトル $\boldsymbol{e}$ に対して，$g(t) = f(\boldsymbol{r} + t\boldsymbol{e})$ で定義される関数 $g(t)$ の $t = 0$ における微分係数

$$g'(0) = \left.\frac{d}{dt}f(\boldsymbol{r} + t\boldsymbol{e})\right|_{t=0}$$

を $\boldsymbol{e}$ **方向の微分係数**といい，$\dfrac{\partial f}{\partial e}(\boldsymbol{r})$ と書く．スカラー場 $f(\boldsymbol{r}) = f(x, y, z)$ とベクトル関数 $\boldsymbol{r}(t) = (x(t), y(t), z(t))$ に対する合成関数の微分法より

$$\frac{d}{dt}f(\boldsymbol{r}(t)) = \dot{\boldsymbol{r}}(t)\cdot\boldsymbol{\nabla}f(\boldsymbol{r}(t)) \tag{4.25}$$

となる．いま，(4.25) を $\boldsymbol{r}(t) = \boldsymbol{r} + t\boldsymbol{e}$ として応用すると，スカラー場 f の $\boldsymbol{e}$ 方向の微分係数は

$$\frac{\partial f}{\partial e}(\boldsymbol{r}) = \boldsymbol{e} \cdot \boldsymbol{\nabla} f(\boldsymbol{r}) \tag{4.26}$$

となる．

例題 4.3.2 スカラー場 f に対して，各点 $\boldsymbol{r}$ における方向微分係数 $\dfrac{\partial f}{\partial e}(\boldsymbol{r})$ が最大となる単位ベクトル $\boldsymbol{e}$ とその最大値を求めよ．

解 勾配 $\boldsymbol{\nabla} f(\boldsymbol{r})$ と単位ベクトル $\boldsymbol{e}$ のなす角を θ とすると，(4.26) から，方向微分係数は

$$\frac{\partial f}{\partial e}(\boldsymbol{r}) = |\boldsymbol{\nabla} f(\boldsymbol{r})| \cos\theta$$

となる．よって，$\theta = 0$ のとき最大値 $|\boldsymbol{\nabla} f(\boldsymbol{r})|$ をとる．このとき，単位ベクトル $\boldsymbol{e}$ は，勾配 $\boldsymbol{\nabla} f(\boldsymbol{r})$ と同じ向きをもつ単位ベクトルとなる． □

スカラー場 f に対して，$f(x, y, z) = k$ (k は定数) を満たす点 $\mathrm{P}(x, y, z)$ の全体は 1 つの曲面をなす (図 4.15)．この曲面を f の**等位面**という．いま，等位面のパラメータ表示を $\boldsymbol{r}(u, v)$ とする．このとき，$f(\boldsymbol{r}(u, v)) = k$ となるので

$$\frac{\partial}{\partial u} f(\boldsymbol{r}(u, v)) = \frac{\partial}{\partial v} f(\boldsymbol{r}(u, v)) = 0$$

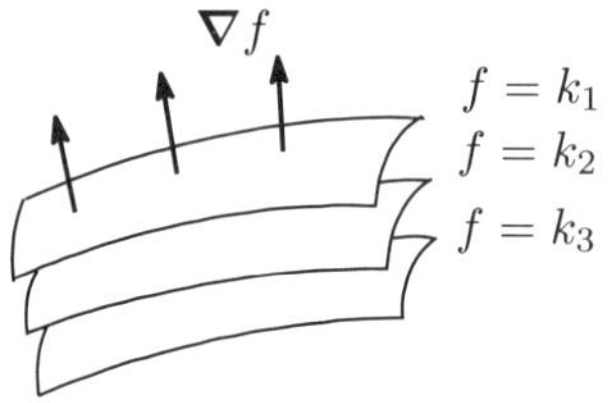

図 4.15 等位面と勾配

を得る．一方，(4.25) と同様の計算によって

$$\frac{\partial}{\partial u} f(\boldsymbol{r}(u, v)) = \boldsymbol{r}_u(u, v) \cdot \boldsymbol{\nabla} f(\boldsymbol{r}(u, v))$$
$$\frac{\partial}{\partial v} f(\boldsymbol{r}(u, v)) = \boldsymbol{r}_v(u, v) \cdot \boldsymbol{\nabla} f(\boldsymbol{r}(u, v))$$

となる．ゆえに，$\boldsymbol{\nabla} f(\boldsymbol{r}(u, v))$ は $\boldsymbol{r}_u$ および $\boldsymbol{r}_v$ と直交し，等位面の単位法線ベクトル $\boldsymbol{n}(u, v) = \dfrac{\boldsymbol{r}_u \times \boldsymbol{r}_v}{|\boldsymbol{r}_u \times \boldsymbol{r}_v|}$ と平行になる．そこで，$\boldsymbol{\nabla} f = \boldsymbol{0}$ とならないようなスカラー場 f に対して，$\boldsymbol{\nabla} f$ と $\boldsymbol{n}$ が同じ向きになるように等位面のパラメータ表示をとると

$$\boldsymbol{n}(u, v) = \frac{\boldsymbol{\nabla} f(\boldsymbol{r}(u, v))}{|\boldsymbol{\nabla} f(\boldsymbol{r}(u, v))|} \tag{4.27}$$

が成り立ち，次の性質が導かれる．

勾配の性質 単位ベクトル $\boldsymbol{e}$ と $\boldsymbol{n}$ のなす角 θ に対して，次が成り立つ．

(1) $\dfrac{\partial f}{\partial n} = |\boldsymbol{\nabla} f|$ (2) $\boldsymbol{\nabla} f = \dfrac{\partial f}{\partial n}\boldsymbol{n}$ (3) $\dfrac{\partial f}{\partial e} = \dfrac{\partial f}{\partial n}\cos\theta$

証明 (4.26)，(4.27) より $\dfrac{\partial f}{\partial n}(\boldsymbol{r}(u,v)) = |\boldsymbol{\nabla} f(\boldsymbol{r}(u,v))|$ なので，(1) が示される．また，$\boldsymbol{\nabla} f(\boldsymbol{r}(u,v)) = |\boldsymbol{\nabla} f(\boldsymbol{r}(u,v))|\boldsymbol{n}(u,v)$ なので，(1) より (2) が得られる．(4.26) に (2) を代入すると，(3) が導かれる． □

例 4.3.3 関数 $z = x^2 + y^2$ で定まる曲面 S は，スカラー場 $f(x,y,z) = x^2 + y^2 - z$ の等位面 $f(x,y,z) = 0$ に等しい．いま，$u = y$，$v = x$ として，曲面 S を $\boldsymbol{r}(u,v) = (v, u, v^2 + u^2)$ と表示すると，$\boldsymbol{r}_u = (0, 1, 2u)$，$\boldsymbol{r}_v = (1, 0, 2v)$，$\boldsymbol{r}_u(u,v) \times \boldsymbol{r}_v(u,v) = (2v, 2u, -1)$ なので，単位法線ベクトル

$$\boldsymbol{n}(u,v) = \frac{1}{\sqrt{1 + 4v^2 + 4u^2}}(2v, 2u, -1)$$

と，点 $\boldsymbol{r}(u,v)$ における f の勾配 $\boldsymbol{\nabla} f(\boldsymbol{r}(u,v)) = (2v, 2u, -1)$ は同じ向きとなる．

ベクトル場の流線 ベクトル場 $\boldsymbol{a}$ を直観的にとらえるには，例 4.3.1 のように各点 $\boldsymbol{r}$ を始点とするベクトル $\boldsymbol{a}(\boldsymbol{r})$ を描く方法の他に，以下で述べる流線を考えることも有効である．曲線 $\boldsymbol{r}(t)$ 上の各点における接線ベクトル $\dot{\boldsymbol{r}}(t)$ がその点でのベクトル場の値 $\boldsymbol{a}(\boldsymbol{r}(t))$ に等しくなるような曲線を，ベクトル場 $\boldsymbol{a}$ の**流線**という．すなわち，$\boldsymbol{r}(t)$ が $\boldsymbol{a}$ の流線であるとき

$$\dot{\boldsymbol{r}}(t) = \boldsymbol{a}(\boldsymbol{r}(t))$$

が成り立つ．$\boldsymbol{a} = -\boldsymbol{\nabla} f$ のときは，$\dot{\boldsymbol{r}}(t) = -(\boldsymbol{\nabla} f)(\boldsymbol{r}(t))$ となるので，流線の接線ベクトル $\dot{\boldsymbol{r}}(t)$ はポテンシャル f の等位面の単位法線ベクトルと平行である．

例 4.3.4 (流体力学への応用) 流体の運動を考えよう．簡単のため，定常流を考え，各点 $\boldsymbol{r}$ での流体の速度を $\boldsymbol{v}(\boldsymbol{r})$ とする．$\boldsymbol{v}$ は**流速の場**とよばれるベクトル場である．このとき，$\boldsymbol{v}$ の流線は流体の流れを表している．

(1) 流速の場 $\boldsymbol{v}(x,y,z) = (x, y, 0)$ の流線は $\dot{\boldsymbol{r}}(t) = \boldsymbol{v}(\boldsymbol{r}(t))$ を満たすので

$$\boldsymbol{r}(t) = (c_1 e^t, c_2 e^t, c_3) \qquad (c_1,\ c_2,\ c_3 \text{ は定数})$$

となる (問題 3)．よって，流線は，点 $(0, 0, c_3)$ から放射状に伸びる xy 平面と平行な面 $z = c_3$ 内の直線となる (図 4.14(a) と比較せよ)．

(2) 流速の場 $\boldsymbol{v}(x,y,z)=(-y,x,0)$ の流線は

$$\boldsymbol{r}(t)=(a\cos(t+b), a\sin(t+b), c) \qquad (a,b,c\text{ は定数})$$

となる (問題 4). よって, 流線は, z 軸上の点を中心とする xy 平面と平行な面 $z=c$ 内の半径 a の円である (図 4.14(b) と比較せよ).

例 4.3.5 (電磁気への応用) 電場や磁場の流線は, それぞれ**電気力線**, **磁力線**とよばれる. 例 4.3.2 の静電場 $\boldsymbol{E}(\boldsymbol{r})=\dfrac{Q\boldsymbol{r}}{r^3}$ は, ポテンシャル $\phi(\boldsymbol{r})=\dfrac{Q}{r}$ をもつ. ただし, $Q=\dfrac{q}{4\pi\epsilon_0}$ とする. ϕ の等位面は原点を中心とする球となり, 電気力線の接線ベクトル $\dot{\boldsymbol{r}}(t)$ は ϕ の等位面の単位法線ベクトルと平行であることを利用すると, 電気力線は

$$\boldsymbol{r}(t)=(3Qt+c)^{\frac{1}{3}}\boldsymbol{e}$$

であることが示せる (問題 5). ここで, $\boldsymbol{e}$ は任意の単位ベクトルである. 電荷 q が正のときは $Q>0$ なので, 流線は原点から放射状に伸びる直線となる (図 4.16). 電荷 q が負のときは原点に向かう放射状の直線となる.

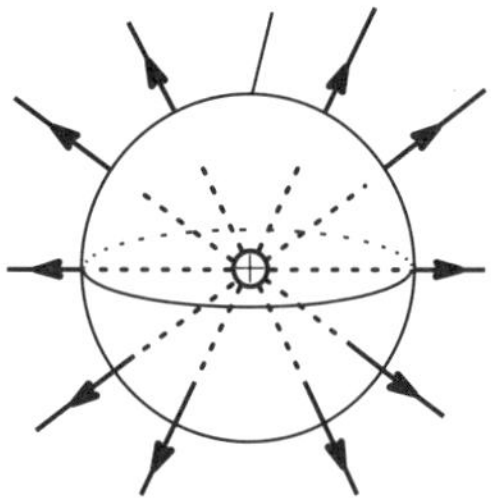

図 4.16 正電荷の場合

問題 4.3.1

1. $\nabla r=\dfrac{\boldsymbol{r}}{r}$ を示せ. また, (4.24) を利用して, 次を計算せよ. ただし, n は整数とする.

(1) ∇r^n (2) $\nabla\left(\dfrac{e^r}{r}\right)$ (3) $\nabla \log r$

2. 次のスカラー場 $f(x,y,z)$ の勾配を求めよ.

(1) $f(x,y,z)=\dfrac{e^x}{1+y^2+z^2}$ (2) $f(x,y,z)=x^2+y^2+z^2$

(3) $f(x,y,z)=x^2y+xy^2-z$ (4) $f(x,y,z)=x^2\sin y\cos z$

3. ベクトル場 $\boldsymbol{v}(x,y,z)=(x,y,0)$ の流線を求めよ.

4. ベクトル場 $\boldsymbol{v}(x,y,z)=(-y,x,0)$ の流線を求めよ.

5. ベクトル場 $\boldsymbol{E}(\boldsymbol{r})=\dfrac{Q\boldsymbol{r}}{r^3}$ のポテンシャルが $\phi(\boldsymbol{r})=\dfrac{Q}{r}$ であることを利用して $\boldsymbol{E}$ の流線を求めよ. ただし, Q は定数とする.

6. 次の平面上のベクトル場 $\boldsymbol{a} = \boldsymbol{a}(x, y)$ の流線を求めよ．

(1) $\boldsymbol{a} = (y, x)$ (2) $\boldsymbol{a} = (1 + x, y)$ (3) $\boldsymbol{a} = (x^2, y^3)$

4.3.2 ベクトル場の発散と回転

スカラー場の勾配 $\mathrm{grad} f = \boldsymbol{\nabla} f$ は，f の偏微分を

$$\frac{\partial f}{\partial x} = \nabla_1 f, \quad \frac{\partial f}{\partial y} = \nabla_2 f, \quad \frac{\partial f}{\partial z} = \nabla_3 f$$

と表せば，演算子 $\boldsymbol{\nabla} = (\nabla_1, \nabla_2, \nabla_3)$ とスカラー場 f の形式的な積 $\boldsymbol{\nabla} f = (\nabla_1 f, \nabla_2 f, \nabla_3 f)$ と考えることができる．ここでは，演算子 $\boldsymbol{\nabla}$ とベクトル場 $\boldsymbol{a} = (a_1, a_2, a_3)$ の間に，形式的な内積 $\boldsymbol{\nabla} \cdot \boldsymbol{a}$ を

$$\boldsymbol{\nabla} \cdot \boldsymbol{a} = \nabla_1 a_1 + \nabla_2 a_2 + \nabla_3 a_3 = \frac{\partial a_1}{\partial x} + \frac{\partial a_2}{\partial y} + \frac{\partial a_3}{\partial z}$$

と定め，外積 $\boldsymbol{\nabla} \times \boldsymbol{a}$ を

$$\begin{aligned}\boldsymbol{\nabla} \times \boldsymbol{a} &= (\nabla_2 a_3 - \nabla_3 a_2, \nabla_3 a_1 - \nabla_1 a_3, \nabla_1 a_2 - \nabla_2 a_1) \\ &= \left(\frac{\partial a_3}{\partial y} - \frac{\partial a_2}{\partial z}, \frac{\partial a_1}{\partial z} - \frac{\partial a_3}{\partial x}, \frac{\partial a_2}{\partial x} - \frac{\partial a_1}{\partial y} \right)\end{aligned}$$

と定める．ベクトルの内積と外積のように，$\boldsymbol{\nabla} \cdot \boldsymbol{a}$ はスカラー場，$\boldsymbol{\nabla} \times \boldsymbol{a}$ はベクトル場であることに注意しよう．スカラー場の勾配 $\boldsymbol{\nabla} f$ と同様に，1 変数関数の微分と類似の公式が成り立つ．

例題 4.3.3 スカラー場 f とベクトル場 $\boldsymbol{a}$，$\boldsymbol{b}$ に対して，次の公式が成り立つことを示せ．

(1) $\boldsymbol{\nabla} \cdot (\boldsymbol{a} + \boldsymbol{b}) = \boldsymbol{\nabla} \cdot \boldsymbol{a} + \boldsymbol{\nabla} \cdot \boldsymbol{b}, \quad \boldsymbol{\nabla} \times (\boldsymbol{a} + \boldsymbol{b}) = \boldsymbol{\nabla} \times \boldsymbol{a} + \boldsymbol{\nabla} \times \boldsymbol{b}$

(2) $\boldsymbol{\nabla} \cdot (f\boldsymbol{a}) = (\boldsymbol{\nabla} f) \cdot \boldsymbol{a} + f(\boldsymbol{\nabla} \cdot \boldsymbol{a}), \quad \boldsymbol{\nabla} \times (f\boldsymbol{a}) = (\boldsymbol{\nabla} f) \times \boldsymbol{a} + f(\boldsymbol{\nabla} \times \boldsymbol{a})$

解 (1) および (2) の前半は容易である．(2) の後半だけ示す．そのために，次のレビ・チビタの記号 ϵ_{ijk} を導入しよう．

$$\epsilon_{ijk} = \begin{cases} 1 & (i, j, k) = (1, 2, 3),\ (2, 3, 1),\ (3, 1, 2) \\ -1 & (i, j, k) = (3, 2, 1),\ (2, 1, 3),\ (1, 3, 2) \\ 0 & \text{それ以外} \end{cases}$$

この記号を用いると，$\boldsymbol{a} \times \boldsymbol{b}$ の第 i 成分 $(\boldsymbol{a} \times \boldsymbol{b})_i$ は

$$(\boldsymbol{a} \times \boldsymbol{b})_i = \sum_{j,k=1}^{3} \epsilon_{ijk} a_j b_k \tag{4.28}$$

となる．たとえば$i=1$のときは，(4.28) の和の中で，$(j,k)=(2,3),(3,2)$ のとき以外は0で，$\epsilon_{123}=1$，$\epsilon_{132}=-1$ だから

$$(\boldsymbol{a}\times\boldsymbol{b})_1=\epsilon_{123}(a_2b_3-a_3b_2)$$

となる．さて，$\boldsymbol{\nabla}\times(f\boldsymbol{a})$ の第i成分をレビ・チビタの記号を用いて計算してみよう．いま，$\epsilon_{ijk}=1$ となるj，kをとると

$$\begin{aligned}\Big(\boldsymbol{\nabla}\times(f\boldsymbol{a})\Big)_i &= \epsilon_{ijk}\{\nabla_j(fa_k)-\nabla_k(fa_j)\}\\ &= \epsilon_{ijk}\{(\nabla_j f)a_k+f(\nabla_j a_k)-(\nabla_k f)a_j-f(\nabla_k a_j)\}\\ &= \epsilon_{ijk}\{(\nabla_j f)a_k-(\nabla_k f)a_j\}+\epsilon_{ijk}\{f(\nabla_j a_k)-f(\nabla_k a_j)\}\\ &= \Big((\boldsymbol{\nabla}f)\times\boldsymbol{a}\Big)_i+f\Big(\boldsymbol{\nabla}\times\boldsymbol{a}\Big)_i\end{aligned}$$

となって結論を得る． □

問 2 次の公式が成り立つことを示せ．

(1) $\boldsymbol{\nabla}\cdot(\boldsymbol{a}\times\boldsymbol{b})=(\boldsymbol{\nabla}\times\boldsymbol{a})\cdot\boldsymbol{b}-\boldsymbol{a}\cdot(\boldsymbol{\nabla}\times\boldsymbol{b})$

(2) $\boldsymbol{\nabla}\times(\boldsymbol{a}\times\boldsymbol{b})=(\boldsymbol{b}\cdot\boldsymbol{\nabla})\boldsymbol{a}-(\boldsymbol{a}\cdot\boldsymbol{\nabla})\boldsymbol{b}+\boldsymbol{a}(\boldsymbol{\nabla}\cdot\boldsymbol{b})-\boldsymbol{b}(\boldsymbol{\nabla}\cdot\boldsymbol{a})$

ベクトル場$\boldsymbol{a}$の**発散** div $\boldsymbol{a}$ および**回転** rot $\boldsymbol{a}$ を

$$\mathrm{div}\ \boldsymbol{a}=\boldsymbol{\nabla}\cdot\boldsymbol{a},\qquad \mathrm{rot}\ \boldsymbol{a}=\boldsymbol{\nabla}\times\boldsymbol{a}$$

と定義する．発散 div $\boldsymbol{a}$ はスカラー場であり，回転 rot $\boldsymbol{a}$ はベクトル場である．

例 4.3.6 (発散の物理的な意味) 例 4.3.4 の流速の場

$$\boldsymbol{v}(\boldsymbol{r})=(v_1(\boldsymbol{r}),v_2(\boldsymbol{r}),v_3(\boldsymbol{r}))$$

に対する発散 div $\boldsymbol{v}=\boldsymbol{\nabla}\cdot\boldsymbol{v}$ と流体の湧き出しの関係を調べよう．

流体内の点Pの位置ベクトルを$\overrightarrow{\mathrm{OP}}=\boldsymbol{r}$とする．図 4.17 のように点Pを中心とする微小な直方体を考え，各辺の長さh_1，h_2，h_3は十分小さいとする．この直方体からの湧き出し量を，直方体から流出する流体と直方体に流入する流体の体積の差で定義する．流出する流体と流入する流体の体積が等しければ，湧き出しはない．

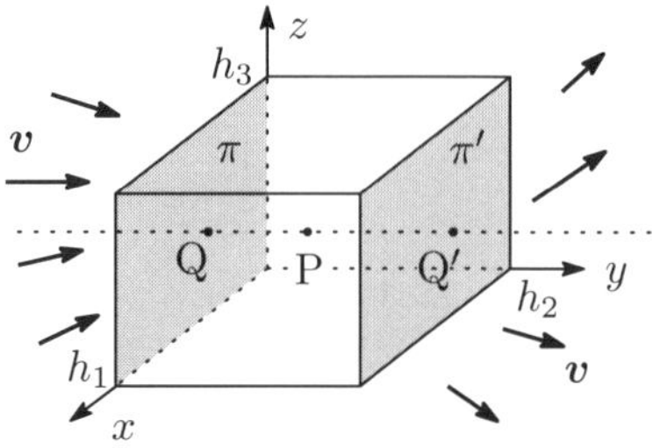

図 4.17 流体内の微小な直方体

いま，xz 平面に平行な 2 つの面 π および π' の中心をそれぞれ Q および Q′ とすると

$$\overrightarrow{\mathrm{OQ}} = \boldsymbol{r} - \boldsymbol{k}, \quad \overrightarrow{\mathrm{OQ'}} = \boldsymbol{r} + \boldsymbol{k}$$

となる．ここで，$\boldsymbol{k} = (0, h_2/2, 0)$ とする．h_1，h_3 は十分小さいため，π を通って直方体内に流れ込む流体の単位時間当たりの体積は $v_2(\boldsymbol{r} - \boldsymbol{k})h_1h_3$ にほぼ等しく，面 π' を通って直方体の外に流れ出す流体の単位時間当たりの体積は $v_2(\boldsymbol{r} + \boldsymbol{k})h_1h_3$ にほぼ等しい．よって，xz 平面に平行な面からの単位時間当たりの湧き出し量は，面 π' から流出する流体と面 π から流入する流体との単位時間当たりの体積の差

$$\{v_2(\boldsymbol{r} + \boldsymbol{k}) - v_2(\boldsymbol{r} - \boldsymbol{k})\}\, h_1h_3 \fallingdotseq \frac{\partial v_2}{\partial y}(\boldsymbol{r})h_1h_2h_3$$

によって近似される．ここで，$v_2(\boldsymbol{r} \pm \boldsymbol{k}) - v_2(\boldsymbol{r}) \fallingdotseq \pm\boldsymbol{k} \cdot \boldsymbol{\nabla} v_2(\boldsymbol{r})$ という近似を利用して

$$v_2(\boldsymbol{r} + \boldsymbol{k}) - v_2(\boldsymbol{r} - \boldsymbol{k}) \fallingdotseq 2\boldsymbol{k} \cdot \boldsymbol{\nabla} v_2(\boldsymbol{r}) = \frac{\partial v_2}{\partial y}(\boldsymbol{r})h_2$$

となることを用いた．同様に，xy 平面および yz 平面に平行な面からの単位時間当たりの流出量は $\dfrac{\partial v_3}{\partial z}(\boldsymbol{r})h_1h_2h_3$，$\dfrac{\partial v_1}{\partial x}(\boldsymbol{r})h_1h_2h_3$ となるので，この直方体からの湧き出し量はこれらの総和

$$\left\{\frac{\partial v_1}{\partial x}(\boldsymbol{r}) + \frac{\partial v_2}{\partial y}(\boldsymbol{r}) + \frac{\partial v_3}{\partial z}(\boldsymbol{r})\right\} h_1h_2h_3 = \boldsymbol{\nabla} \cdot \boldsymbol{v}(\boldsymbol{r})h_1h_2h_3$$

に近似的に等しい．これを直方体の体積 $h_1h_2h_3$ で割ると，単位体積および単位時間当たりの湧き出し量は，点 P における $\boldsymbol{v}$ の発散 $\mathrm{div}\ \boldsymbol{v}(\boldsymbol{r})$ に等しいことがわかる．

例 4.3.7 (回転の物理的意味) z 軸を中心とする半径 l の円周上を回転する粒子の運動を考えよう．円の中心を $(0, 0, c)$ とすると，粒子の座標は

$$\boldsymbol{r}(t) = (l\cos\Omega(t), l\sin\Omega(t), c)$$

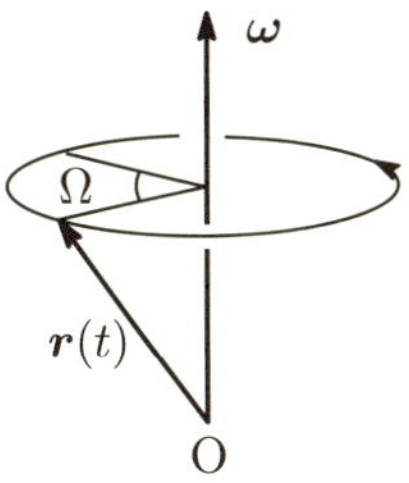

図 4.18

と表せる．ただし，$\Omega(t)$ は回転角である．回転角の変化率を $\omega = \dot{\Omega}$ で表せば，**角速度ベクトル** $\boldsymbol{\omega}$ は，その大きさが ω に等しく，回転方向に対して右ねじの進む方向のベクトルとして定義される (図 4.18)．いま粒子が反時計回りに回転しているとすると，角速度ベクトルは z 軸の正の向きをもつので，

$\boldsymbol{\omega} = (0, 0, \omega)$ となる．このとき，速度ベクトルは

$$\dot{\boldsymbol{r}}(t) = (-\omega l \sin\Omega, \omega l \cos\Omega, 0) = \boldsymbol{\omega} \times \boldsymbol{r}$$

と表される．特に，回転角の変化率 ω が一定であるときは，問 2 の公式 (2) より

$$\mathrm{rot}\ \dot{\boldsymbol{r}} = -(\boldsymbol{\omega} \cdot \boldsymbol{\nabla})\boldsymbol{r} + \boldsymbol{\omega}(\boldsymbol{\nabla} \cdot \boldsymbol{r}) = 2\boldsymbol{\omega}$$

なので，速度ベクトルの回転は角速度ベクトルの 2 倍に等しい．

場の 2 階微分　演算子 $\Delta = \boldsymbol{\nabla}^2 = \boldsymbol{\nabla} \cdot \boldsymbol{\nabla}$ を

$$\Delta = \sum_{i=1}^{3} \nabla_i \nabla_i = \frac{\partial^2}{\partial x^2} + \frac{\partial^2}{\partial y^2} + \frac{\partial^2}{\partial z^2}$$

で定義し，**ラプラシアン**とよぶ．スカラー場 f に対しては，Δf を

$$\Delta f = \frac{\partial^2 f}{\partial x^2} + \frac{\partial^2 f}{\partial y^2} + \frac{\partial^2 f}{\partial z^2}$$

で与えられるスカラー場と定義する．ベクトル場 $\boldsymbol{a}$ に対しては，$\Delta \boldsymbol{a}$ を

$$\Delta \boldsymbol{a} = (\Delta a_1, \Delta a_2, \Delta a_3)$$

で与えられるベクトル場とする．記号 $\boldsymbol{\nabla}$ に対しては，1 変数関数における 1 階微分と類似の公式が成り立つが，場の 2 階微分 ($\boldsymbol{\nabla}$ の積) に関しては，積の取り方に応じて，いくつかの公式が知られている．

スカラー場 f とベクトル場 $\boldsymbol{a}$ に対して，次の公式が成り立つ．

(1)　$\boldsymbol{\nabla} \cdot (\boldsymbol{\nabla} f) = \Delta f$　　(2)　$\boldsymbol{\nabla} \times (\boldsymbol{\nabla} f) = \boldsymbol{0}$

(3)　$\boldsymbol{\nabla} \cdot (\boldsymbol{\nabla} \times \boldsymbol{a}) = 0$　　(4)　$\boldsymbol{\nabla} \times (\boldsymbol{\nabla} \times \boldsymbol{a}) = \boldsymbol{\nabla}(\boldsymbol{\nabla} \cdot \boldsymbol{a}) - \Delta \boldsymbol{a}$

証明　(1)　定義より明らか．

(2)　$\epsilon_{ijk} = 1$ とすると，(4.28) より

$$(\boldsymbol{\nabla} \times \boldsymbol{\nabla} f)_i = \epsilon_{ijk}(\nabla_j \nabla_k f - \nabla_k \nabla_j f)$$

となる．右辺の各項が連続であれば，$\nabla_j \nabla_k f - \nabla_k \nabla_j f = 0$ となり，(2) が成り立つ．

(3)　(4.28) を用いると

$$\boldsymbol{\nabla} \cdot (\boldsymbol{\nabla} \times \boldsymbol{a}) = \sum_{i,j,k=1}^{3} \epsilon_{ijk} \nabla_i \nabla_j a_k = \sum_{k=1}^{3} \sum_{i<j} (\epsilon_{ijk} \nabla_i \nabla_j a_k + \epsilon_{jik} \nabla_j \nabla_i a_k)$$

となる．$\epsilon_{ijk}=-\epsilon_{jik}$ なので，(2) と同様に右辺は 0 になる．

(4) まず (4.28) を 2 回用いると，左辺の第 i 成分は

$$(\boldsymbol{\nabla}\times(\boldsymbol{\nabla}\times\boldsymbol{a}))_i=\sum_{j,k=1}^{3}\epsilon_{ijk}\nabla_j(\boldsymbol{\nabla}\times\boldsymbol{a})_k=\sum_{j,k=1}^{3}\sum_{l,m=1}^{3}\epsilon_{ijk}\epsilon_{klm}\nabla_j\nabla_l a_m$$

となる．ここで，$\displaystyle\sum_{k=1}^{3}\epsilon_{ijk}\epsilon_{klm}=\sum_{k=1}^{3}\epsilon_{ijk}\epsilon_{lmk}=\delta_{il}\delta_{jm}-\delta_{im}\delta_{jl}$ に注意しよう (問題 4)．ただし，δ_{jk} はクロネッカーのデルタで，$j=k$ ならば 1，そうでなければ 0 である．このとき，上式の右辺は

$$\sum_{j,l,m=1}^{3}(\delta_{il}\delta_{jm}-\delta_{im}\delta_{jl})\nabla_j\nabla_l a_m=\nabla_i(\boldsymbol{\nabla}\cdot\boldsymbol{a})-\Delta a_i$$

となり，これは $\boldsymbol{\nabla}(\boldsymbol{\nabla}\cdot\boldsymbol{a})-\Delta\boldsymbol{a}$ の第 i 成分に等しい． □

問題 4.3.2

1. 以下の式が成り立つことを示せ．

(1) $\boldsymbol{\nabla}\cdot\boldsymbol{r}=3$ (2) $\boldsymbol{\nabla}\times\boldsymbol{r}=\boldsymbol{0}$

2. $\mathrm{div}\ \boldsymbol{a}=0$，$\mathrm{rot}\ \boldsymbol{a}=\boldsymbol{0}$ を満たすベクトル場 $\boldsymbol{a}$ は，それぞれ**湧き出しなし**，**渦なし**であるという．次のベクトル場の発散および回転を計算せよ．また，湧き出しなし，渦なしのベクトル場を答えよ．

(1) $\boldsymbol{a}=(x^2,y^2,z^2)$ (2) $\boldsymbol{a}=(-y,x,0)$

(3) $\boldsymbol{a}=\left(\dfrac{-y}{x^2+y^2},\dfrac{x}{x^2+y^2},0\right)$ (4) $\boldsymbol{a}=(y^2z,xz^2,x^2y)$

3. 次を計算せよ．ただし，$\boldsymbol{\omega}$ は定ベクトルとする．

(1) $\mathrm{grad}\left(\dfrac{1}{r}\right)$ (2) $\mathrm{div}\left(\dfrac{\boldsymbol{r}}{r^3}\right)$ (3) $\mathrm{rot}\,(\boldsymbol{\omega}\times\boldsymbol{r})$

4. 等式 $\displaystyle\sum_{k=1}^{3}\epsilon_{ijk}\epsilon_{lmk}=\delta_{il}\delta_{jm}-\delta_{im}\delta_{jl}$ を示せ．

5. ベクトル場 $\boldsymbol{a}$ に対して，$\boldsymbol{a}=\boldsymbol{\nabla}\times\boldsymbol{b}$ となるベクトル場 $\boldsymbol{b}$ があるとき，$\boldsymbol{b}$ を $\boldsymbol{a}$ の**ベクトル・ポテンシャル**という．このとき，次を示せ．

(1) $\mathrm{rot}\,\boldsymbol{a}\neq\boldsymbol{0}$ ならば，$\boldsymbol{a}$ はスカラー・ポテンシャルをもたない．

(2) $\mathrm{div}\,\boldsymbol{a}\neq\boldsymbol{0}$ ならば，$\boldsymbol{a}$ はベクトル・ポテンシャルをもたない．

4.4 線積分と面積分

4.4.1 線 積 分

滑らかな曲線 $C : \boldsymbol{r}(t) = (x(t), y(t), z(t))$ $(t_1 \leqq t \leqq t_2)$ と，C 上で定義された連続なベクトル場 $\boldsymbol{a}$ に対して，ベクトル場 $\boldsymbol{a}$ の曲線 C 上の**線積分**を

$$\int_C \boldsymbol{a} \cdot d\boldsymbol{r} = \int_{t_1}^{t_2} \boldsymbol{a}(\boldsymbol{r}(t)) \cdot \dot{\boldsymbol{r}}(t) dt \tag{4.29}$$

で定義する．

例題 4.4.1 次のベクトル場 $\boldsymbol{a}(\boldsymbol{r})$ と曲線 $C : \boldsymbol{r}(t) = (x(t), y(t), z(t))$ $(t_1 \leqq t \leqq t_2)$ に対して，線積分 $\displaystyle\int_C \boldsymbol{a} \cdot d\boldsymbol{r}$ を求めよ．

(1) $\boldsymbol{a}(x, y, z) = (x^3, xy, yz), \quad C : \boldsymbol{r}(t) = (t, t, t^2)$ $(0 \leqq t \leqq 1)$

(2) $\boldsymbol{a}(x, y, z) = (yz, zx, xy), \quad C : \boldsymbol{r}(t) = (2\cos t, 2\sin t, 1)$ $(0 \leqq t \leqq \pi/4)$

解 (1) $x(t) = t$, $y(t) = t$, $z(t) = t^2$ なので

$$\boldsymbol{a}(\boldsymbol{r}(t)) = (x(t)^3, x(t)y(t), y(t)z(t)) = (t^3, t^2, t^3)$$
$$\dot{\boldsymbol{r}}(t) = (\dot{x}(t), \dot{y}(t), \dot{z}(t)) = (1, 1, 2t)$$

となる．これらを (4.29) に代入して

$$\int_C \boldsymbol{a} \cdot d\boldsymbol{r} = \int_0^1 (t^3 + t^2 + 2t^4) dt = \frac{59}{60}$$

を得る．

(2) (1) と同様にして，$\boldsymbol{a}(\boldsymbol{r}(t)) = (2\sin t, 2\cos t, 4\sin t\cos t)$ かつ $\dot{\boldsymbol{r}}(t) = (-2\sin t, 2\cos t, 0)$ より

$$\int_C \boldsymbol{a} \cdot d\boldsymbol{r} = \int_0^{\pi/4} (-4\sin^2 t + 4\cos^2 t) dt = 4\int_0^{\pi/4} \cos 2t dt = 2$$

となる． □

注意 (4.29) の右辺の積分は，曲線のパラメータ表示によらない．実際，弧長 s によって，曲線 C を $\boldsymbol{r}(s)$ $(\alpha \leqq s \leqq \beta)$ とパラメータ表示すると，任意の媒介変数 t に対して，$\dot{\boldsymbol{r}}(t) = \boldsymbol{r}'(s)\dfrac{ds}{dt}$ となるので，(4.29) の右辺は，媒介変数 t の選び方によらず

$$\int_\alpha^\beta \boldsymbol{a}(\boldsymbol{r}(s)) \cdot \boldsymbol{r}'(s) ds$$

に等しい．ただし，1 変数の積分のように，曲線 C の向きを逆にすると符号が変わる．

問 3 線積分の値は曲線 C の向きを逆にすると符号が変わる，すなわち

$$\int_{-C} \boldsymbol{a} \cdot d\boldsymbol{r} = -\int_C \boldsymbol{a} \cdot d\boldsymbol{r}$$

が成り立つことを示せ．

例 4.4.1 (力と仕事) 粒子が力 $\boldsymbol{F}$ の作用によって曲線 C 上を運動するとき，$\boldsymbol{F}$ の C 上の線積分

$$W = \int_C \boldsymbol{F} \cdot d\boldsymbol{r}$$

を力 $\boldsymbol{F}$ の**仕事**という．粒子の質量を m，位置を $\boldsymbol{r}(t)$ とすると，時刻 t における運動エネルギーは

$$T(t) = \frac{m\,|\dot{\boldsymbol{r}}(t)|^2}{2}$$

で与えられる．曲線 C 上を $\boldsymbol{r}(t_1)$ から $\boldsymbol{r}(t_2)$ まで運動するときの $\boldsymbol{F}$ の仕事 W は，運動エネルギーの変化 $T(t_2) - T(t_1)$ に等しい．実際，この粒子は運動方程式

$$m\ddot{\boldsymbol{r}}(t) = \boldsymbol{F}(\boldsymbol{r}(t)) \tag{4.30}$$

に従って C 上を運動するので

$$\begin{aligned} W &= \int_{t_1}^{t_2} \boldsymbol{F}(\boldsymbol{r}(t)) \cdot \dot{\boldsymbol{r}}(t)dt = \int_{t_1}^{t_2} m\ddot{\boldsymbol{r}}(t) \cdot \dot{\boldsymbol{r}}(t)dt \\ &= \int_{t_1}^{t_2} \frac{dT}{dt}dt = T(t_2) - T(t_1) \end{aligned} \tag{4.31}$$

となる．

ポテンシャル U をもつベクトル場 $\boldsymbol{F} = -\boldsymbol{\nabla} U$ を**保存ベクトル場**という．

例題 4.4.2 m，g は定数とする．ベクトル場 $\boldsymbol{F} = (0, 0, -mg)$ とスカラー場 $U(x, y, z) = mgz$ に対して，次の問いに答えよ．

(1) $\boldsymbol{F} = -\boldsymbol{\nabla} U$ を示せ．

(2) 粒子が力 $\boldsymbol{F}$ の作用によって曲線 C : $\boldsymbol{r}(t) = (t, t, -gt^2/2)$ $(t_1 \leqq t \leqq t_2)$ 上を運動するとき，$\boldsymbol{F}$ の仕事は $W = -U(\boldsymbol{r}(t_2)) + U(\boldsymbol{r}(t_1))$ となることを示せ．

解 (1) $\dfrac{\partial U}{\partial x} = \dfrac{\partial U}{\partial y} = 0$ かつ $\dfrac{\partial U}{\partial z} = mg$ より明らか．

(2) $\dot{\boldsymbol{r}}(t) = (1, 1, -gt)$ より，$\boldsymbol{F} \cdot \dot{\boldsymbol{r}} = mg^2 t$ なので

$$W = \int_C \boldsymbol{F} \cdot d\boldsymbol{r} = \int_{t_1}^{t_2} mg^2 t\ dt = mg\left(\frac{gt_2^2}{2} - \frac{gt_1^2}{2}\right)$$

である．一方，$\boldsymbol{r}(t) = (x(t), y(t), z(t))$ とすると，$z(t) = -gt^2/2$ かつ $U(\boldsymbol{r}(t)) = mgz(t)$ となるから，$W = -U(\boldsymbol{r}(t_2)) + U(\boldsymbol{r}(t_1))$ となる． □

次の定理は，1 変数関数の定積分の公式 $F(b) - F(a) = \displaystyle\int_a^b f(x)dx$ の一般化の 1 つであり，例題 4.4.2 でみたように，保存力の仕事は曲線の端点のみに依存して，曲線の形によらないことを意味している．

定理 4.4.1 $\boldsymbol{F} = -\boldsymbol{\nabla} U$ を保存ベクトル場とする．このとき，2 点 $\boldsymbol{r}_1$，$\boldsymbol{r}_2$ を結ぶ任意の曲線 C に対して

$$\int_C \boldsymbol{F} \cdot d\boldsymbol{r} = -U(\boldsymbol{r}_2) + U(\boldsymbol{r}_1)$$

が成り立つ．

証明 $\boldsymbol{r}_1 = \boldsymbol{r}(t_1), \boldsymbol{r}_2 = \boldsymbol{r}(t_2)$ を満たす曲線 $C : \boldsymbol{r}(t)\ (t_1 \leqq t \leqq t_2)$ に対して

$$\int_C \boldsymbol{F} \cdot d\boldsymbol{r} = \int_{t_1}^{t_2} \boldsymbol{F}(\boldsymbol{r}(t)) \cdot \dot{\boldsymbol{r}}(t)dt = -\int_{t_1}^{t_2} \boldsymbol{\nabla} U(\boldsymbol{r}(t)) \cdot \dot{\boldsymbol{r}}(t)dt$$

が成り立つので，(4.25) より

$$\int_C \boldsymbol{F} \cdot d\boldsymbol{r} = -\int_{t_1}^{t_2} \frac{d}{dt} U(\boldsymbol{r}(t))dt = -U(\boldsymbol{r}_2) + U(\boldsymbol{r}_1)$$

となる． □

曲線 $C : \boldsymbol{r}(t)\ (t_1 \leqq t \leqq t_2)$ は，$\boldsymbol{r}(t_1) = \boldsymbol{r}(t_2)$ を満たすとき，すなわち，始点 $\boldsymbol{r}(t_1)$ と終点 $\boldsymbol{r}(t_2)$ が等しいとき，**閉曲線**という．

例題 4.4.3 保存ベクトル場 $\boldsymbol{F} = -\boldsymbol{\nabla} U$ と閉曲線 C に対して

$$\int_C \boldsymbol{F} \cdot d\boldsymbol{r} = 0 \tag{4.32}$$

が成り立つことを示せ．

解 定理 4.4.1 より，$\boldsymbol{F}$ の C 上の線積分は，$-U(\boldsymbol{r}_2) + U(\boldsymbol{r}_1)$ に等しい．一方，C は閉曲線なので，$\boldsymbol{r}_2 = \boldsymbol{r}_1$ であり，(4.32) を得る． □

スカラー場 f の x に関する C 上の**線積分**を

$$\int_C f dx = \int_{t_1}^{t_2} f(x(t), y(t), z(t))\dot{x}(t)dt$$

で定義する．ただし，曲線 C は，$\boldsymbol{r}(t) = (x(t), y(t), z(t))\ (t_1 \leqq t \leqq t_2)$ と表示されているとする．y, z に関する線積分も同様に定義する．この定義が曲線の

パラメータ表示によらないことは，ベクトル場の線積分と同様にして確かめることができる．いま，これら 3 つの積分の和を

$$\int_C (f\,dx + g\,dy + h\,dz) = \int_C f\,dx + \int_C g\,dy + \int_C h\,dz$$

と書くことにすれば，(4.29) の右辺は

$$\int_C \boldsymbol{a}\cdot d\boldsymbol{r} = \int_C (a_1 dx + a_2 dy + a_3 dz)$$

と成分ごとの線積分の和で表される．

問題 4.4.1

1. 次のベクトル場 $\boldsymbol{a}(\boldsymbol{r}) = \boldsymbol{a}(x,y,z)$ と 曲線 $C : \boldsymbol{r}(t) = (x(t), y(t), z(t))$ $(0 \leqq t \leqq 1)$ に対して，線積分 $\displaystyle\int_C \boldsymbol{a}\cdot d\boldsymbol{r}$ を求めよ．

(1) $\boldsymbol{a} = \left(\dfrac{-y}{x^2+y^2}, \dfrac{x}{x^2+y^2}, z\right)$ $\quad C : \boldsymbol{r}(t) = (\cos\pi t, \sin\pi t, t)$

(2) $\boldsymbol{a} = (xz^2, yz^2, z)$ $\quad C : \boldsymbol{r}(t) = (t^2, t^2, t)$

2. スカラー場 $U(\boldsymbol{r}) = \dfrac{|\boldsymbol{r}|^2}{2}$ は，ベクトル場 $\boldsymbol{F}(\boldsymbol{r}) = -\boldsymbol{r}$ のポテンシャルであることを示せ．また，2 点 $\boldsymbol{r}_1$ と $\boldsymbol{r}_2$ を結ぶ任意の曲線 C に対して

$$\int_C \boldsymbol{r}\cdot d\boldsymbol{r} = \frac{|\boldsymbol{r}_2|^2}{2} - \frac{|\boldsymbol{r}_1|^2}{2}$$

が成り立つことを示せ．

3. 曲線 $\boldsymbol{r}(t)$ $(t_1 \leqq t \leqq t_2)$ が，保存ベクトル場 $\boldsymbol{F} = -\boldsymbol{\nabla} U$ に対する運動方程式 (4.30) を満たすとき，エネルギー保存則

$$T(t_2) + U(\boldsymbol{r}(t_2)) = T(t_1) + U(\boldsymbol{r}(t_1))$$

が成り立つことを示せ．

4. 曲線 C の長さを L とするとき，$\displaystyle\int_C \frac{\dot{\boldsymbol{r}}}{|\dot{\boldsymbol{r}}|}\cdot d\boldsymbol{r} = L$ が成り立つことを示せ．

4.4.2 面 積 分

向きづけ可能な曲面 S が，領域 (または閉領域) D を動く媒介変数 (u,v) によって $\boldsymbol{r}(u,v)$ と表されているとき，S 上のベクトル場 $\boldsymbol{a}$ の**面積分**を

$$\iint_S \boldsymbol{a}\cdot d\boldsymbol{S} = \iint_D \boldsymbol{a}(\boldsymbol{r}(u,v))\cdot(\boldsymbol{r}_u\times\boldsymbol{r}_v)dudv \tag{4.33}$$

で定義する．(4.33) の右辺は，パラメータ表示の仕方によらないことに注意しよう．線積分と同様に，面積分は曲面の向きを逆にすると符号が変わる．

問 4 上の曲面 S が領域 $\tilde{D}$ を動く媒介変数 $(\tilde{u},\tilde{v})$ によって $\tilde{\boldsymbol{r}}(\tilde{u},\tilde{v})$ と表されているとき，(4.33) の右辺は

$$\iint_{\tilde{D}} \boldsymbol{a}(\tilde{\boldsymbol{r}}(\tilde{u},\tilde{v}))\cdot(\tilde{\boldsymbol{r}}_{\tilde{u}}\times\tilde{\boldsymbol{r}}_{\tilde{v}})d\tilde{u}d\tilde{v}$$

に等しいことを示せ．また，ベクトル場 $\boldsymbol{a}$ に対して

$$\iint_{-S} \boldsymbol{a}\cdot d\boldsymbol{S} = -\iint_S \boldsymbol{a}\cdot d\boldsymbol{S}$$

が成り立つことを示せ．

例題 4.4.4 単位球面を $S:\boldsymbol{r}(u,v)=(\sin u\cos v,\sin u\sin v,\cos u)$ $(0\leqq u\leqq\pi,$ $0\leqq v\leqq 2\pi)$ で表すとき，S 上の面積分 $\displaystyle\iint_S \boldsymbol{r}\cdot d\boldsymbol{S}$ を求めよ．

解 例 4.2.7 より，$\boldsymbol{r}_u\times\boldsymbol{r}_v=\sin u\ \boldsymbol{r}(u,v)$ である．S 上では，$|\boldsymbol{r}(u,v)|=1$ なので

$$\iint_S \boldsymbol{r}\cdot d\boldsymbol{S} = \iint_D \sin u|\boldsymbol{r}(u,v)|^2dudv = 2\pi\int_0^\pi \sin udu = 4\pi$$

となる．ただし，$D=\{(u,v):0\leqq u\leqq\pi,\ 0\leqq v\leqq 2\pi\}$ とする． □

例 4.4.2 (流束) 曲面 S 上のベクトル場 $\boldsymbol{a}$ の面積分 $\displaystyle\iint_S \boldsymbol{a}\cdot d\mathbf{S}$ を，S を通る $\boldsymbol{a}$ の**流束**または**フラックス**という．

電場や磁場の流束は，それぞれ**電束**，**磁束**とよばれる．ここでは，流速の場 $\boldsymbol{v}(\boldsymbol{r})$ に対する流束の物理的意味を考える．そこで，この流体中にある曲面 S を通過する流体の単位時間当たりの体積を求めてみよう．

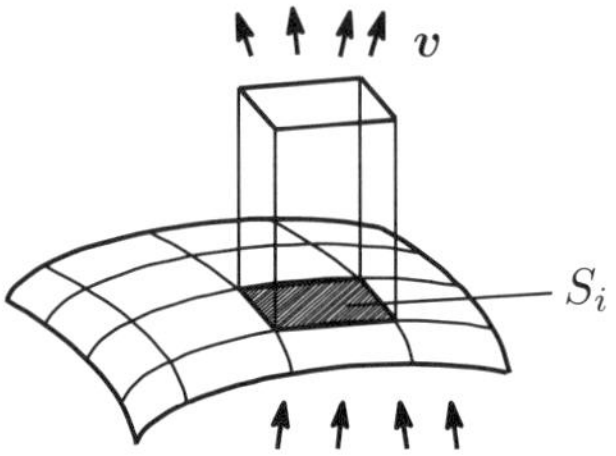

図 4.19

まず，曲面 S は領域 D を動く媒介変数 (u,v) によって $\boldsymbol{r}(u,v)$ と表されるとする．

図 4.19 のように，u 曲線および v 曲線によって曲面を微小部分 S_i $(i = 1, 2, \cdots, n)$ に分割する．このとき，4.2.3 項の注意でみたように S_i の面積は

$$S_i \fallingdotseq |\boldsymbol{r}_u(u_i, v_i) \times \boldsymbol{r}_v(u_i, v_i)|h_i k_i$$

で近似され，微小部分 S_i を通る流体の単位時間当たりの体積 V_i は，図 4.19 の直方体の体積にほぼ等しい．この直方体の高さは $\boldsymbol{v}(\boldsymbol{r}(u_i, v_i)) \cdot \boldsymbol{n}(u_i, v_i)$，底面積は $|\boldsymbol{r}_u(u_i, v_i) \times \boldsymbol{r}_v(u_i, v_i)|h_i k_i$ であるから

$$\begin{aligned} V_i &\fallingdotseq \{\boldsymbol{v}(\boldsymbol{r}(u_i, v_i)) \cdot \boldsymbol{n}(u_i, v_i)\}|\boldsymbol{r}_u(u_i, v_i) \times \boldsymbol{r}_v(u_i, v_i)|h_i k_i \\ &= \boldsymbol{v}(\boldsymbol{r}(u_i, v_i)) \cdot (\boldsymbol{r}_u(u_i, v_i) \times \boldsymbol{r}_v(u_i, v_i))h_i k_i \end{aligned}$$

となる．これらの総和

$$\sum_{i=1}^{n} V_i \fallingdotseq \sum_{i=1}^{n} \boldsymbol{v}(\boldsymbol{r}(u_i, v_i)) \cdot (\boldsymbol{r}_u(u_i, v_i) \times \boldsymbol{r}_v(u_i, v_i))h_i k_i$$

は，分割を細かくしていくと，曲面 S を通る流体の単位時間当たりの体積をよく近似することが理解できるだろう．さらに，この右辺は流束

$$\iint_S \boldsymbol{v} \cdot d\boldsymbol{S} = \iint_D \boldsymbol{v}(\boldsymbol{r}(u, v)) \cdot (\boldsymbol{r}_u \times \boldsymbol{r}_v)dudv$$

に収束する．

例題 4.4.5　xy 平面内の領域 D 上で定義された関数 $z = z(x, y)$ で定まる曲面 S に対して，S 上のベクトル場 $\boldsymbol{a}$ の面積分は

$$\iint_S \boldsymbol{a} \cdot d\boldsymbol{S} = \iint_D \frac{\boldsymbol{a} \cdot \boldsymbol{n}}{\boldsymbol{n} \cdot \boldsymbol{e}_3} dxdy \tag{4.34}$$

となることを示せ．ただし，$\boldsymbol{e}_3 = (0, 0, 1)$ は基本ベクトルである．

解　例題 4.2.3 と同様に，$\boldsymbol{r}_x \times \boldsymbol{r}_y = (-z_x, -z_y, 1)$ なので

$$\boldsymbol{n} = \frac{1}{\sqrt{z_x^2 + z_y^2 + 1}}(-z_x, -z_y, 1)$$

となる．また，$\boldsymbol{n} \cdot \boldsymbol{e}_3 = \dfrac{1}{\sqrt{z_x^2 + z_y^2 + 1}}$，$\boldsymbol{r}_x \times \boldsymbol{r}_y = \dfrac{\boldsymbol{n}}{\boldsymbol{n} \cdot \boldsymbol{e}_3}$ であるから

$$(\boldsymbol{r}_x \times \boldsymbol{r}_y)dxdy = \frac{\boldsymbol{n}}{\boldsymbol{n} \cdot \boldsymbol{e}_3}dxdy$$

となり，(4.34) を得る．　□

注意　上の例題は，面積分が 2 重積分の一般化となっていることを意味している．実際，曲面 S が xy 平面内の領域のとき，すなわち，$\boldsymbol{r}(x, y) = (x, y, 0)$ と表されていると

きは，$\boldsymbol{n}=\boldsymbol{e}_3$ となるので，(4.34) より，S 上のベクトル場 $\boldsymbol{a}$ の面積分は

$$\iint_S \boldsymbol{a}\cdot d\boldsymbol{S}=\iint_D a_3(\boldsymbol{r}(x,y))dxdy$$

となる．

問題 4.4.2

1. 次の曲面 $S:\boldsymbol{r}(u,v)=(x(u,v),y(u,v),z(u,v))$ $(0\leqq u\leqq 1,\ 0\leqq v\leqq 1)$ について，S 上のベクトル場 $\boldsymbol{a}=\boldsymbol{a}(x,y,z)$ の面積分を求めよ．

(1) $\boldsymbol{r}(u,v)=(u,v,1-2u-v)$ $\boldsymbol{a}=\left(x^2,y^2,z\right)$

(2) $\boldsymbol{r}(u,v)=(u\cos v,u\sin v,u^2)$ $\boldsymbol{a}=(x,y,z)$

2. S 上のスカラー場 f の**面積分**を

$$\iint_S fdS=\iint_D f(\boldsymbol{r}(u,v))|\boldsymbol{r}_u\times\boldsymbol{r}_v|dudv$$

で定義する．次の曲面 S をパラメータ表示し，与えられたスカラー場 $f=f(x,y,z)$ の S 上の面積分を求めよ．

(1) 平面 $2x+3y+z=1$ $(0\leqq x\leqq 1,\ 0\leqq y\leqq 1)$ $f=x^2yz$

(2) 放物面 $z=x^2+y^2$ $(0\leqq x^2+y^2\leqq 2)$ $f=1+4z$

(3) 双曲面 $x^2+y^2-z^2=1$ $(1\leqq x^2+y^2\leqq 5,\ z\geqq 0)$ $f=z$

4.5 積分定理

4.5.1 平面におけるグリーンの定理

ここでは，平面上のベクトル場に対する積分定理を述べる．平面における線積分は，空間の場合と同様にして定義される．たとえば，ベクトル場 $\boldsymbol{a}(\boldsymbol{r})=\boldsymbol{a}(x,y)$ が，関数 $P(x,y)$，$Q(x,y)$ によって $\boldsymbol{a}=(P,Q)$ と表されるときは，曲線 $C:\boldsymbol{r}(t)=(x(t),y(t))$ $(t_1\leqq t\leqq t_2)$ 上の線積分は

$$\begin{aligned}\int_C \boldsymbol{a}\cdot d\boldsymbol{r}&=\int_C(Pdx+Qdy)\\&=\int_{t_1}^{t_2}P(x(t),y(t))\dot{x}(t)dt+\int_{t_1}^{t_2}Q(x(t),y(t))\dot{y}(t)dt\end{aligned}$$

となる．

閉曲線 C は，自分自身と途中で交わらないとき**単一閉曲線**といい，それが囲む領域 D の内部を左手に見ながら進む向きを**正の向き**とよぶ．このとき，領域 D を囲む単一閉曲線 C に正の向きをつけたものを D の**境界**といい，$\partial D = C$ と書く．単一閉曲線が円であれば，正の向きは反時計回りのことである．曲線 C がいくつかの曲線 $C_1, C_2, \cdots, C_n$ に分かれているときは，$C = C_1 + C_2 + \cdots + C_n$ と表す．$C_1, \cdots, C_n$ がそれぞれ滑らかであるとき，C は**区分的に滑らか**であるという．

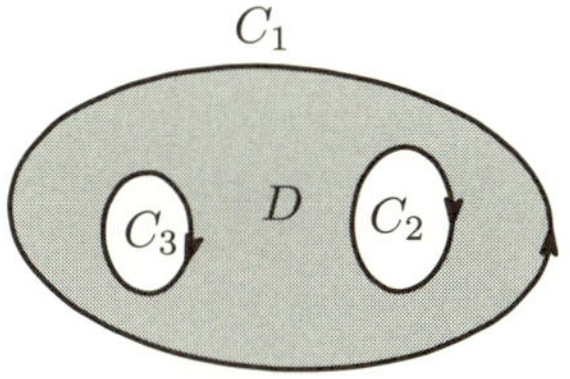

図 4.20 3 曲線を境界にもつ領域

区分的に滑らかな曲線上の線積分は

$$\int_{C_1+\cdots+C_n} \boldsymbol{a} \cdot d\boldsymbol{r} = \int_{C_1} \boldsymbol{a} \cdot d\boldsymbol{r} + \cdots + \int_{C_n} \boldsymbol{a} \cdot d\boldsymbol{r}$$

で定義される．図 4.20 のように，領域 D の境界 ∂D がいくつかの単一閉曲線 $C_1, \cdots, C_n$ からなる場合もある．そのときも，それぞれの単一閉曲線は正の向きをもつとして，$\partial D = C_1 + \cdots + C_n$ と表す．

定理 4.5.1 (平面におけるグリーン (Green) の定理) 区分的に滑らかな単一閉曲線によって囲まれた領域 D およびその境界 ∂D 上で連続な偏導関数をもつ関数 $P(x,y)$，$Q(x,y)$ に対して

$$\int_{\partial D} (Pdx + Qdy) = \iint_D \left(\frac{\partial Q}{\partial x} - \frac{\partial P}{\partial y} \right) dxdy \tag{4.35}$$

が成り立つ．

証明 まず，図 4.21 のように，D の境界 ∂D が，y 軸と平行な直線とは 2 点 P_1，P_3 だけで接し，x 軸と平行な直線とは 2 点 P_2，P_4 だけで接する場合を考える．このとき，始点を P_i とする曲線 C_i $(i = 1, 2, 3, 4)$ によって，$\partial D = (C_1 + C_2) + (C_3 + C_4)$ と書ける．点 P_1, P_3 の x 座標を a, b とすると，曲線 $C_1 + C_2$ と曲線 $-C_3 - C_4$ 上の点は，それぞれ $(x, y_1(x))$，$(x, y_2(x))$ $(a \leqq x \leqq b)$ と表される．よって，(4.35) の右辺の第 2 項は

$$-\iint_D \frac{\partial P}{\partial y} dxdy = -\int_a^b \left(\int_{y_1(x)}^{y_2(x)} \frac{\partial P}{\partial y} dy \right) dx$$
$$= \int_a^b P(x, y_1(x))dx - \int_a^b P(x, y_2(x))dx$$

$$= \int_{C_1+C_2} Pdx - \int_{-C_3-C_4} Pdx = \int_{\partial D} Pdx$$

となる．

同様にして，曲線を

$$C = (C_2 + C_3) + (C_4 + C_1)$$

と分解して考えると

$$\iint_D \frac{\partial Q}{\partial x} dxdy = \int_{\partial D} Qdy$$

が示せる．以上より，(4.35) を得る．一般の場合は，領域 D を (4.35) が成り立つようないくつかの単一閉曲線で分解すればよい (問題 4)． □

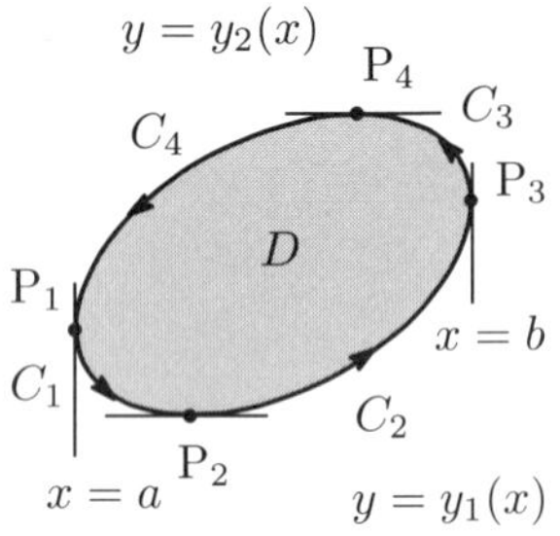

図 4.21

例 4.5.1 定理 4.5.1 の仮定のもとで，領域 D の面積 S は

$$S = \frac{1}{2} \int_{\partial D} (-ydx + xdy) \tag{4.36}$$

で与えられる．実際，$P(x,y) = -y$，$Q(x,y) = x$ とおいて，定理 4.5.1 を応用すると，(4.35) の右辺は $2\iint_D dxdy = 2S$ に等しい．

問題 4.5.1

1. 次の $\boldsymbol{r}(t)$ で表される曲線 C とベクトル場 $\boldsymbol{a}(x,y)$ に対して，線積分 $\int_C \boldsymbol{a} \cdot d\boldsymbol{r}$ を求めよ．

(1) $\boldsymbol{r}(t) = (2\cos t, 2\sin t)$ $(0 \leqq t \leqq \pi)$ $\boldsymbol{a}(x,y) = (-y, x)$

(2) $\boldsymbol{r}(t) = (t, 2t+1)$ $(0 \leqq t \leqq 1)$ $\boldsymbol{a}(x,y) = (x^2 + y^2, xy)$

2. 次の関数 P, Q に対して，グリーンの定理を用いて，線積分 $\int_C (Pdx + Qdy)$ を求めよ．ただし，$C : \boldsymbol{r}(t) = (\cos t, \sin t)$ $(0 \leqq t \leqq 2\pi)$ とする．

(1) $P(x,y) = 2x^2e^y - y^3$，$Q(x,y) = x^3 + \dfrac{2}{3}x^3e^y + \sin y$

(2) $P(x,y) = 2\sinh x \cosh x \cosh y$，$Q(x,y) = \cosh^2 x \sinh y$

3. 次の曲線によって囲まれる領域の面積を公式 (4.36) を用いて求めよ．

(1) 楕円 $\boldsymbol{r}(t) = (a\cos t, b\sin t)$ $(0 \leqq t \leqq 2\pi)$

(2) 正葉曲線 $\boldsymbol{r}(t) = (\sin 2t \cos t, \sin 2t \sin t)$ $(0 \leqq t \leqq 2\pi)$

4.　原点を中心とする半径1および2の円 C_1，C_2 によって囲まれる領域 $D=\{(x,y):1<x^2+y^2<2\}$ を4つの領域 D_1，D_2，D_3，D_4 に分ける．ここで，D_i は領域 D と第 i 象限の内部との共通部分とする．関数 P，Q が D と ∂D 上で滑らかな偏導関数をもつとき，次を示せ．ただし，C_1，C_2 は領域 D の内部を左手に見ながら進む向きをもつとする．

(1)　D_i に対して (4.35) が成り立つことを示せ．

(2)　D に対して (4.35) が成り立つことを示せ．

4.5.2　ガウスの発散定理

ここでは，空間内の領域 V からの $\boldsymbol{a}$ の湧き出しの総量 (例 4.3.6) が，V の表面を通る $\boldsymbol{a}$ の流束 (例 4.4.2) に等しいことを意味するガウスの発散定理を述べる．ある立体の内部の領域 V の表面になっている曲面 S を**閉曲面**といい，$S=\partial V$ と書く．閉曲面 S には，S によって囲まれる領域 V の外側が表となるように向きを定めることにする．すなわち，S を定めるベクトル関数 $\boldsymbol{r}(u,v)$ を，単位法線ベクトル $\boldsymbol{n}=\dfrac{\boldsymbol{r}_u\times\boldsymbol{r}_v}{|\boldsymbol{r}_u\times\boldsymbol{r}_v|}$ が V の内部から外部に向かう向き (外向き) をもつようにパラメータ表示する．また，曲面 S がいくつかの曲面 $S_1,\cdots,S_n$ に分かれているときは，$S=S_1+\cdots+S_n$ と表し，$S_1,\cdots,S_n$ が滑らかであるとき，**区分的に滑らか**であるという．線積分と同様に，区分的に滑らかな曲面上の面積分は

$$\iint_{S_1+\cdots+S_n}\boldsymbol{a}\cdot d\boldsymbol{S}=\iint_{S_1}\boldsymbol{a}\cdot d\boldsymbol{S}+\cdots+\iint_{S_n}\boldsymbol{a}\cdot d\boldsymbol{S}$$

で定義する．

例 4.5.2　単位球を V とすると，$\partial V=S$ は球面である (図 4.22).

球面 $S:x^2+y^2+z^2=1$ を下半球面 S_1 と上半球面 S_2 に分けて，これらが外向き単位法線ベクトルをもつようにパラメータ表示してみよう．

S 上では $z=\pm\sqrt{1-x^2-y^2}$ なので，S_1，S_2 はそれぞれ領域 $D:x^2+y^2\leqq 1$ で定義された関数 $z=-\sqrt{1-x^2-y^2}$，$z=\sqrt{1-x^2-y^2}$ のグラフが定める曲面である．

(1)　S_2 が外向きの単位法線ベクトルをもつためには $\boldsymbol{r}(x,y)=\left(x,y,\sqrt{1-x^2-y^2}\right)$ と表示すればよい．実際，例題 4.4.5 と同様の計算から

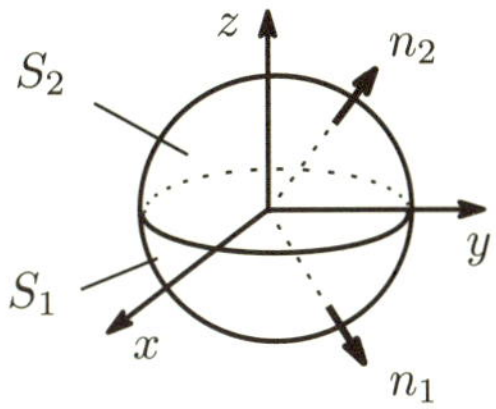

図 4.22

$$\boldsymbol{r}_x \times \boldsymbol{r}_y = \left(\frac{x}{\sqrt{1-x^2-y^2}}, \frac{y}{\sqrt{1-x^2-y^2}}, 1 \right)$$

となるので，S_2 の単位法線ベクトル $\boldsymbol{n}_2$ は外向きで，$\boldsymbol{n}_2(x,y) = \dfrac{\boldsymbol{r}_x \times \boldsymbol{r}_y}{|\boldsymbol{r}_x \times \boldsymbol{r}_y|} = \boldsymbol{r}(x,y)$ となる．

(2) S_1 については，変数の順序を変えて，$\boldsymbol{r}(x,y) = \left(y, x, -\sqrt{1-y^2-x^2}\right)$ と表示すると，(1) と同様にして

$$\boldsymbol{r}_x \times \boldsymbol{r}_y = \left(\frac{y}{\sqrt{1-y^2-x^2}}, \frac{x}{\sqrt{1-y^2-x^2}}, -1 \right)$$

となる．よって，S_1 の単位法線ベクトル $\boldsymbol{n}_1$ は外向きで，$\boldsymbol{n}_1(x,y) = \boldsymbol{r}(x,y)$ となる．ここで，変数の順序は重要である．実際，$\boldsymbol{r}(x,y) = (x, y, -\sqrt{1-x^2-y^2})$ が表す曲面の単位法線ベクトルは，S_1 のそれとは逆向きになるので，逆向きの曲面 $-S_1$ になってしまう．

上の議論を利用して，ベクトル場 $\boldsymbol{r}$ を球面 S 上で面積分すると

$$\begin{aligned}\iint_S \boldsymbol{r} \cdot d\boldsymbol{S} &= \iint_{S_1} \boldsymbol{r} \cdot d\boldsymbol{S} + \iint_{S_2} \boldsymbol{r} \cdot d\boldsymbol{S} \\ &= 2\iint_D \frac{dxdy}{\sqrt{1-x^2-y^2}} = 4\pi \int_0^1 \frac{r}{\sqrt{1-r^2}} dr = 4\pi\end{aligned}$$

となる．ここで，極座標変換を用いて 2 重積分を計算した．

閉曲面 S が 2 つの関数 $z = z_1(x,y)$，$z = z_2(x,y)$ で定まる曲面 S_1，S_2 からできているとしよう．ただし，関数 z_1，z_2 は xy 平面内の領域 D で定義され，$z_1(x,y) \leqq z_2(x,y)$ を満たすとする．このとき，S_2 を $\boldsymbol{r}(x,y) = (x, y, z_2(x,y))$ と表示すると，$\boldsymbol{r}_x \times \boldsymbol{r}_y = \left(-\dfrac{\partial z_2}{\partial x}, -\dfrac{\partial z_2}{\partial y}, 1 \right)$ は閉曲面 S の内側から外側に向かう向きをもち，例題 4.4.5 と同様にして，$\boldsymbol{e}_3 \cdot (\boldsymbol{r}_x \times \boldsymbol{r}_y) dxdy = dxdy$ となる．一方，例 4.5.2 (2) でみたように，$\boldsymbol{r}(x,y) = (x, y, z_1(x,y))$ は $-S_1$ のパラメータ表示であり，$\boldsymbol{e}_3 \cdot (\boldsymbol{r}_x \times \boldsymbol{r}_y) dxdy = dxdy$ となる．よって，S で囲まれる領域を V とすると $\partial V = S = S_1 + S_2$ なので，スカラー場 f に対して

$$\begin{aligned}\iiint_V \frac{\partial f}{\partial z} dxdydz &= \iint_D \left(\int_{z_1(x,y)}^{z_2(x,y)} \frac{\partial f}{\partial z} dz \right) dxdy \\ &= \iint_D f(x, y, z_2(x,y)) dxdy - \iint_D f(x, y, z_1(x,y)) dxdy \\ &= \iint_{S_2} (f\boldsymbol{e}_3) \cdot d\boldsymbol{S} - \iint_{-S_1} (f\boldsymbol{e}_3) \cdot d\boldsymbol{S} = \iint_{\partial V} (f\boldsymbol{e}_3) \cdot d\boldsymbol{S}\end{aligned}$$

となる．これと同様の考察をすれば，$i=1,2,3$ で

$$\iiint_V (\nabla_i f)dxdydz = \iint_{\partial V} (f\boldsymbol{e}_i)\cdot d\boldsymbol{S} \tag{4.37}$$

が成り立つ．グリーンの定理のときと同様に，一般の領域 V に対しても，(4.37) が成り立つことがわかる．(4.37) のスカラー場 f を，ベクトル場 $\boldsymbol{a}=(a_1,a_2,a_3)$ の各成分 a_i で置き換えて，それらの和をとると次を得る．

定理 4.5.2 (ガウス (Gauss) の発散定理)　区分的に滑らかな閉曲面で囲まれる領域 V とその境界 ∂V 上で連続な偏微分をもつベクトル場 $\boldsymbol{a}$ に対して

$$\iint_{\partial V} \boldsymbol{a}\cdot d\boldsymbol{S} = \iiint_V \mathrm{div}\ \boldsymbol{a}dxdydz$$

が成り立つ．

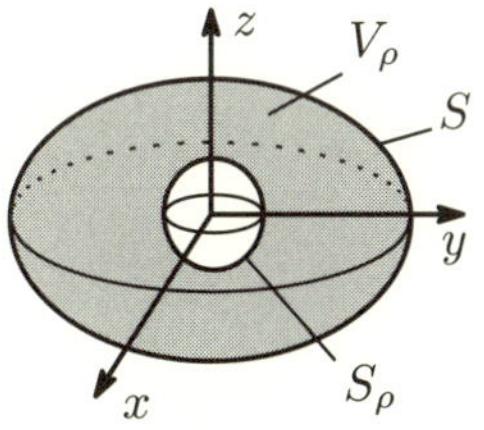

図 4.23

例 4.5.3 (ガウスの定理)　原点にある電気量 q の点電荷がつくる電場 $\boldsymbol{E}(\boldsymbol{r})=\dfrac{q\boldsymbol{r}}{4\pi\epsilon_0 r^3}$ を考える (例 4.3.2)．区分的に滑らかな閉曲面 S を通る $\boldsymbol{E}$ の電束 $\displaystyle\int_S \boldsymbol{E}\cdot d\boldsymbol{S}$ を求めよう．

まず，$\boldsymbol{E}$ は原点 O を除く領域 $(r\neq 0)$ で定義されていることに注意しよう．O が S の外部にあるときは，$\mathrm{div}\,\boldsymbol{E}=0$ なので，定理 4.5.2 より，電束は 0 となる．S が O を内部に含むときは，S の内部に $\boldsymbol{E}$ が定義されない点があるので，定理 4.5.2 は適用できない．そこで，図 4.23 のように，S の内部に含まれる半径 $\rho>0$ の球 S_ρ をとり，S および S_ρ によって囲まれる領域を V_ρ とする．このとき，$\partial V_\rho = S - S_\rho$ となる．V_ρ に対しては，定理 4.5.2 が適用できるので

$$\iint_S \boldsymbol{E}\cdot d\boldsymbol{S} + \iint_{-S_\rho} \boldsymbol{E}\cdot d\boldsymbol{S} = \iiint_{V_\rho} \mathrm{div}\,\boldsymbol{E}\ dxdydz = 0$$

となる．ここで，S_ρ は $\boldsymbol{r}(u,v)=(\rho\sin u\cos v, \rho\sin u\sin v, \rho\cos u)$ とパラメータ表示できるから，$\boldsymbol{r}_u\times\boldsymbol{r}_v = \rho\sin u\ \boldsymbol{r}(u,v)$ となり

$$\iint_S \boldsymbol{E}\cdot d\boldsymbol{S} = \frac{q}{4\pi\epsilon_0}\iint_{S_\rho}\frac{\boldsymbol{r}\cdot d\boldsymbol{S}}{r^3} = \frac{q}{4\pi\epsilon_0}\cdot(4\pi) = \frac{q}{\epsilon_0}$$

を得る．以上より，閉曲面 S を通る $\boldsymbol{E}$ の電束は，点電荷が S に含まれるときは $\dfrac{q}{\epsilon_0}$ で，含まれない場合は 0 となる．

問題 4.5.2

1. 次の閉曲面 S とベクトル場 $\boldsymbol{a}$ に対して，面積分 $\displaystyle\iint_S \boldsymbol{a}\cdot d\boldsymbol{S}$ をガウスの発散定理を用いて求めよ．

(1) S : 半径 2 の球面 $x^2+y^2+z^2=4$
$$\boldsymbol{a}=(x^3+z^2y,\ z+x^2y,\ e^x-x^2z)$$

(2) S : 円錐 $x^2+y^2\leqq z^2$，$0\leqq z\leqq 2$ の表面
$$\boldsymbol{a}=(3x+5yz,\ xz^2+y,\ e^x-z)$$

(3) S : 円柱 $x^2+y^2\leqq 9$，$0\leqq z\leqq 4$ の表面
$$\boldsymbol{a}=(y^2+3xz,\ x^2+2yz,\ z^2)$$

(4) S : 直方体 $0\leqq x\leqq 2$，$0\leqq y\leqq 1$，$0\leqq z\leqq 3$ の表面
$$\boldsymbol{a}=(x+5yz,\ xy+xz,\ x^2y-z)$$

2. 区分的に滑らかな閉曲面 S で囲まれる領域の体積 V は
$$V=\frac{1}{3}\iint_S \boldsymbol{r}\cdot d\boldsymbol{S}$$
となることを示せ．また，次の閉曲面 S で囲まれた領域の体積を求めよ．ただし，a，b，c は定数とする．ただし，(2) では $b>a$ とする．

(1) $S:\boldsymbol{r}(u,v)=(a\sin u\cos v,\ b\sin u\sin v,\ c\cos u)$
$$(0\leqq u\leqq\pi,\ \ 0\leqq v\leqq 2\pi)$$

(2) $S:\boldsymbol{r}(u,v)=((b+a\cos v)\cos u,\ (b+a\cos v)\sin u,\ a\sin v)$
$$(0\leqq u\leqq 2\pi,\ \ 0\leqq v\leqq 2\pi)$$

3. 空間全体で定義された連続な偏微分をもつベクトル場 $\boldsymbol{a}$ に対して，次の 3 つの条件が同値であることを示せ．

(1) $\boldsymbol{a}$ は湧き出しなし $(\operatorname{div}\boldsymbol{a}=0)$

(2) 区分的に滑らかな任意の閉曲面 S に対して，$\displaystyle\iint_S \boldsymbol{a}\cdot d\boldsymbol{S}=0$

(3) $\boldsymbol{a}$ はベクトル・ポテンシャルをもつ

4. 区分的に滑らかな閉曲面 S によって囲まれる領域 V と整数 n に対して
$$\iint_S r^n\boldsymbol{r}\cdot d\boldsymbol{S}=(n+3)\iiint_V r^n\,dxdydz$$
が成り立つことを示せ．ただし，n が負のときは原点は S の外部にあるとする．

4.5.3　ストークスの定理

ここでは，グリーンの定理の空間への拡張を考える．これは，(4.35) の右辺の 2 重積分を面積分で置き換えることで得られる．曲面 S の縁の閉曲線に，S の表を左手に見て進む向きが正の向きとなる向きづけを与えたものを S の**境界**といい，∂S で表す (図 4.24)．このとき，$\partial(-S) = -\partial S$ が成り立つ．

z 軸と平行な直線と 1 回だけ交わる曲面 S が，xy 平面内の閉領域 D を動くパラメータ (x, y) によって，$S : \boldsymbol{r}(x, y) = (x, y, z(x, y))$ と表示されるとしよう．このとき，S の境界が ∂S : $\boldsymbol{r}(t) = (x(t), y(t), z(t))$ $(t_1 \leqq t \leqq t_2)$ と表されれば，領域 D の境界のパラメータ表示は ∂D : $\tilde{\boldsymbol{r}}(t) = \boldsymbol{r}(x(t), y(t))$ $(t_1 \leqq t \leqq t_2)$ となるので，スカラー場 f の x に関する ∂S 上の線積分は

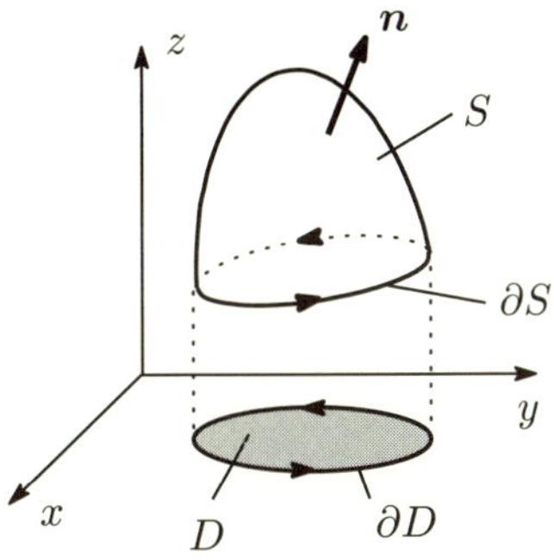

図 4.24

$$\int_{\partial S} f dx = \int_{t_1}^{t_2} f(x(t), y(t), z(t))\dot{x}(t)dt$$
$$= \int_{t_1}^{t_2} F(x(t), y(t))\dot{x}(t)dt$$
$$= \int_{\partial D} F dx$$

となる．ここで，$F(x, y) = f(x, y, z(x, y))$ は平面上のスカラー場であり，最右辺の線積分は平面における線積分を表す．グリーンの定理より

$$\int_{\partial D} F dx = -\iint_D \frac{\partial F}{\partial y} dxdy$$

であり，合成関数の微分法より，$\dfrac{\partial F}{\partial y} = \dfrac{\partial f}{\partial y} + \dfrac{\partial f}{\partial z}\dfrac{\partial z}{\partial y}$ なので

$$\int_{\partial S} f dx = -\iint_D \left(\frac{\partial f}{\partial y} + \frac{\partial f}{\partial z}\frac{\partial z}{\partial y}\right) dxdy \tag{4.38}$$

を得る．一方，S の外向きの単位法線ベクトルを $\boldsymbol{n} = (n_1, n_2, n_3)$ とおくと，例題 4.4.5 と同様の計算から，$\boldsymbol{r}_x \times \boldsymbol{r}_y = \left(-\dfrac{\partial z}{\partial x}, -\dfrac{\partial z}{\partial y}, 1\right)$ なので，(4.38) はレビ・チビタの記号とスカラー場の面積分 (問題 4.4.2 の 2) を用いて

$$\int_{\partial S} f dx_i = -\iint_S \sum_{j,k=1}^{3} \epsilon_{ijk}(\nabla_j f) n_k dS \tag{4.39}$$

と書ける．ただし，$i=1$ では $x_1=x$ である．これと同様の考察を行うと，$x_2=y$，$x_3=z$ についても (4.39) を示すことができる．これらは，曲面の分割を考えることで，より一般的な曲面 S に対しても成り立つことがわかる．(4.39) のスカラー場 f を，ベクトル場 $\boldsymbol{a}=(a_1,a_2,a_3)$ の各成分 a_i で置き換えて，それらの和をとれば次の定理を得る．

定理 4.5.3 (ストークス (Stokes) の定理)　区分的に滑らかな曲面 S とその境界 ∂S 上で連続な偏微分をもつベクトル場 $\boldsymbol{a}$ に対して

$$\int_{\partial S} \boldsymbol{a}\cdot d\boldsymbol{r} = \iint_S \mathrm{rot}\ \boldsymbol{a}\cdot d\boldsymbol{S}$$

が成り立つ．

例題 4.5.1　空間全体で連続な偏微分をもつベクトル場 $\boldsymbol{a}$ が渦なし ($\mathrm{rot}\,\boldsymbol{a}=\boldsymbol{0}$) ならば，保存ベクトル場であることを示せ．

解　任意の閉曲線 C に対して，それを境界にもつ曲面 S を考えると，定理 4.5.3 より，$\boldsymbol{a}$ が渦なしのときは

$$\int_C \boldsymbol{a}\cdot d\boldsymbol{r} = \iint_S \mathrm{rot}\,\boldsymbol{a}\cdot d\boldsymbol{S} = 0$$

となる．いま，図 4.25 のように，空間の原点 O を始点，任意の点 $\mathrm{P}(x,y,z)$ を終点とする 2 曲線 C_1, C_2 を考えると，C_1-C_2 は閉曲線なので

$$\int_{C_1} \boldsymbol{a}\cdot d\boldsymbol{r} = \int_{C_2} \boldsymbol{a}\cdot d\boldsymbol{r}$$

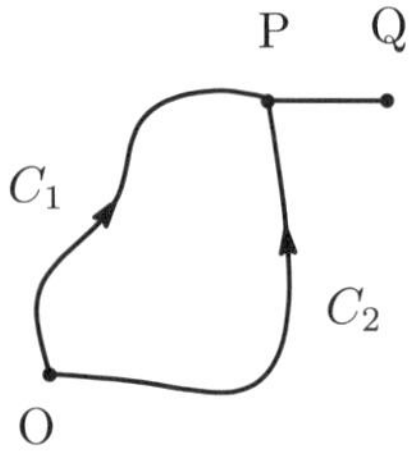

図 4.25

が成り立つ．よって，この線積分は O と P を結ぶ曲線によらず，点 P によってのみ定まるから，これを $\int_{\mathrm{OP}} \boldsymbol{a}\cdot d\boldsymbol{r}$ と書く．このとき

$$\phi(x,y,z) = -\int_{\mathrm{OP}} \boldsymbol{a}\cdot d\boldsymbol{r}$$

が $\boldsymbol{a}$ のポテンシャルとなることを示す．点 $Q(x+h,y,z)$ に対して，線分 PQ を $\boldsymbol{r}(t)=(x+t,y,z)$ $(0 \leqq t \leqq h)$ と表示すると，$\dot{\boldsymbol{r}}(t)=(1,0,0)$ なので

$$\begin{aligned}
-\phi(x+h,y,z) &= \int_{\mathrm{OQ}} \boldsymbol{a}\cdot d\boldsymbol{r} \\
&= \int_{\mathrm{OP}} \boldsymbol{a}\cdot d\boldsymbol{r} + \int_{\mathrm{PQ}} \boldsymbol{a}\cdot d\boldsymbol{r} \\
&= -\phi(x,y,z) + \int_0^h a_1(x+t,y,z)dt
\end{aligned}$$

$$\therefore \quad -\frac{\partial\phi}{\partial x} = -\lim_{h\to 0}\frac{\phi(x+h,y,z)-\phi(x,y,z)}{h}$$
$$= \lim_{h\to 0}\frac{1}{h}\int_0^h a_1(x+t,y,z)dt = a_1(x,y,z)$$

同様にして，$-\dfrac{\partial\phi}{\partial y} = a_2$，$-\dfrac{\partial\phi}{\partial z} = a_3$ なので，$-\boldsymbol{\nabla}\phi = \boldsymbol{a}$ となる．ゆえに，$\boldsymbol{a}$ はポテンシャル ϕ をもつ保存ベクトル場である． □

問題 4.5.3

1. 次の曲面 S とベクトル場 $\boldsymbol{a}$ に対して，面積分 $\displaystyle\iint_S \mathrm{rot}\,\boldsymbol{a}\cdot d\boldsymbol{S}$ をストークスの定理を用いて求めよ．ただし，S の向きは，単位法線ベクトルと z 軸の正の向きとのなす角が鋭角になるようにとる．

(1) $S: 2x^2+3y^2+4z^2=1,\ z \geqq 0$ $\quad\boldsymbol{a}=(z^2+y, z^2-x, z^2)$

(2) $S: x^2+y^2+z^2=9,\ z \geqq 2$ $\quad\boldsymbol{a}=(x^2, y^2, z^2)$

(3) $S: x^2+y^2+z^2=2,\ z \geqq 1$ $\quad\boldsymbol{a}=(5yz, xz^2, ze^z)$

(4) $S: z=\sin(x^2+y^2),\ x^2+y^2 \leqq \dfrac{\pi}{2}$ $\quad\boldsymbol{a}=(-y, x, z)$

2. 曲線 C は，3 点 A$(1,0,0)$，B$(0,1,0)$，C$(0,0,2)$ を頂点とする三角形の周であり，A，B，C の順に回る向きをもつとする．このとき，ベクトル場 $\boldsymbol{a}=(4xy, 2yz, zx)$ の線積分 $\displaystyle\int_C \boldsymbol{a}\cdot d\boldsymbol{r}$ をストークスの定理を用いて求めよ．

3. 空間全体で定義された連続な偏微分をもつベクトル場 $\boldsymbol{a}$ に対して，次の 3 つの条件が同値であることを示せ．

(1) $\boldsymbol{a}$ は渦なし ($\mathrm{rot}\,\boldsymbol{a}=\boldsymbol{0}$)

(2) 任意の閉曲線 C に対して，$\displaystyle\int_C \boldsymbol{a}\cdot d\boldsymbol{r}=0$

(3) $\boldsymbol{a}$ はスカラー・ポテンシャルをもつ

4. 区分的に滑らかな曲面 S と定ベクトル $\boldsymbol{a}$ に対して

$$\frac{1}{2}\int_{\partial S}(\boldsymbol{a}\times\boldsymbol{r})\cdot d\boldsymbol{r} = \iint_S \boldsymbol{a}\cdot d\boldsymbol{S}$$

が成り立つことを示せ．

5
複素関数

実数の世界では 1 次方程式 $ax+b=0$ $(a \neq 0)$ は常に解をもつが，2 次方程式には解けないものがある．たとえば，$x^2+1=0$ は実数の世界に解をもたない．2 つの実数から組み立てられる複素数の世界では，すべての 2 次方程式は解をもつ．代数学の基本定理によれば，一般に n 次方程式は複素数の範囲で重複度を含めて n 個の解をもつから，複素数は代数方程式が解をもつための究極の世界である．

微分積分学では実数 x に実数 y を対応させる関数 $y=f(x)$ を扱ったが，ここでは複素関数，すなわち，複素数 z に複素数 w を対応させる関数 $w=f(z)$ の微分や積分を学ぶ．複素数の世界で微分積分学はより豊かな成果を生む．

5.1 複素数と複素平面

実数 x，y に対して

$$z = x + iy \tag{5.1}$$

の形の数を**複素数** (complex number) という．i は $i^2=-1$ を満たす数で $i=\sqrt{-1}$ である．i を**虚数単位**という．x を z の**実部** (real part)，y を z の**虚部** (imaginary part) といい，それぞれ，$\mathrm{Re}\,z$，$\mathrm{Im}\,z$ で表す．このとき，(5.1) は

$$z = \mathrm{Re}\,z + i\,\mathrm{Im}\,z$$

と書ける．実部が 0 のとき，複素数 iy $(y \neq 0)$ を**純虚数**という．なお，$x+iy$

は $x+yi$ とも書く．以下，複素数全体からなる集合を $\mathbb{C}$ で表す．また，実数 (real number) 全体からなる集合を $\mathbb{R}$ で表す．

複素数の四則演算　$x+0i=x$，すなわち，$0i=0$ (実数の 0) と定める．以下，複素数 $z_1=x_1+iy_1$，$z_2=x_2+iy_2$ に対して，その相等と演算規則を次のように定める．

相等: $z_1=z_2 \Longleftrightarrow x_1=x_2$ かつ $y_1=y_2$

和: $z_1+z_2=(x_1+x_2)+i(y_1+y_2)$

差: $z_1-z_2=(x_1-x_2)+i(y_1-y_2)$

積: $z_1z_2=(x_1x_2-y_1y_2)+i(x_1y_2+x_2y_1)$

商: $\dfrac{z_2}{z_1}=\dfrac{(x_1x_2+y_1y_2)+i(x_1y_2-x_2y_1)}{x_1^2+y_1^2} \quad (z_1\neq 0)$

上の演算規則に従って実際に複素数の計算を行うには，計算式を i に関する文字式とみて整理し，$i^2=-1$ とすればよい．

例題 5.1.1　$z_1=1+2i$，$z_2=2-i$ に対して，z_1z_2，$\dfrac{z_2}{z_1}$，$z_1^2+z_2^2$ を求めよ．

解　定義に従って計算すると

$$
\begin{aligned}
&z_1z_2=(1+2i)(2-i)=(2-2i^2)+(-i+4i)=4+3i\\
&\frac{z_2}{z_1}=\frac{2-i}{1+2i}=\frac{(2-i)(1-2i)}{(1+2i)(1-2i)}=\frac{(2+2i^2)+(-4i-i)}{(1-4i^2)+(-2i+2i)}=\frac{-5i}{5}=-i\\
&z_1^2+z_2^2=(1+2i)^2+(2-i)^2=(-3+4i)+(3-4i)=0
\end{aligned}
$$

となる．　□

複素数 $z=x+iy$ は 2 つの実数の組 (x,y) から定まる．そこで，複素数 $z=x+iy$ に座標平面上の点 $\mathrm{P}(x,y)$ を 1 対 1 に対応させれば，この対応により，平面上の各点は複素数を表すとみなしてよい．このように考えた平面のことを**複素平面**または**ガウス平面**という．

複素数の極形式表示　複素平面上の原点 O には複素数 $z=0$ が対応する．複素数 $z=x+iy$ に対応する点を $\mathrm{P}(x,y)$ とする．点 P の位置ベクトル $\overrightarrow{\mathrm{OP}}=(x,y)$ の長さ $r=\sqrt{x^2+y^2}$ を z の**絶対値**といい，$|z|$ で表す．また，ベクトル $\overrightarrow{\mathrm{OP}}$ が実軸となす角 θ を z の**偏角**といい，$\arg z$ で表す．すなわち

$$|z|=\sqrt{x^2+y^2}, \quad \arg z=\theta+2k\pi \quad (k\text{ は整数})$$

である．

z の偏角 θ で $-\pi < \theta \leqq \pi$ を満たすものを**偏角の主値**といい，$\mathrm{Arg}\, z$ で表す．$x = r\cos\theta$, $y = r\sin\theta$ なので，z は

$$z = r(\cos\theta + i\sin\theta)$$

と書ける (図 5.1)．これを z の**極形式**という．

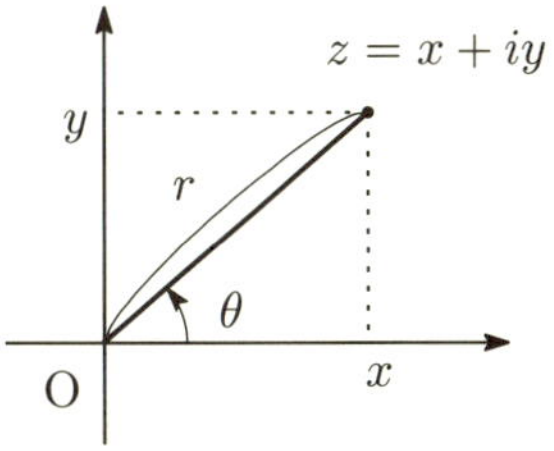

図 5.1

例 5.1.1 $z = \sqrt{3} - i$ とすると，$|z| = 2$, $\mathrm{Arg}\, z = -\dfrac{\pi}{6}$ なので，極形式は $z = 2\left\{\cos\left(-\dfrac{\pi}{6}\right) + i\sin\left(-\dfrac{\pi}{6}\right)\right\}$ となる．

命題 5.1.1 $z_1 = r_1(\cos\theta_1 + i\sin\theta_1)$, $z_2 = r_2(\cos\theta_2 + i\sin\theta_2)$ とすると

$$z_1 z_2 = r_1 r_2\{\cos(\theta_1 + \theta_2) + i\sin(\theta_1 + \theta_2)\}$$
$$\frac{z_2}{z_1} = \frac{r_2}{r_1}\{\cos(\theta_2 - \theta_1) + i\sin(\theta_2 - \theta_1)\} \quad (z_1 \neq 0)$$

が成り立つ．

証明 三角関数の加法定理より

$$\begin{aligned} z_1 z_2 &= r_1 r_2(\cos\theta_1 + i\sin\theta_1)(\cos\theta_2 + i\sin\theta_2) \\ &= r_1 r_2\{(\cos\theta_1\cos\theta_2 - \sin\theta_1\sin\theta_2) + i(\sin\theta_1\cos\theta_2 + \cos\theta_1\sin\theta_2)\} \\ &= r_1 r_2\{\cos(\theta_1 + \theta_2) + i\sin(\theta_1 + \theta_2)\} \end{aligned}$$

となる．また，$\dfrac{1}{z_1}$ の極形式は

$$\begin{aligned} \frac{1}{z_1} &= \frac{1}{r_1(\cos\theta_1 + i\sin\theta_1)} = \frac{\cos\theta_1 - i\sin\theta_1}{r_1(\cos\theta_1 + i\sin\theta_1)(\cos\theta_1 - i\sin\theta_1)} \\ &= \frac{1}{r_1}\{\cos(-\theta_1) + i\sin(-\theta_1)\} \end{aligned}$$

なので，前段の結果を用いて

$$\begin{aligned} \frac{z_2}{z_1} &= z_2\frac{1}{z_1} = r_2\frac{1}{r_1}[\cos\{\theta_2 + (-\theta_1)\} + i\sin\{\theta_2 + (-\theta_1)\}] \\ &= \frac{r_2}{r_1}\{\cos(\theta_2 - \theta_1) + i\sin(\theta_2 - \theta_1)\} \end{aligned}$$

となる． □

命題 5.1.1 を繰り返し用いて次の公式を得る．

命題 5.1.2 (ド・モアブル (de Moivre) の公式)　$z=r(\cos\theta+i\sin\theta)$ とすると，すべての自然数 n に対して

$$z^n=r^n(\cos n\theta+i\sin n\theta)$$

が成り立つ．

例題 5.1.2　n 次方程式 $z^n=1$ を解け．

解　$z=r(\cos\theta+i\sin\theta)$ とすると

$$z^n=r^n(\cos n\theta+i\sin n\theta)=1$$

であるから，$r^n=1$，$\cos n\theta=1$，$\sin n\theta=0$．これより，$r=1$ かつ $n\theta=2k\pi\ (k=0,\pm1,\pm2,\cdots)$ となる．したがって

$$z=\cos\frac{2k\pi}{n}+i\sin\frac{2k\pi}{n}\quad(k=0,\pm1,\pm2,\cdots)$$

である．k は $k=j+\ell n\ (0\leqq j\leqq n-1,\ \ell=0,\pm1,\pm2,\cdots)$ と書けるから

$$\frac{2k\pi}{n}=\frac{2(j+\ell n)\pi}{n}=\frac{2j\pi}{n}+2\ell\pi$$

ゆえに

$$z=\cos\frac{2j\pi}{n}+i\sin\frac{2j\pi}{n}\quad(j=0,1,2,\cdots,n-1)$$

を得る．すなわち，n 次方程式 $z^n=1$ は複素数の範囲で n 個の解をもつ．□

注意　これらの解を極形式を用いて表すと，$z=1,\ e^{i\frac{2\pi}{n}1},\ e^{i\frac{2\pi}{n}2},\ \cdots,\ e^{i\frac{2\pi}{n}(n-1)}$ となる．すなわち，これらは単位円周上の点 $z=1$ を順に角 $\dfrac{2\pi}{n}$ だけ回転した点であり，単位円に内接する正 n 角形の頂点をなす．

実数の場合と同様に次の不等式が成り立つ．

命題 5.1.3　$$\big||z_1|-|z_2|\big|\leqq|z_1+z_2|\leqq|z_1|+|z_2|$$

(右の不等式を**三角不等式**という)

証明　右の不等式を示す．$z_1=x_1+iy_1$，$z_2=x_2+iy_2$ とする．不等式 $(x_1x_2+y_1y_2)^2\leqq(x_1^2+y_1^2)(x_2^2+y_2^2)$ を用いると

$$\begin{aligned}|z_1+z_2|^2&=(x_1+x_2)^2+(y_1+y_2)^2\\&=(x_1^2+y_1^2)+(x_2^2+y_2^2)+2(x_1x_2+y_1y_2)\\&\leqq(x_1^2+y_1^2)+(x_2^2+y_2^2)+2(x_1^2+y_1^2)^{1/2}(x_2^2+y_2^2)^{1/2}\\&=(|z_1|+|z_2|)^2\end{aligned}$$

となり，$|z_1+z_2| \leqq |z_1|+|z_2|$ を得る．左の不等式はこの不等式から容易に導かれる． □

複素数 $z=x+iy$ に対して，複素数 $x-iy$ を z の**共役複素数**といい，$\bar{z}$ で表す．

命題 5.1.4 z，z_1，z_2 に対して次が成り立つ．

(1) $z+\bar{z}=2\,\mathrm{Re}\,z, \quad z-\bar{z}=2i\,\mathrm{Im}\,z, \quad \bar{\bar{z}}=z$

(2) $|z|=|\bar{z}|, \quad z\bar{z}=|z|^2$

(3) $\overline{z_1 \pm z_2}=\bar{z}_1 \pm \bar{z}_2, \quad \overline{z_1 z_2}=\bar{z}_1\bar{z}_2, \quad \overline{\left(\dfrac{z_2}{z_1}\right)}=\dfrac{\bar{z}_2}{\bar{z}_1} \quad (z_1 \neq 0)$

問題 5.1

1. 次の複素数を極形式で表せ．

(1) $1+i$ (2) $-i$

(3) $-\sqrt{3}+i$ (4) $\dfrac{-\sqrt{3}+i}{1+i}$

2. 次の複素数を $x+iy$ の形で表せ．

(1) $(2-i)(\sqrt{3}+2i)$ (2) $\dfrac{1+i}{1-i}$

(3) $(1+\sqrt{3}i)^5$ (4) $(1-i)^{10}$

(5) 絶対値 2，偏角 $\dfrac{2\pi}{3}$ (6) 絶対値 1，偏角 $\dfrac{\pi}{4}$

3. 例題 5.1.2 の結果を用いて，次の方程式の解を複素平面上に図示せよ．

(1) $z^2=1$ (2) $z^3=1$

(3) $z^4=1$ (4) $z^6=1$

4. 次の方程式を解け．また，解を複素平面上に図示せよ．

(1) $z^2+i=0$ (2) $z^3=i$

(3) $z^4=-1$ (4) $z^2=1+\sqrt{3}i$

5. 命題 5.1.4 を示せ．

6. 実係数の n 次方程式が解 z_0 をもてば，$\bar{z}_0$ も解であることを示せ．

7. 自然数 n $(n \geqq 2)$ に対して，$\zeta=\cos\dfrac{2\pi}{n}+i\sin\dfrac{2\pi}{n}$ とする．次を示せ．

(1) 1 の n 乗根は $\zeta, \zeta^2, \cdots, \zeta^n(=1)$ である.

(2) $1+\zeta+\zeta^2+\cdots+\zeta^{n-1}=0$

(3) $\displaystyle\sum_{k=0}^{n-1}\cos\frac{2k\pi}{n}=0,\quad \sum_{k=0}^{n-1}\sin\frac{2k\pi}{n}=0$

5.2 複素関数

5.2.1 複素変数の関数

複素数 z に複素数 w を対応させる関数 f を**複素関数**という．このとき，$w=f(z)$ と書く．z の動く範囲を f の**定義域**，w の取り得る値の範囲を f の**値域**という．z の動く複素平面を $\boldsymbol{z}$ **平面**，w の動く複素平面を $\boldsymbol{w}$ **平面**という．

関数 $w=f(z)$ において $z=x+iy$, $w=u+iv$ とすると，u, v は x, y から定まる．すなわち，u, v は，それぞれ 2 変数 x, y の関数 $u=u(x,y)$, $v=v(x,y)$ である．ゆえに，関数 $w=f(z)$ は

$$w=f(z)=u(x,y)+iv(x,y)$$

と表される (図 5.2).

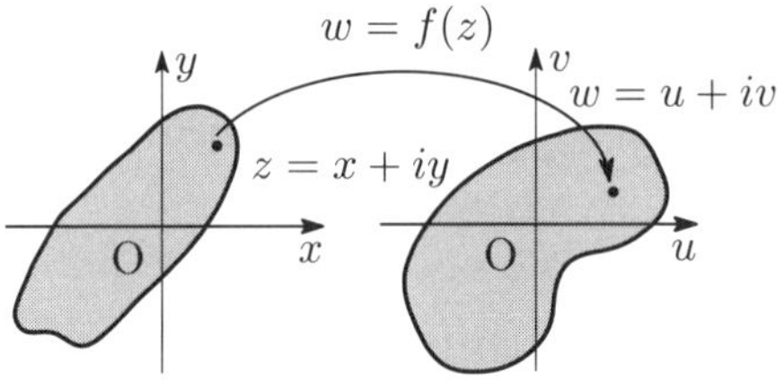

図 5.2

例題 5.2.1 $z=x+iy$ のとき，次の関数を $w=u(x,y)+iv(x,y)$ の形に表せ．

(1) $w=z^2$ (2) $w=\dfrac{1}{z}$

解 (1) $w=z^2=(x+iy)^2=(x^2-y^2)+2ixy$

(2) $$w=\frac{1}{z}=\frac{1}{x+iy}=\frac{x-iy}{(x+iy)(x-iy)}=\frac{x-iy}{x^2+y^2}$$
$$=\frac{x}{x^2+y^2}-i\frac{y}{x^2+y^2}\quad\square$$

z が限りなく z_0 に近づくとき，すなわち $|z-z_0|\to 0$ のとき，どのような近づけ方をしても，$w=f(z)$ が限りなく A に近づくならば，関数 $w=f(z)$ の $z=z_0$ における**極限値** は A であるといい

$$\lim_{z\to z_0}f(z)=A\quad あるいは\quad f(z)\to A\ (z\to z_0)$$

と書く．また，$\lim_{z \to z_0} f(z) = f(z_0)$ であるとき，関数 $w = f(z)$ は $z = z_0$ で**連続**であるという．$f(z)$ が定義域 D の各点 z で連続であるとき，$f(z)$ は D で連続であるという．

極限や連続性に関する基本的な性質をまとめておく．

命題 5.2.1 $\lim_{z \to z_0} f(z) = A$，$\lim_{z \to z_0} g(z) = B$ のとき，以下が成り立つ．

(1) $\lim_{z \to z_0} \{f(z) + g(z)\} = A + B$

(2) $\lim_{z \to z_0} cf(z) = cA \quad (c \in \mathbb{C})$

(3) $\lim_{z \to z_0} |f(z)| = |A|$

(4) $\lim_{z \to z_0} f(z)g(z) = AB$

(5) $\lim_{z \to z_0} \dfrac{g(z)}{f(z)} = \dfrac{B}{A} \quad (A \neq 0)$

命題 5.2.2 $f(z)$，$g(z)$ が $z = z_0$ で連続ならば，$f(z) + g(z)$，$cf(z)$，$|f(z)|$，$f(z)g(z)$，$\dfrac{g(z)}{f(z)}$ も $z = z_0$ で連続である．

複素関数 $f(z)$ の極限は，実部と虚部の極限に帰着される．

命題 5.2.3 $f(z) = u(x, y) + iv(x, y)$ で，$z_0 = x_0 + iy_0$，$A = a + ib$ とする．このとき，次は同値である．

(1) $\lim_{z \to z_0} f(z) = A$

(2) $\lim_{(x,y) \to (x_0, y_0)} u(x, y) = a$ かつ $\lim_{(x,y) \to (x_0, y_0)} v(x, y) = b$

例題 5.2.2 (1) $\lim_{z \to i} \dfrac{z^2 + 1}{(z - i)(z + 2)}$ を求めよ．

(2) $\lim_{z \to 1+i} \left(\dfrac{x - y}{x^2 + y^2} + i\dfrac{xy}{x^2 + y^2} \right)$ を求めよ．

(3) $\lim_{z \to i} \dfrac{\bar{z} + i}{z - i}$ は存在しないことを示せ．

解 (1) $\lim_{z \to i} \dfrac{z^2 + 1}{(z - i)(z + 2)} = \lim_{z \to i} \dfrac{z + i}{z + 2} = \dfrac{2i}{i + 2} = \dfrac{2 + 4i}{5}$

(2) $z = x + iy \to 1 + i$ のとき，$x \to 1$，$y \to 1$ なので

$$\lim_{z \to 1+i} \left(\frac{x - y}{x^2 + y^2} + i\frac{xy}{x^2 + y^2} \right) = \frac{i}{2}$$

(3) まず，虚軸に沿って $z \to i$ とする．そのため，$z = iy$ とおいて，$y \to 1$ とすると

$$\frac{\bar{z}+i}{z-i} = \frac{-iy+i}{iy-i} = -1$$

となる．次に，i を通る実軸に平行な直線に沿って $z \to i$ とする．そこで，今度は $z = x + i$ とおいて，$x \to 0$ とすると

$$\frac{\bar{z}+i}{z-i} = \frac{x-i+i}{x+i-i} = 1$$

である．したがって，近づけ方によって極限が異なるので，$\displaystyle\lim_{z\to i}\frac{\bar{z}+i}{z-i}$ は存在しない． □

5.2.2 初等関数

指数関数 $y = e^x$，三角関数 $y = \sin x$，$y = \cos x$，対数関数 $y = \log x$ など実軸上で定義された初等関数を，複素平面 (原点などを除く場合あり) で定義される複素関数に拡張しよう．

指数関数 $z = x + iy$ に対して

$$e^z = e^{x+iy} = e^x(\cos y + i \sin y) \tag{5.2}$$

と定義する．z に e^z を対応させる関数 $w = e^z$ を**指数関数**という．明らかに

$$|e^z| = e^x, \quad \arg e^z = y + 2n\pi \quad (n = 0, \pm 1, \pm 2, \cdots)$$

となる．$z = x$ (実数) のとき，$e^z = e^x(\cos 0 + i \sin 0) = e^x$ となるので，指数関数 $w = e^z$ は実軸上では通常の指数関数に一致する．また，$z = i\theta$ (純虚数) のとき，オイラーの公式

$$e^{i\theta} = \cos\theta + i\sin\theta$$

を得る (3.7 節参照)．指数関数 $w = e^z$ は指数法則を満たす．また，通常の実変数の指数関数とは異なり，虚数の周期 $2\pi i$ をもつ周期関数である．

命題 5.2.4 指数関数 e^z は次の性質をもつ．

(1) $e^{z_1+z_2} = e^{z_1}e^{z_2}$

(2) $e^{z+2n\pi i} = e^z \quad (n = 0, \pm 1, \pm 2, \cdots)$

(3) すべての z に対して $e^z \neq 0$

証明 (1) $z_1 = x_1 + iy_1$，$z_2 = x_2 + iy_2$ とすると

$$\begin{aligned}
e^{z_1+z_2} &= e^{(x_1+x_2)+i(y_1+y_2)} \\
&= e^{x_1+x_2}\{\cos(y_1+y_2)+i\sin(y_1+y_2)\} \\
&= e^{x_1}e^{x_2}\{(\cos y_1\cos y_2-\sin y_1\sin y_2) \\
&\qquad +i\,(\sin y_1\cos y_2+\cos y_1\sin y_2)\} \\
&= e^{x_1}e^{x_2}(\cos y_1+i\sin y_1)(\cos y_2+i\sin y_2)=e^{z_1}e^{z_2}
\end{aligned}$$

(2)，(3)　$z=x+iy$ とすると

$$\begin{aligned}
e^{z+2n\pi i} &= e^{x+i(y+2n\pi)}=e^x\{\cos(y+2n\pi)+i\sin(y+2n\pi)\} \\
&= e^x(\cos y+i\sin y)=e^z
\end{aligned}$$

また，$|e^z|=e^x\neq 0$ である．　□

オイラーの公式より，z の極形式は

$$z=r(\cos\theta+i\sin\theta)=re^{i\theta}$$

と表される．$z=re^{i\theta}$，$z_1=r_1e^{i\theta_1}$，$z_2=r_2e^{i\theta_2}$ のとき，複素数の相等，積や商，共役複素数の極形式は次のようになる．

$$z_1=z_2 \Longleftrightarrow r_1=r_2 \text{ かつ } \theta_1=\theta_2+2n\pi \ \ (n=0,\pm1,\pm2,\cdots)$$

$$z_1z_2=r_1r_2e^{i(\theta_1+\theta_2)},\quad \frac{z_2}{z_1}=\frac{r_2}{r_1}e^{i(\theta_2-\theta_1)},\quad \bar{z}=re^{-i\theta}$$

例題 5.2.3　次の複素数を極形式で表せ．

(1)　$e^{3+\pi i}$　　　(2)　$e^{(1-i)(2+3i)}$

解　(1)　$e^{3+\pi i}=e^3(\cos\pi+i\sin\pi)=-e^3$

(2)　$(1-i)(2+3i)=5+i$ なので，$e^{(1-i)(2+3i)}=e^5(\cos 1+i\sin 1)$　□

三角関数　オイラーの公式より

$$\cos x=\frac{e^{ix}+e^{-ix}}{2},\quad \sin x=\frac{e^{ix}-e^{-ix}}{2i}$$

である．これを複素変数 z に拡張して，(複素) **三角関数**を次式で定義する．

$$\cos z=\frac{e^{iz}+e^{-iz}}{2},\quad \sin z=\frac{e^{iz}-e^{-iz}}{2i}$$

$$\tan z=\frac{\sin z}{\cos z}=\frac{e^{iz}-e^{-iz}}{i(e^{iz}+e^{-iz})}=\frac{e^{2iz}-1}{i(e^{2iz}+1)}$$

$$\left(z\neq\frac{\pi}{2}+n\pi,\quad n=0,\pm1,\pm2,\cdots\right)$$

例題 5.2.4 次の複素数を $x+iy$ の形で表せ.

(1) $\sin i$ (2) $\cos\left(\dfrac{\pi}{2}-i\right)$ (3) $\tan \pi i$

解 定義に従って計算する.

(1) $\sin i = \dfrac{e^{i^2}-e^{-i^2}}{2i} = \dfrac{e-e^{-1}}{2}i$

(2)
$$\cos\left(\frac{\pi}{2}-i\right) = \frac{e^{i(\pi/2-i)}+e^{-i(\pi/2-i)}}{2} = \frac{e^{1+i\pi/2}+e^{-1-i\pi/2}}{2}$$
$$= \frac{1}{2}\left\{e\left(\cos\frac{\pi}{2}+i\sin\frac{\pi}{2}\right)+e^{-1}\left(\cos\frac{-\pi}{2}+i\sin\frac{-\pi}{2}\right)\right\}$$
$$= \frac{e-e^{-1}}{2}i \ (= \sin i)$$

(3)
$$\tan \pi i = \frac{\sin \pi i}{\cos \pi i}$$
$$= \frac{e^{i(\pi i)}-e^{-i(\pi i)}}{i\left\{e^{i(\pi i)}+e^{-i(\pi i)}\right\}} = \frac{e^{-\pi}-e^{\pi}}{i\left(e^{-\pi}+e^{\pi}\right)} = \frac{e^{\pi}-e^{-\pi}}{e^{\pi}+e^{-\pi}}i$$ □

例題 5.2.5 次の問いに答えよ.

(1) $\sin z$, $\cos z$ は周期 2π の周期関数であることを示せ.

(2) 方程式 $\cos z = 0$ を解け.

(3) 方程式 $\sin z = 2$ を解け.

解 (1) $e^{2\pi i}=1$ より, $e^{i(z+2\pi)} = e^{iz}e^{2\pi i} = e^{iz}$ となる. 同様に, $e^{-i(z+2\pi)} = e^{-iz}$ なので, 三角関数の定義より, $\sin z$, $\cos z$ は周期 2π の周期関数である.

(2) $\cos z = (e^{iz}+e^{-iz})/2 = 0$ より, $e^{2iz}+1=0$ となる. $z=x+iy$ とすると
$$e^{2i(x+iy)} = e^{-2y+2xi} = e^{-2y}(\cos 2x + i\sin 2x) = -1$$
より, $y=0$, $2x = \pi \pm 2n\pi$ $(n=0,1,2,\cdots)$ である. ゆえに, $z = \dfrac{\pi}{2} \pm n\pi$ $(n=0,1,2,\cdots)$ となる.

(3) $z=x+iy$ とすると
$$\sin z = \frac{e^{i(x+iy)}-e^{-i(x+iy)}}{2i} = \frac{e^{-y+ix}-e^{y-ix}}{2i} = 2$$
$$\therefore \quad e^{-y}(\cos x + i\sin x) - e^{y}(\cos x - i\sin x) = 4i$$
$$\therefore \quad (e^{-y}-e^{y})\cos x + i(e^{-y}+e^{y})\sin x = 4i$$

これより

$$(e^{-y} - e^{y})\cos x = 0 \tag{5.3}$$

$$(e^{-y} + e^{y})\sin x = 4 \tag{5.4}$$

を得る．(5.3) より，$e^{-y} - e^{y} = 0$ または $\cos x = 0$ となる．$e^{-y} - e^{y} = 0$ のとき，$e^{2y} = 1$ だから $y = 0$ である．このとき，(5.4) より $\sin x = 2$ となり，矛盾．ゆえに，$\cos x = 0$ である．(5.4) より $\sin x > 0$ なので，$\sin x = 1$ となる．以上より

$$x = \frac{\pi}{2} + 2n\pi \quad (n = 0, \pm 1, \pm 2, \cdots)$$

となる．$\sin x = 1$ なので，(5.4) より

$$e^{-y} + e^{y} = 4 \qquad \therefore \quad (e^{y})^2 - 4e^{y} + 1 = 0 \qquad \therefore \quad e^{y} = 2 \pm \sqrt{3}$$

$$\therefore \quad y = \log\left(2 \pm \sqrt{3}\right) = \pm \log\left(2 + \sqrt{3}\right)$$

よって，$z = \left(\dfrac{\pi}{2} + 2n\pi\right) \pm i \log\left(2 + \sqrt{3}\right)$ $(n = 0, \pm 1, \pm 2, \cdots)$ となる． □

実変数の三角関数の場合と同様に次の公式が成り立つ．

命題 5.2.5 次の公式が成り立つ．

(1) $\sin^2 z + \cos^2 z = 1$，$1 + \tan^2 z = \dfrac{1}{\cos^2 z}$

(2) $\sin(-z) = -\sin z$，$\cos(-z) = \cos z$，$\tan(-z) = -\tan z$

(3) $\sin(z_1 \pm z_2) = \sin z_1 \cos z_2 \pm \cos z_1 \sin z_2$

$\cos(z_1 \pm z_2) = \cos z_1 \cos z_2 \mp \sin z_1 \sin z_2$

$\tan(z_1 \pm z_2) = \dfrac{\tan z_1 \pm \tan z_2}{1 \mp \tan z_1 \tan z_2}$

対数関数 任意の複素数 $z \neq 0$ に対して，$e^{w} = z$ を満たす w が存在する．実際，$z = re^{i\theta}$ $(r > 0,\ -\pi < \theta \leqq \pi)$，$w = u + iv$ とすると

$$re^{i\theta} = z = e^{w} = e^{u+iv} = e^{u}e^{iv}$$

なので，$u = \log r$，$v = \theta + 2n\pi$ $(n = 0, \pm 1, \pm 2, \cdots)$ となる．よって，$w = \log r + i(\theta + 2n\pi)$ $(n = 0, \pm 1, \pm 2, \cdots)$ である．この w を $\log z$ で表し，z に w を対応させる関数 $w = \log z$ を**対数関数**という．すなわち，$\log z$ は

$$\log z = \log|z| + i \arg z = \log r + i(\theta + 2n\pi) \quad (n = 0, \pm 1, \pm 2, \cdots)$$

で定まる無限多価関数である．z の偏角としてその主値 $\mathrm{Arg}\, z$ $(-\pi < \mathrm{Arg}\, z \leqq \pi)$ をとると 1 価関数になる．これを対数関数 $\log z$ の**主値**といい，$\mathrm{Log}\, z$ で表す．

すなわち

$$\mathrm{Log}\, z = \log|z| + i\mathrm{Arg}\, z \quad (-\pi < \mathrm{Arg}\, z \leqq \pi)$$

である.

例題 5.2.6 次の複素数を $x+iy$ の形で表せ.

(1) $\log(1+i)$, $\mathrm{Log}(1+i)$ (2) $\log(-1)$, $\mathrm{Log}(-1)$

解 (1) $1+i=\sqrt{2}e^{\pi i/4}$ なので

$$\begin{aligned}\log(1+i) &= \log\sqrt{2} + i\left(\frac{\pi}{4}+2n\pi\right)\\ &= \frac{1}{2}\log 2 + i\left(\frac{\pi}{4}+2n\pi\right) \quad (n=0,\pm1,\pm2,\cdots)\end{aligned}$$

となる. よって, $\mathrm{Log}(1+i) = \dfrac{1}{2}\log 2 + \dfrac{\pi i}{4}$ である.

(2) $-1=e^{\pi i}$ なので

$$\log(-1) = \log 1 + i(\pi+2n\pi) = (2n+1)\pi i \quad (n=0,\pm1,\pm2,\cdots)$$

となる. よって, $\mathrm{Log}(-1)=\pi i$ である. □

命題 5.2.6 次の公式が成り立つ.

(1) $e^{\log z} = z$

(2) $\log e^z = z + 2n\pi i \quad (n=0,\pm1,\pm2,\cdots)$

証明 (1) $z=re^{i\theta}$ とすると

$$\log z = \log|z| + i\arg z = \log r + i(\theta+2n\pi) \quad (n=0,\pm1,\pm2,\cdots)$$

となる. よって, 次式が成り立つ.

$$e^{\log z} = e^{\log r}\{\cos(\theta+2n\pi) + i\sin(\theta+2n\pi)\} = r(\cos\theta + i\sin\theta) = z$$

(2) $z=x+iy$ とすると, $e^z=e^xe^{iy}$ となる. よって, 次式が成り立つ.

$$\begin{aligned}\log e^z &= \log e^x + i(y+2n\pi)\\ &= x+iy+2n\pi i = z+2n\pi i \quad (n=0,\pm1,\pm2,\cdots)\end{aligned}$$ □

べき関数 実変数関数 $y=x^a$ を原点を除く複素平面全体に拡張しよう. $x^a=e^{a\log x}$ であることに注意して, 複素数 c に対して, **べき関数**を

$$z^c = e^{c\log z} \quad (z \neq 0)$$

で定義する. 特に, $e^{c\mathrm{Log}\, z}$ を z^c の**主値**という.

例題 5.2.7 i^i を $x+iy$ の形で表せ．また，i^i の主値を求めよ．

解 定義より，$i^i = e^{i\log i}$，$\log i = i\bigl(\pi/2 + 2n\pi\bigr)$ なので

$$i^i = e^{i\log i} = e^{-(\pi/2+2n\pi)} \quad (n = 0, \pm1, \pm2, \cdots)$$

である．また，$\mathrm{Log}\, i = \dfrac{\pi}{2}i$ なので，主値は $e^{-\pi/2}$ となる． □

累乗根 $n \geqq 2$ を自然数とする．複素数 z に対して，$w^n = z$ を満たす複素数 w を z の **n 乗根**といい，$\sqrt[n]{z}$ で表す．

n 乗根を求めるには，次のようにすればよい．まず，$z = re^{i\theta}$，$w = Re^{i\Theta}$ とおく．このとき，$w^n = z$ なので，ド・モアブルの公式より $R^n e^{in\Theta} = re^{i\theta}$ となる．よって，$R^n = r$，$n\Theta = \theta + 2k\pi$ $(k = 0, \pm1, \pm2, \cdots)$，すなわち

$$R = \sqrt[n]{r}, \quad \Theta = \frac{\theta + 2k\pi}{n} \ (k = 0, \pm1, \pm2, \cdots)$$

を得る．ここで，$e^{i(\theta+2k\pi)/n}$ $(k = 0, \pm1, \pm2, \cdots)$ は，複素平面内の単位円に内接する正 n 角形の頂点である．よって，$w^n = z$ を満たす相異なる w の値は n 個で

$$w = \sqrt[n]{r}e^{i(\theta+2k\pi)/n} = \sqrt[n]{r}\left(\cos\frac{\theta+2k\pi}{n} + i\sin\frac{\theta+2k\pi}{n}\right)$$
$$(k = 0, 1, 2, \cdots, n-1)$$

となる．したがって，z に n 乗根 w を対応させる関数 $w = \sqrt[n]{z}$ は n 価である．z の偏角 θ として主値 $\mathrm{Arg}\, z$ をとったときの値 $\sqrt[n]{r}e^{i\frac{\mathrm{Arg}\, z}{n}}$ を $\sqrt[n]{z}$ の**主値**という．z が実数のとき，$\theta = 0$ なので

$$\sqrt[n]{z}\text{の主値} = \sqrt[n]{r}e^{i0} = \sqrt[n]{r}$$

となり，実数の累乗根と一致する．特に $n = 2$ のとき，$w = \sqrt{z}$ と書く．このとき，$\sqrt{z} = \pm\sqrt{r}e^{i\frac{\theta}{2}}$ となり，主値は $\sqrt{r}e^{i\frac{\mathrm{Arg}\, z}{2}}$ である．

例題 5.2.8 次の値を求めよ．また，主値を求めよ．

(1) $\sqrt[3]{i}$　　　　(2) $\sqrt{1+\sqrt{3}i}$

解 (1) $i = e^{\frac{\pi}{2}i}$ なので，$\sqrt[3]{i} = e^{i\left(\frac{\pi}{6}+\frac{2k\pi}{3}\right)}$ $(k = 0, 1, 2)$，すなわち，$e^{i\frac{\pi}{6}}$，$e^{i\frac{5\pi}{6}}$，$e^{i\frac{3\pi}{2}}$ となる．よって，$\sqrt[3]{i} = \dfrac{\sqrt{3}+i}{2}$，$\dfrac{-\sqrt{3}+i}{2}$，$-i$ で，主値は $\dfrac{\sqrt{3}+i}{2}$ である．

(2) $1+\sqrt{3}i = 2e^{\frac{\pi}{3}i}$ なので

$$\sqrt{1+\sqrt{3}i} = \pm\sqrt{2}e^{\frac{\pi}{6}i} = \pm\sqrt{2}\left(\frac{\sqrt{3}}{2}+\frac{i}{2}\right) = \pm\frac{\sqrt{3}+i}{\sqrt{2}}$$

となり，主値は $\dfrac{\sqrt{3}+i}{\sqrt{2}}$ である． □

問題 5.2

1. 次の極限値を求めよ．存在しない場合は，存在しないことを示せ．

(1) $\displaystyle\lim_{z\to 1+i}\frac{z}{z^2+2}$ (2) $\displaystyle\lim_{z\to -i}\frac{z^2+1}{(z+i)(z-1)}$

(3) $\displaystyle\lim_{z\to 0}\frac{z}{\bar{z}}$ (4) $\displaystyle\lim_{z\to 0}\frac{\mathrm{Re}\,z}{z}$

2. $z=x+iy$ のとき，次の関数を $w=u(x,y)+iv(x,y)$ の形に表せ．

(1) $w=z^2$ (2) $w=\dfrac{1}{z^2}$

(3) $w=2\cos z$ (4) $w=(z-1)(z+i)$

3. 次の複素数を $x+iy$ の形で表せ．

(1) $e^{1+\frac{\pi}{3}i}$ (2) $e^{2-\frac{\pi}{6}i}$

(3) $\sin(1+i)$ (4) $\cos(\pi-i)$

(5) $\tan\left(\dfrac{\pi}{2}+i\right)$ (6) $\log(\sqrt{3}+i)$，$\mathrm{Log}(\sqrt{3}+i)$

(7) $\log(-1)$，$\mathrm{Log}(-1)$ (8) $(-1)^i$

(9) 3^i の主値 (10) $\sqrt{-1}$ とその主値

(11) $\sqrt{i}$ とその主値 (12) $\sqrt[3]{-8i}$ とその主値

4. 次の方程式を解け．

(1) $\sin z=0$ (2) $\cos z=2$

5. 命題 5.2.5 の三角関数の公式を示せ．

6. 次の等式はかっこ内の複素数に対して成り立たないことを示せ．

(1) $\mathrm{Log}\,z_1z_2=\mathrm{Log}\,z_1+\mathrm{Log}\,z_2$ $\left(z_1=e^{-\pi i/3},\ z_2=e^{-2\pi i/3}\right)$

(2) $\mathrm{Log}\,z^2=2\mathrm{Log}\,z$ $\left(z=e^{-\pi i/2}\right)$

5.3 正則関数

複素平面内の点 z_0 に対して，z_0 を中心とした半径 ρ の円の内部にある点 z 全体の集合

$$U_\rho(z_0) = \{z : |z - z_0| < \rho\}$$

を z_0 の **ρ 近傍**という．半径を明示する必要がないときは，単に z_0 の**近傍**という．S を複素平面内の空でない部分集合とする．点 z の ρ 近傍で S に含まれるものがあるとき，z を S の**内点**という．また，点 z の ρ 近傍で S^c に含まれるものがあるとき，z を S の**外点**という．ここで，S^c は集合 S の補集合，すなわち，S に含まれない点全体の集合を表す．S の内点でも外点でもない点，すなわち，任意の $\rho > 0$ に対して，$S \cap U_\rho(z) \neq \emptyset$ かつ $S^c \cap U_\rho(z) \neq \emptyset$ を満たす点 z を S の**境界点**という (図 5.3)．S の境界点全体の集合を S の**境界**といい，∂S で表す．

S の内点は S に含まれる．S の点がすべて S の内点であるとき，すなわち，任意の点 $z \in S$ に対して $U_\rho(z) \subset S$ となる $\rho > 0$ が存在するとき，S を**開集合**という．また，S^c が開集合であるとき，S を**閉集合**という．

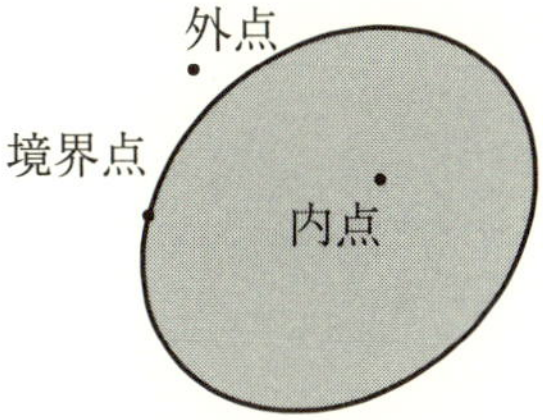

図 5.3

集合 S の任意の 2 点を S 内の折れ線で結ぶことができるとき，S は**弧状連結**であるという．弧状連結な開集合 D を**領域** (domain) という．直観的には，領域 D は円の内部のようなひとかたまりの開集合である．領域 D とその境界 ∂D の和集合を**閉領域**という．たとえば，開円板 $D = \{z : |z| < 1\}$ は領域，閉円板 $D \cup \partial D = \{z : |z| \leqq 1\}$ は閉領域である．D は実数直線における開区間 $(-1, 1)$，$D \cup \partial D$ は閉区間 $[-1, 1]$ にあたる．

関数 $w = f(z)$ について

$$\lim_{z \to z_0} \frac{f(z) - f(z_0)}{z - z_0}$$

が存在するとき，$f(z)$ は z_0 で**微分可能**という．この極限値を $f(z)$ の z_0 における**微分係数**といい，$f'(z_0)$ で表す．$f(z)$ が z_0 のある近傍 $U_\rho(z_0)$ で微分可能なとき，**z_0 で正則**という．特に，$f(z)$ が z_0 で正則ならば z_0 で微分可能である．関数 $f(z)$ が領域 D の各点 z で正則であるとき，**D で正則**という．このとき，D の各点 z に $f'(z)$ を対応させる関数 $w = f'(z)$ を $f(z)$ の**導関数**という．

また，複素平面全体で正則な関数を**整関数**という．実変数関数の場合と同様に，以下が成り立つ．

命題 5.3.1 $f(z)$ が z_0 で正則ならば，$f(z)$ は z_0 で連続である．

命題 5.3.2 $f(z)$, $g(z)$ が領域 D で正則ならば，$f(z)+g(z)$, $cf(z)$, $f(z)g(z)$, $\dfrac{f(z)}{g(z)}$ も D で正則で，以下の公式が成り立つ．

(1) $\{f(z)+g(z)\}' = f'(z)+g'(z)$

(2) $\{cf(z)\}' = cf'(z)$ (c は定数)

(3) $\{f(z)g(z)\}' = f'(z)g(z)+f(z)g'(z)$

(4) $\left\{\dfrac{f(z)}{g(z)}\right\}' = \dfrac{f'(z)g(z)-f(z)g'(z)}{g(z)^2}$ ($g(z)=0$ となる点を除く)

命題 5.3.3 (合成関数の微分法) $f(z)$ が z_0 で正則，$g(w)$ が $w_0=f(z_0)$ で正則ならば，合成関数 $h(z)=g(f(z))$ は z_0 で正則で，$h'(z_0)=g'(w_0)f'(z_0)$ が成り立つ．

例題 5.3.1 $f(z)=c_0z^n+c_1z^{n-1}+\cdots+c_{n-1}z+c_n$ ($c_0, c_1, \cdots, c_n$は定数) は整関数であることを示せ．

解 正則性の定義より，関数 $f_1(z)=z$ は任意の点 z で正則で $f_1'(z)=1$ となる．命題 5.3.2 より，$z^2, \cdots, z^n$ も正則なので，それらの 1 次結合である $f(z)$ も z で正則となる．よって，$f(z)$ は整関数で，命題 5.3.2 より

$$f'(z)=nc_0z^{n-1}+(n-1)c_1z^{n-2}+\cdots+c_{n-1}$$

が成り立つ． □

コーシー・リーマンの関係式 関数 $w=f(z)=u(x,y)+iv(x,y)$ が正則であるとき，その実部 $u(x,y)$ と虚部 $v(x,y)$ が満たす関係を調べよう．関数 $u(x,y)$ は，x，y について偏微分可能で，偏導関数 $u_x(x,y)$，$u_y(x,y)$ が連続であるとき，**連続微分可能**あるいは **C^1 級の関数**という．

定理 5.3.4 $f(z)=u(x,y)+iv(x,y)$ とする．

(1) $f(z)$ が $z=x+iy$ で正則ならば，$u(x,y)$ と $v(x,y)$ は点 (x,y) で x，y について偏微分可能で，微分方程式

$$\frac{\partial u}{\partial x}=\frac{\partial v}{\partial y}, \quad \frac{\partial u}{\partial y}=-\frac{\partial v}{\partial x} \tag{5.5}$$

を満たす．これをコーシー・リーマン (**Cauchy-Riemann**) の関係式という．このとき

$$f'(z) = u_x(x,y) + iv_x(x,y) = v_y(x,y) - iu_y(x,y) \tag{5.6}$$

が成り立つ．

(2) 逆に，$u(x,y)$ と $v(x,y)$ が点 (x,y) のある近傍で C^1 級で，コーシー・リーマンの関係式 (5.5) を満たせば，$f(z)$ は $z = x + iy$ で正則で，その導関数は (5.6) で与えられる．

証明 (1) だけを示す．

$f(z)$ が $z_0 = x_0 + iy_0$ で正則とすると，そこで微分可能だから

$$f'(z_0) = \lim_{\Delta z \to 0} \frac{f(z_0 + \Delta z) - f(z_0)}{\Delta z} \tag{5.7}$$

が存在する．$\Delta z = h + ik$ とすると

$$\begin{aligned} &f(z_0 + \Delta z) - f(z_0) \\ &\quad = f((x_0 + iy_0) + (h + ik)) - f(x_0 + iy_0) \\ &\quad = f((x_0 + h) + i(y_0 + k)) - f(x_0 + iy_0) \\ &\quad = u(x_0 + h, y_0 + k) + iv(x_0 + h, y_0 + k) - \{u(x_0, y_0) + iv(x_0, y_0)\} \\ &\quad = u(x_0 + h, y_0 + k) - u(x_0, y_0) + i\{v(x_0 + h, y_0 + k) - v(x_0, y_0)\} \end{aligned}$$

なので，(5.7) は

$$\begin{aligned} f'(z_0) = \lim_{(h,k)\to(0,0)} &\left\{ \frac{u(x_0 + h, y_0 + k) - u(x_0, y_0)}{h + ik} \right. \\ &\quad \left. + i\frac{v(x_0 + h, y_0 + k) - v(x_0, y_0)}{h + ik} \right\} \end{aligned} \tag{5.8}$$

と書ける．極限値 $f'(z_0)$ は，Δz を実軸に沿って 0 に近づけても，虚軸に沿って 0 に近づけても，その値は変わらない．

そこで，(5.8) において $h \to 0$，$k = 0$ とすると，$u(x,y)$，$v(x,y)$ は x について偏微分可能で

$$\begin{aligned} f'(z_0) &= \lim_{h\to 0} \left\{ \frac{u(x_0 + h, y_0) - u(x_0, y_0)}{h} + i\frac{v(x_0 + h, y_0) - v(x_0, y_0)}{h} \right\} \\ &= u_x(x_0, y_0) + iv_x(x_0, y_0) \end{aligned} \tag{5.9}$$

となる．また，$h = 0$，$k \to 0$ とすると，今度は $u(x,y)$，$v(x,y)$ は y について偏微分可能で

$$f'(z_0) = \lim_{k \to 0} \left\{ \frac{u(x_0, y_0 + k) - u(x_0, y_0)}{ik} + i \frac{v(x_0, y_0 + k) - v(x_0, y_0)}{ik} \right\}$$
$$= v_y(x_0, y_0) - iu_y(x_0, y_0) \tag{5.10}$$

となる．よって，(5.9) と (5.10) より

$$u_x(x_0, y_0) = v_y(x_0, y_0), \quad v_x(x_0, y_0) = -u_y(x_0, y_0) \tag{5.11}$$

が成り立つ．以上より，$u(x, y)$，$v(x, y)$ は点 (x_0, y_0) でコーシー・リーマンの関係式 (5.5) を満たし，$f'(z_0)$ は (5.6) で与えられる． □

例題 5.3.2 次の関数は整関数であることを示し，導関数を求めよ．

(1) $f(z) = e^z$ (2) $f(z) = \sin z$

解 (1) $z = x + iy$ とする．$f(z) = e^z = e^x(\cos y + i \sin y)$ において

$$u(x, y) = e^x \cos y, \quad v(x, y) = e^x \sin y$$

とすると，これらは C^1 級で

$$u_x(x, y) = e^x \cos y = v_y(x, y), \quad u_y(x, y) = -e^x \sin y = -v_x(x, y)$$

となり，点 (x, y) でコーシー・リーマンの関係式 (5.5) を満たす．よって，$f(z) = e^z$ は $z = x + iy$ で正則である．z は任意なので，$f(z) = e^z$ は整関数となり，その導関数は (5.6) より

$$f'(z) = u_x(x, y) + iv_x(x, y) = e^x \cos y + ie^x \sin y = e^x e^{iy} = e^z$$

(2) (1) と合成関数の微分法より $(e^{iz})' = ie^{iz}$，$(e^{-iz})' = -ie^{-iz}$ となる．よって，$\sin z$ は整関数で

$$f'(z) = (\sin z)' = \left(\frac{e^{iz} - e^{-iz}}{2i} \right)' = \frac{ie^{iz} + ie^{-iz}}{2i} = \cos z$$

である． □

例題 5.3.3 $f(z) = \bar{z}$ は，複素平面内のすべての点で正則でないことを示せ．

解 $z = x + iy$ とする．$f(z) = \bar{z} = x - iy$ なので，$u(x, y) = x$，$v(x, y) = -y$ である．このとき，$(u_y(x, y) = 0 = -v_x(x, y)$ だが$)$ $u_x(x, y) = 1 \neq -1 = v_y(x, y)$ となり，$u(x, y)$，$v(x, y)$ はすべての点 (x, y) でコーシー・リーマンの関係式 (5.5) を満たさない．ゆえに，$f(z) = \bar{z}$ は複素平面内のすべての点 z で正則でない． □

問題 5.3

1. 次の関数の導関数を求めよ．

(1) $\dfrac{z+1}{z-1}$　　(2) $e^{z^2}+e^{-z^2}$

(3) $\cos z$　　(4) $\tan z$

(5) $\sin^2 3z$　　(6) ze^{iz}

2. 次の関数の正則性を調べよ．正則であれば，導関数を求めよ．

(1) $f(z)=\mathrm{Re}\,z$　　(2) $f(z)=\dfrac{\bar{z}}{|z|^2}$

(3) $f(z)=x^2-y^2+x+i(2xy+y)\quad(z=x+iy)$

3. 次の極限値を求めよ．

(1) $\displaystyle\lim_{z\to 0}\frac{\cos z-1}{z}$　　(2) $\displaystyle\lim_{z\to 0}\frac{\sin z}{z}$

4. 関数 $f(z)=|z|^2$ は $z=0$ で微分可能であるが，そこで正則でないことを示せ．

5.4 複素積分

5.4.1 複素積分

微分積分学では，関数の定積分の積分範囲は実軸上の有界閉区間であるが，複素関数の場合は，複素平面内の 2 点を結ぶ曲線に沿った積分を考える．

連続関数 $z(t)=x(t)+iy(t)$ $(\alpha \leqq t \leqq \beta)$ で定まる曲線 C を**連続曲線**という．ここで，t は α から β へ向かうものとする．すなわち，曲線 C は点 $z(\alpha)$ から点 $z(\beta)$ へ向かう向きのついた曲線である．$z(\alpha)$，$z(\beta)$ をそれぞれ曲線 C の**始点**および**終点**という．C の逆向きの曲線を $-C$ で表す．すなわち，$-C$ は $z=z(\alpha+\beta-t)$ $(\alpha \leqq t \leqq \beta)$ で定まる曲線である．このように曲線の向きを区別することは，実変数関数 $f(x)$ の積分において

$$\int_\beta^\alpha f(x)dx=-\int_\alpha^\beta f(x)dx$$

と定義し，積分区間 $[\alpha,\beta]$ の向き α から β と，β から α を区別していることから，自然であろう．

曲線 C_1, C_2 に対して, C_1 の終点と C_2 の始点が一致するとき, C_1 と C_2 をつなげてできる曲線を C_1 と C_2 の**和**といい, C_1+C_2 で表す. n 個の曲線 $C_1,\cdots,C_n$ の和 $C_1+\cdots+C_n$ もこの操作を繰り返して定義される.

曲線 $C: z(t)=x(t)+iy(t)$ において, $x(t)$, $y(t)$ が微分可能で, その導関数が連続なとき, C は**滑らか**であるという. 有限個の滑らかな曲線をつなげてできる曲線は**区分的に滑らか**であるという (図 5.4).

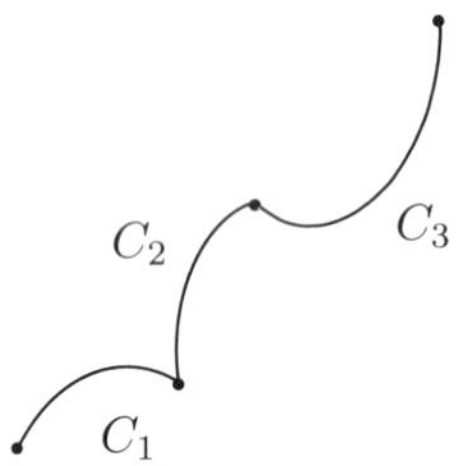

図 5.4

複素積分を定義するために, まず実変数 t の複素数値関数 $h(t)$ の定積分を定義する. $h(t)=p(t)+iq(t)$ を区間 $[\alpha,\beta]$ で連続な複素数値関数とする. $p(t)$, $q(t)$ は $h(t)$ の実部と虚部であり, $[\alpha,\beta]$ で連続である. そこで, $h(t)$ の $[\alpha,\beta]$ における定積分を

$$\int_\alpha^\beta h(t)dt=\int_\alpha^\beta p(t)dt+i\int_\alpha^\beta q(t)dt \tag{5.12}$$

と定義する. 関数 $p(t)$, $q(t)$ の原始関数を $P(t)$, $Q(t)$ とすると, $h(t)=p(t)+iq(t)$ の原始関数は $H(t)=P(t)+iQ(t)$ となる. このとき

$$\begin{aligned}\int_\alpha^\beta h(t)dt&=\int_\alpha^\beta p(t)dt+i\int_\alpha^\beta q(t)dt=\Big[P(t)+iQ(t)\Big]_\alpha^\beta\\&=\Big[H(t)\Big]_\alpha^\beta=H(\beta)-H(\alpha)\end{aligned}$$

が成り立つ.

さて, 複素関数 $f(z)$ は滑らかな曲線 $C: z=z(t)$ $(\alpha\leqq t\leqq\beta)$ 上で連続とする. このとき, 積分

$$\int_C f(z)dz=\int_\alpha^\beta f(z(t))z'(t)dt \tag{5.13}$$

を $f(z)$ の**曲線 C に沿った複素積分**, C を**積分経路**という. (5.13) の右辺は実変数 t の複素数値関数 $f(z(t))z'(t)$ の定積分である. 区分的に滑らかな曲線 $C=C_1+\cdots+C_n$ に対しては

$$\int_C f(z)dz=\sum_{k=1}^n\int_{C_k} f(z)dz$$

と定義する.

積分 (5.13) を (5.12) の形で表してみよう.

$$f(z)=u(x,y)+iv(x,y),\quad z=x+iy$$

とすると

$$\begin{aligned} f(z(t))z'(t) &= \{u(x(t),y(t)) + iv(x(t),y(t))\}\{x'(t) + iy'(t)\} \\ &= u(x(t),y(t))x'(t) - v(x(t),y(t))y'(t) \\ &\quad + i\{u(x(t),y(t))y'(t) + v(x(t),y(t))x'(t)\} \end{aligned}$$

なので

$$\begin{aligned} \int_C f(z)dz &= \int_\alpha^\beta \{u(x(t),y(t))x'(t) - v(x(t),y(t))y'(t)\}dt \\ &\quad + i\int_\alpha^\beta \{u(x(t),y(t))y'(t) + v(x(t),y(t))x'(t)\}dt \end{aligned}$$

となる．この右辺を 4.4.1 項で定義した線積分で表せば，次の命題が得られる．

命題 5.4.1 $f(z) = u(x,y) + iv(x,y)$，$z = x + iy$ とすると

$$\int_C f(z)dz = \int_C \big(u(x,y)dx - v(x,y)dy\big) + i\int_C \big(u(x,y)dy + v(x,y)dx\big)$$

が成り立つ．

注意 複素関数の積分は実変数関数の定積分の概念を自然に拡張したものである．実際，$f(x)$ を $[\alpha,\beta]$ で連続な実数値関数とする．区間 $[\alpha,\beta]$ は複素平面における滑らかな曲線 $C: z = z(t) = t$, $\alpha \leqq t \leqq \beta$ と考えられる．このとき，関数 $f(x)$ を C 上の複素関数 $f(z)$ と考えると

$$\int_C f(z)dz = \int_\alpha^\beta f(z(t))z'(t)dt = \int_\alpha^\beta f(t)dt$$

となり，C に沿った $f(z)$ の複素積分は，$f(x)$ の $[\alpha,\beta]$ における定積分に一致する．

関数 $f(z)$ が曲線 $C: z = z(t) = x(t) + iy(t)$ $(\alpha \leqq t \leqq \beta)$ 上で連続ならば

$$\left|\int_C f(z)dz\right| = \left|\int_\alpha^\beta f(z(t))z'(t)dt\right| \leqq \int_\alpha^\beta |f(z(t))||z'(t)|dt$$

が成り立つ．そこで，積分 $\int_C f(z)|dz|$ を

$$\int_C f(z)|dz| = \int_\alpha^\beta f(z(t))|z'(t)|dt \tag{5.14}$$

で定義すれば，上の不等式は

$$\left|\int_C f(z)dz\right| \leqq \int_C |f(z)||dz|$$

と書ける．積分 (5.14) を $f(z)$ の**弧長による積分**という．特に，$f(z)=1$ のとき

$$\int_C |dz| = \int_\alpha^\beta |z'(t)|dt = \int_\alpha^\beta \sqrt{x'(t)^2 + y'(t)^2}dt$$

となり，$\int_C |dz|$ は曲線 C の長さを表す．

複素積分について，実変数関数の場合と同様に次の公式が成り立つ．

命題 5.4.2 関数 $f(z)$，$g(z)$ は滑らかな曲線 C 上で連続とする．

(1) $\displaystyle\int_C \{f(z)+g(z)\}dz = \int_C f(z)dz + \int_C g(z)dz$

(2) $\displaystyle\int_C cf(z)dz = c\int_C f(z)dz$ （c は定数）

(3) $\displaystyle\int_{C_1+C_2} f(z)dz = \int_{C_1} f(z)dz + \int_{C_2} f(z)dz$

(4) $\displaystyle\int_{-C} f(z)dz = -\int_C f(z)dz$

(5) 長さ L の曲線 C 上で $|f(z)| \leqq M$ ならば，$\displaystyle\left|\int_C f(z)dz\right| \leqq ML$

例題 5.4.1 C を z_0 を中心とした半径 r の円周上を反時計回りに一周する曲線とする．すなわち，$C: z = z(\theta) = z_0 + re^{i\theta}$ $(0 \leqq \theta \leqq 2\pi)$ である．このとき

$$\int_C \frac{dz}{(z-z_0)^n} = \begin{cases} 2\pi i & (n=1) \\ 0 & (n \text{ は整数}, n \neq 1) \end{cases}$$

が成り立つ．

解 $n=1$ のときは

$$\int_C \frac{dz}{z-z_0} = \int_0^{2\pi} \frac{1}{re^{i\theta}} \cdot ire^{i\theta}d\theta = i\int_0^{2\pi} d\theta = 2\pi i$$

である．一方，$n \neq 1$ のときは

$$\int_C \frac{dz}{(z-z_0)^n} = \int_0^{2\pi} \frac{1}{(re^{i\theta})^n} \cdot ire^{i\theta}d\theta = \frac{i}{r^{n-1}}\int_0^{2\pi} e^{-i(n-1)\theta}d\theta$$
$$= \frac{i}{r^{n-1}}\left[-\frac{1}{i(n-1)}e^{-i(n-1)\theta}\right]_0^{2\pi} = 0$$

となる． □

z_0 を中心とした半径 r の円周上を反時計回りに一周する曲線 C に沿った $f(z)$ の積分を $\displaystyle\int_{|z-z_0|=r} f(z)dz$ と書く．この表記によれば，例題 5.4.1 の式は

$$\int_{|z-z_0|=r} \frac{dz}{(z-z_0)^n} = \begin{cases} 2\pi i & (n=1) \\ 0 & (n \text{ は整数}, n \neq 1) \end{cases}$$

と表される．

例題 5.4.2 次の曲線 C に沿った積分 $\displaystyle\int_C \bar{z}dz$ を求めよ．

(1) C: 原点から点 $1+i$ へ向かう線分

(2) C: 曲線 $y=x^2$ に沿って原点から点 $1+i$ へ向かう曲線

解 (1) C: $z(t)=t+it\ (0 \leqq t \leqq 1)$ なので

$$\int_C \bar{z}dz = \int_0^1 (t-it)(t+it)'dt = (1-i)(1+i)\int_0^1 tdt = 1$$

(2) C: $z(t)=t+it^2\ (0 \leqq t \leqq 1)$ なので

$$\begin{aligned}\int_C \bar{z}dz &= \int_0^1 (t-it^2)(t+it^2)'dt = \int_0^1 (t-it^2)(1+2it)dt \\ &= \int_0^1 (t+2t^3+it^2)dt = \int_0^1 (t+2t^3)dt + i\int_0^1 t^2dt \\ &= 1+\frac{i}{3}\end{aligned}$$

となり，始点と終点が同じでも (1) の積分と値が異なる． □

例題 5.4.2 のように，一般に複素積分の値は，始点と終点が同じであっても，それを結ぶ積分経路によって異なるが，積分値が変わらない場合もある．

例題 5.4.3 次の曲線 C に沿った積分 $\displaystyle\int_C z^2dz$ を求めよ．

(1) C : 原点から点 $z=1+i$ へ向かう線分

(2) $C=C_1+C_2$ ただし，C_1 は原点から点 $z=1$ へ向かう線分，C_2 は点 $z=1$ から点 $1+i$ へ向かう線分

解 (1) C: $z(t)=t+it\ (0 \leqq t \leqq 1)$ なので

$$\begin{aligned}\int_C z^2dz &= \int_0^1 (t+it)^2(t+it)'dt = (1+i)^3\int_0^1 t^2dt \\ &= \frac{1}{3}(1+3i-3-i) = -\frac{2}{3}+\frac{2}{3}i\end{aligned}$$

(2) C_1: $z(t)=t\ (0\leqq t\leqq 1)$, C_2: $z(t)=1+it\ (0\leqq t\leqq 1)$ である．よって

$$\begin{aligned}\int_C z^2dz &= \int_{C_1} z^2dz + \int_{C_2} z^2dz\\ &= \int_0^1 t^2\cdot 1dt + \int_0^1 (1+it)^2\cdot idt = \int_0^1 \{(t^2-2t)+i(1-t^2)\}dt\\ &= \left[\left(\frac{t^3}{3}-t^2\right)+i\left(t-\frac{t^3}{3}\right)\right]_0^1 = -\frac{2}{3}+\frac{2}{3}i\end{aligned}$$

となり，(1) の積分と値が一致する． □

関数 $f(z)$ に対して，$F'(z)=f(z)$ となる正則関数 $F(z)$ を $f(z)$ の**原始関数**という．たとえば，例題 5.4.3 の関数 $f(z)=z^2$ は原始関数 $F(z)=\dfrac{z^3}{3}$ をもつが，例題 5.4.2 の関数 $f(z)=\bar{z}$ は原始関数をもたない (次頁の注意参照).

定理 5.4.3 関数 $f(z)$ は領域 D で連続，$F(z)$ は D で正則で $F'(z)=f(z)$ とする．D 内の z_1 から z_2 へ向かう区分的に滑らかな曲線 C に対して

$$\int_C f(z)dz = F(z_2)-F(z_1) \tag{5.15}$$

が成り立つ．

証明 滑らかな曲線 $C: z=z(t)\ (\alpha\leqq t\leqq\beta)$ に対しては，$z(\alpha)=z_1$, $z(\beta)=z_2$ とすると

$$\begin{aligned}\int_C f(z)dz &= \int_\alpha^\beta f(z(t))z'(t)dt = \int_\alpha^\beta F'(z(t))z'(t)dt\\ &= \int_\alpha^\beta \frac{d}{dt}F(z(t))dt = F(z(\beta))-F(z(\alpha))\\ &= F(z_2)-F(z_1)\end{aligned}$$

が成り立つ．曲線 C が区分的に滑らかな場合は，滑らかな曲線の和に分解すればよい． □

定理 5.4.3 より，$f(z)$ が原始関数 $F(z)$ をもてば，$\displaystyle\int_C f(z)dz$ は積分経路 C によらずに，始点 z_0 と終点 z_1 だけで決まるので，これを $\displaystyle\int_{z_0}^{z_1} f(z)dz$ と書く．また，記号

$$\Big[F(z)\Big]_{z_0}^{z_1} = F(z_1)-F(z_0)$$

を導入すれば，複素積分 $\displaystyle\int_{z_0}^{z_1} f(z)dz$ を，通常の積分のように $f(z)$ の原始関数を見つけて

$$\int_{z_0}^{z_1} f(z)dz = \Big[F(z)\Big]_{z_0}^{z_1} \tag{5.16}$$

で計算できる．

例 5.4.1 $f(z) = z^2$ は全平面で連続で，原始関数 $F(z) = \dfrac{z^3}{3}$ をもつので，例題 5.4.3 の積分 $\displaystyle\int_C z^2 dz$ は，$z_1 = 0$ と $z_2 = 1 + i$ を結ぶ積分経路 C に関係なく

$$\int_C z^2 dz = \int_0^{1+i} z^2 dz = \left[\frac{z^3}{3}\right]_0^{1+i} = \frac{1}{3}(1+i)^3 = \frac{2}{3}(-1+i)$$

で計算できる．

注意 関数 $f(z) = \bar{z}$ に対して定理 5.4.3 は適用できない．実際，$f(z) = \bar{z}$ は正則でないから，定理 5.4.9 (後出) より $F'(z) = \bar{z}$ となる正則関数 $F(z)$ は存在しない．

問題 5.4.1

1. 次の積分を求めよ．

(1) $\displaystyle\int_C z^2 dz, \quad C\colon\ z(t) = t + it^2 \ \ (0 \leqq t \leqq 1)$

(2) $\displaystyle\int_C 2\sin 3z\, dz, \quad C\colon\ \frac{\pi}{6}$ から i へ向かう任意の曲線

(3) $\displaystyle\int_C \operatorname{Im} z\, dz, \quad C\colon\ z(t) = t^2 - it \ \ (1 \leqq t \leqq 2)$

(4) $\displaystyle\int_C e^z dz, \quad C\colon$ 任意の単一閉曲線

(5) $\displaystyle\int_C |z|^2\, dz, \quad C\colon\ z(t) = t + it \ \ (0 \leqq t \leqq 1)$

2. 単位円 $|z| = 1$ 上を反時計回りに一周する曲線を C とする．次の積分を定義に従って計算せよ．

(1) $\displaystyle\int_C \frac{dz}{z}$ (2) $\displaystyle\int_C \frac{dz}{z^2}$ (3) $\displaystyle\int_C z^n dz$ (n は自然数)

3. 次の曲線 C に対して，積分 $\displaystyle\int_C \bar{z} dz$ を求めよ．

(1) C: 単位円 $|z| = 1$ 上を点 1 から点 i へ向かう曲線

(2) C: 点 1 から点 i へ向かう線分

(3) C: 単位円 $|z| = 1$ を反時計回りに一周する曲線

5.4.2 コーシーの積分定理

ここでは，複素関数に関する多くの重要な結果を導くコーシーの積分定理について述べる．曲線 $C : z = z(t)$ $(\alpha \leqq t \leqq \beta)$ の始点 $z(\alpha)$ と終点 $z(\beta)$ が一致するとき，すなわち，$z(\alpha) = z(\beta)$ であるとき，C を**閉曲線**という．また，閉曲線 C が自分自身との交点をもたないとき，すなわち，$\alpha \leqq t_1 < t_2 < \beta$ ならば $z(t_1) \neq z(t_2)$ のとき，C を**単一閉曲線**という．単一閉曲線 C について，その内部を左手に見ながら進む向きを**正の向き**という．以下，特に断らない限り，単一閉曲線 C は正の向きをもつとする．

領域 D 内の任意の単一閉曲線 C の内部が常に D に含まれるとき，D は**単連結**という．直感的には D の内部に穴がないことを意味する．たとえば，開円板 $D = \{z : |z| < 1\}$ は単連結であるが，円環領域 $D = \{z : 1 < |z| < 2\}$ は単連結でない．

定理 5.4.4 (コーシーの積分定理) $f(z)$ は単連結領域 D で正則とする．このとき，D 内の任意の単一閉曲線 C に対して

$$\int_C f(z)dz = 0$$

が成り立つ (図 5.5).

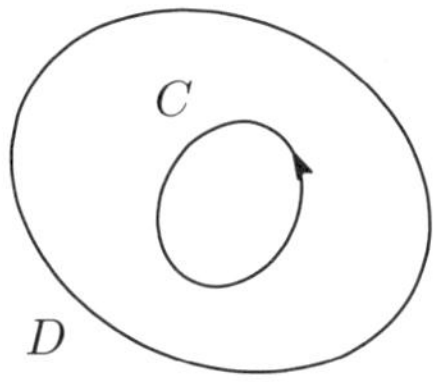

図 5.5

証明 $f(z) = u(x, y) + iv(x, y)$，$z = x + iy$ とすると，命題 5.4.1 より

$$\int_C f(z)dz = \int_C \big(u(x,y)dx - v(x,y)dy\big) + i\int_C \big(u(x,y)dy + v(x,y)dx\big)$$

となる．$f(z)$ は D で正則なので，コーシー・リーマンの関係式より D で

$$\frac{\partial u}{\partial x} = \frac{\partial v}{\partial y}, \quad \frac{\partial u}{\partial y} = -\frac{\partial v}{\partial x}$$

が成り立つ．ゆえに，C によって囲まれた領域を D_0 とすると，グリーンの定理 (定理 4.5.1) より

$$\int_C \big(u(x,y)dx - v(x,y)dy\big) = -\iint_{D_0} \left(\frac{\partial u}{\partial y} + \frac{\partial v}{\partial x}\right) dxdy = 0$$

$$\int_C \big(u(x,y)dy + v(x,y)dx\big) = \iint_{D_0} \left(\frac{\partial u}{\partial x} - \frac{\partial v}{\partial y}\right) dxdy = 0$$

となり，$\int_C f(z)dz = 0$ を得る． □

以下では，コーシーの積分定理から導かれるいくつかの重要な結果を紹介する．

例 5.4.2 $f(z)$ は単連結領域 D で正則とする．点 z_0 を中心とした半径 r の円とその内部が D 内にあれば，コーシーの積分定理より

$$\int_{|z-z_0|=r} f(z)dz = 0$$

となる．

定理 5.4.5 $f(z)$ が単連結領域 D で正則ならば，z_1 から z_2 へ向かう D 内の曲線 C に沿った積分 $\displaystyle\int_C f(z)dz$ は積分経路によらない．

証明 C_1, C_2 を z_1 から z_2 へ向かう D 内の曲線とする (図 5.6)．まず C_1 と C_2 は始点と終点以外で交わらないとする．C_1 と $-C_2$ をつないだ曲線 $C_1+(-C_2)$ は単一閉曲線なので，コーシーの積分定理より

$$\int_{C_1} f(z)dz - \int_{C_2} f(z)dz = \int_{C_1+(-C_2)} f(z)dz = 0$$

となり

$$\int_{C_1} f(z)dz = \int_{C_2} f(z)dz$$

が成り立つ．

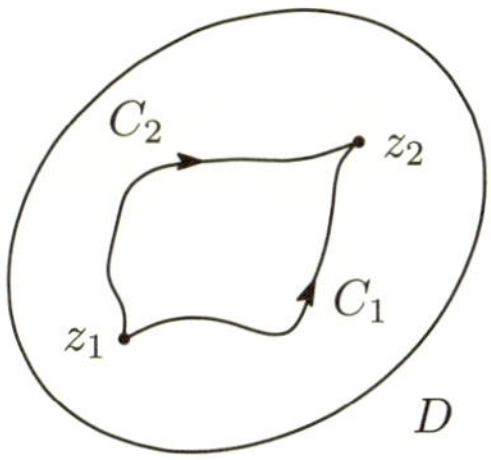

図 5.6

C_1 と C_2 が交点をもつときは，z_1 から z_2 へ向かう曲線 C_3 を，始点と終点以外で C_1，C_2 と交わらないようにとると，前半の結果から

$$\int_{C_1} f(z)dz = \int_{C_3} f(z)dz = \int_{C_2} f(z)dz$$

となり，結論を得る． □

定理 5.4.5 より，単連結領域 D で正則な関数は原始関数をもつことを証明できる (証明略)．

定理 5.4.6 単一閉曲線 C の内部に単一閉曲線 C_1 があるとき，C と C_1 で囲まれた環状領域を D とする (図 5.7)．$f(z)$ が領域 D とその境界を含む領域で正則ならば

$$\int_C f(z)dz = \int_{C_1} f(z)dz$$

が成り立つ．ただし，C_1 は C と同じ向きとする．

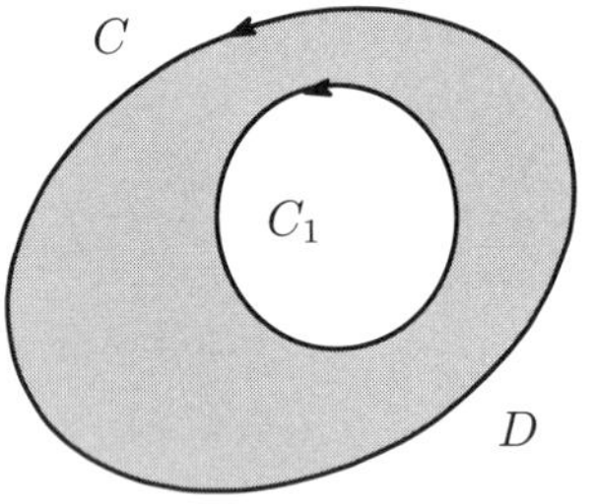

図 5.7

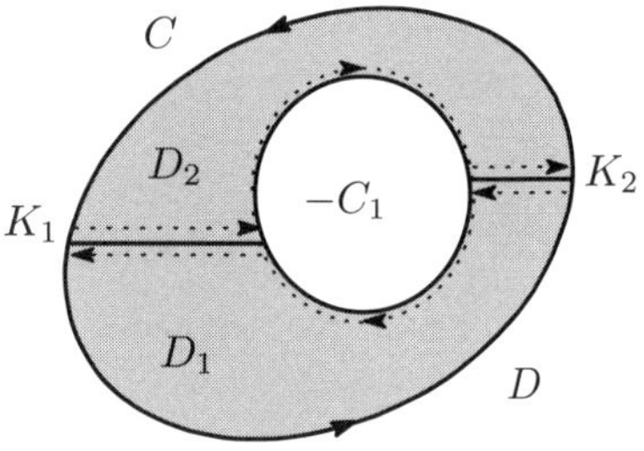

図 5.8

証明　図5.8のように，互いに交わらない曲線 K_1 と K_2 をとり，D を2つの領域 D_1 と D_2 に分ける．コーシーの積分定理より $\int_{\partial D_1} f(z)dz = \int_{\partial D_2} f(z)dz = 0$ となる．単一閉曲線 ∂D_1 と ∂D_2 は K_1 の部分でその向きが相反するから，$f(z)$ のこの部分の積分は消しあう．K_2 についても同様なので

$$\int_C f(z)dz - \int_{C_1} f(z)dz = \int_{\partial D_1} f(z)dz + \int_{\partial D_2} f(z)dz = 0$$

となり，結論が得られる．　□

定理5.4.6より，単一閉曲線に沿った複素積分は，計算がより簡単な曲線 (円周など) に沿った積分に帰着させることができる．次の積分は定義通りに計算するのは困難であるが，定理5.4.6を用いれば容易に求められる．

例題 5.4.4　C は点 z_0 を内部に含む単一閉曲線とする (図5.9)．このとき

$$\int_C \frac{dz}{(z-z_0)^n} = \begin{cases} 2\pi i & (n=1) \\ 0 & (n \text{ は整数}, n \neq 1) \end{cases}$$

が成り立つことを示せ (C が z_0 を中心とした円のときは例題5.4.1)．

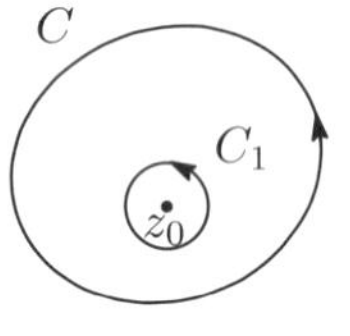

図 5.9

解　z_0 を中心とした半径 r の円 C_1 を曲線 C の内部にとると，定理5.4.6と例題5.4.1より

$$\int_C \frac{dz}{(z-z_0)^n} = \int_{|z-z_0|=r} \frac{dz}{(z-z_0)^n} = \begin{cases} 2\pi i & (n=1) \\ 0 & (n \text{ は整数}, n \neq 1) \end{cases}$$

となる．　□

定理5.4.6は次の定理に一般化される．

定理 5.4.7 単一閉曲線 C の内部に互いに交わらない単一閉曲線 $C_1, \cdots, C_n$ があるとき，C の内部にあって $C_1, \cdots, C_n$ の外部にある点からなる領域を D とする (図 5.10)．$f(z)$ が D とその境界を含む領域で正則ならば

$$\int_C f(z)dz = \sum_{k=1}^{n} \int_{C_k} f(z)dz$$

が成り立つ．

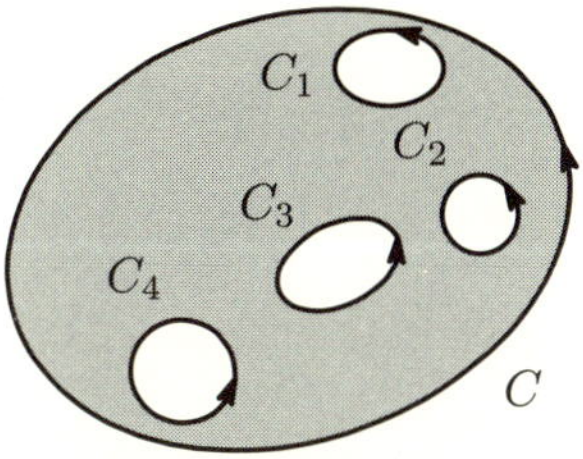

図 5.10 $n=4$ の場合

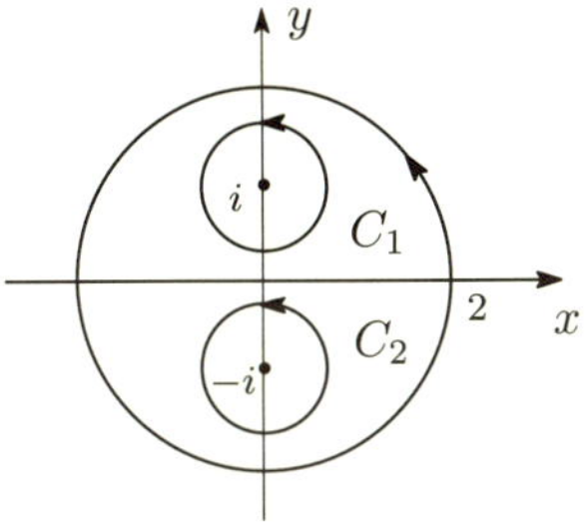

図 5.11

例題 5.4.5 積分 $\displaystyle\int_{|z|=2} \frac{dz}{z^2+1}$ を求めよ．

解 関数 $\dfrac{1}{z^2+1}$ は円 $|z| = 2$ の内部の点 $z = \pm i$ で正則でない．そこで，$z=i$，$z=-i$ を中心とした半径 r $(0<r<1)$ の円を，それぞれ C_1，C_2 とする (図 5.11)．このとき，定理 5.4.7 より

$$\begin{aligned}\int_{|z|=2} \frac{dz}{z^2+1} &= \int_{C_1} \frac{dz}{z^2+1} + \int_{C_2} \frac{dz}{z^2+1} \\ &= \int_{C_1} \frac{dz}{(z-i)(z+i)} + \int_{C_2} \frac{dz}{(z-i)(z+i)} \\ &= \frac{1}{2i} \int_{C_1} \left(\frac{1}{z-i} - \frac{1}{z+i} \right) dz + \frac{1}{2i} \int_{C_2} \left(\frac{1}{z-i} - \frac{1}{z+i} \right) dz\end{aligned}$$

となる．ここで，例題 5.4.1 とコーシーの積分定理より

$$\int_{C_1} \frac{dz}{z-i} = 2\pi i, \int_{C_1} \frac{dz}{z+i} = 0, \int_{C_2} \frac{dz}{z+i} = 2\pi i, \int_{C_2} \frac{dz}{z-i} = 0$$

なので

$$\int_{|z|=2} \frac{dz}{z^2+1} = \frac{1}{2i}(2\pi i - 2\pi i) = 0$$

である． □

5.4.3 コーシーの積分公式

コーシーの積分公式は，コーシーの積分定理から導かれる重要な結果である．

定理 5.4.8 (コーシーの積分公式)　$f(z)$ は領域 D で正則な関数とする．D 内の点 z_0 に対して，z_0 を囲む単一閉曲線 C とその内部が D 内にあるとき (図 5.12)

$$f(z_0) = \frac{1}{2\pi i}\int_C \frac{f(z)}{z - z_0}dz$$

が成り立つ．

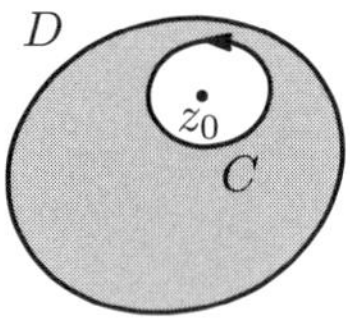

図 5.12

証明　z_0 を中心とした半径 r の円 C_r を C の内部に描くと，定理 5.4.6 より

$$\int_C \frac{f(z)}{z - z_0}dz = \int_{C_r} \frac{f(z)}{z - z_0}dz$$

が成り立つ．$C_r : z = z_0 + re^{i\theta}$ $(0 \leqq \theta \leqq 2\pi)$ なので

$$\int_{C_r} \frac{f(z)}{z - z_0}dz = \int_0^{2\pi} \frac{f(z_0 + re^{i\theta})}{re^{i\theta}} ire^{i\theta}d\theta = i\int_0^{2\pi} f(z_0 + re^{i\theta})d\theta$$

となる．ここで，$r > 0$ は C_r が C 内にあるように任意にとってよいことに注意する．$f(z)$ は $z = z_0$ で連続なので，$\lim_{r \to 0} f(z_0 + re^{i\theta}) = f(z_0)$ である．よって

$$\begin{aligned}\int_C \frac{f(z)}{z - z_0}dz &= i\lim_{r \to 0}\int_0^{2\pi} f(z_0 + re^{i\theta})d\theta \\ &= i\int_0^{2\pi} \lim_{r \to 0} f(z_0 + re^{i\theta})d\theta = 2\pi i f(z_0)\end{aligned}$$

となり，結論の式を得る (第 2 の等号の証明には精密な議論が必要であるが省略する)．　□

例題 5.4.6　積分 $\displaystyle\int_{|z|=2} \frac{dz}{e^{z^2}(z - i)}$ の値を求めよ．

解　$f(z) = e^{-z^2}$ は整関数 (全平面で正則) なので，コーシーの積分公式より

$$f(i) = \frac{1}{2\pi i}\int_{|z|=2} \frac{f(z)}{z - i}dz = \frac{1}{2\pi i}\int_{|z|=2} \frac{dz}{e^{z^2}(z - i)}$$

である．よって

$$\int_{|z|=2} \frac{dz}{e^{z^2}(z - i)} = 2\pi i f(i) = 2\pi i e^{-i^2} = 2\pi e i$$

となる．　□

コーシーの積分公式の両辺を z_0 で形式的に微分すると

$$f(z_0) = \frac{1}{2\pi i}\int_C \frac{f(z)}{z - z_0}dz$$

$$f'(z_0) = \frac{1}{2\pi i}\int_C \frac{f(z)}{(z - z_0)^2}dz$$

$$f''(z_0) = \frac{2!}{2\pi i}\int_C \frac{f(z)}{(z - z_0)^3}dz$$

となる．この形式的な計算は数学的に正しいことが証明でき，$f(z)$ の n 次導関数に対してもコーシーの積分公式が得られる．

定理 5.4.9 $f(z)$ は領域 D で正則な関数とする．このとき，$f(z)$ は D で何回でも微分可能である．また，D 内の任意の点 z_0 に対して，z_0 を囲む D 内の単一閉曲線を C とすると

$$f^{(n)}(z_0) = \frac{n!}{2\pi i}\int_C \frac{f(z)}{(z - z_0)^{n+1}}dz$$

が成り立つ．

例題 5.4.7 積分 $\displaystyle\int_C \frac{e^{iz}}{(z-i)^3}dz$ を求めよ．ただし，C は i を内部に含む単一閉曲線とする．

解 $f(z) = e^{iz}$ とおくと，定理 5.4.9 より

$$f''(i) = \frac{2}{2\pi i}\int_C \frac{e^{iz}}{(z-i)^3}dz$$

となる．ここで，$f''(z) = -e^{iz}$ なので $f''(i) = -e^{-1}$ である．よって

$$\int_C \frac{e^{iz}}{(z-i)^3}dz = \pi i f''(i) = -\frac{\pi i}{e}$$

を得る． □

問題 5.4.3

1. 次の曲線 C に対して，積分 $\displaystyle\int_C \frac{dz}{z}$ を求めよ．

(1) $|z| = 1$　　(2) $|z-2| = 1$

(3) $|z-2| = 3$

(4) 点 1，i，-1，$-i$ を頂点とする正方形

2. 次の曲線 C に対して，積分 $\displaystyle\int_C \frac{2z+1}{(z-1)(z+2)}dz$ を求めよ．

(1) $|z| = \dfrac{1}{2}$ (2) $|z| = \dfrac{3}{2}$

(3) $|z| = 3$ (4) $|z-i| = 2$

3. 次の積分を求めよ．

(1) $\displaystyle\int_{|z|=1} e^z dz$ (2) $\displaystyle\int_{|z-1|=2} \frac{dz}{z+i}$

(3) $\displaystyle\int_{|z-i|=1/2} \sin\frac{1}{z}dz$ (4) $\displaystyle\int_{|z-i|=2} \frac{dz}{z^2-1}$

(5) $\displaystyle\int_{|z|=2} \frac{z^4+z}{(z-1)^2}dz$ (6) $\displaystyle\int_{|z|=1/2} \frac{2z-1}{z^2-z}dz$

(7) $\displaystyle\int_{|z|=2} \frac{z^2+2iz-4}{z+i}dz$ (8) $\displaystyle\int_{|z|=2} \frac{z^2+(1-2i)z}{(z+1)(z-i)^2}dz$

4. 次の積分を求めよ．

(1) $\displaystyle\int_{|z|=1} \frac{z^3}{z-\frac{i}{2}}dz$ (2) $\displaystyle\int_{|z|=1} \frac{\cos z}{z}dz$

(3) $\displaystyle\int_{|z|=1} \frac{\sin z}{z^2}dz$ (4) $\displaystyle\int_{|z|=2} \frac{z^4}{(z-i)^3}dz$

(5) $\displaystyle\int_{|z+i|=2} \frac{e^z}{(z+1)^2}dz$ (6) $\displaystyle\int_{|z|=2} \frac{e^z}{z}dz$

(7) $\displaystyle\int_{|z|=3} \frac{z^3+z+2}{(z+2)^3}dz$ (8) $\displaystyle\int_{|z|=2} \frac{e^{iz}}{(z-i)^3}dz$

5.5 複素関数の級数展開

5.5.1 テイラー展開

複素数列 $\{z_n\}$ は，$|z_n - z| \to 0\ (n \to \infty)$ であるとき，z に**収束する**といい，z を $\{z_n\}$ の**極限値**という．このとき，$\displaystyle\lim_{n\to\infty} z_n = z$ または $z_n \to z$ と書く．$\{z_n\}$ が収束しないとき，**発散する**という．複素数列 $\{z_n\}$ に対して，その形式和

$$z_1 + z_2 + \cdots + z_n + \cdots$$

を**級数**といい，$\displaystyle\sum_{n=1}^{\infty} z_n$ で表す．z_n をこの級数の**一般項**といい，初項 z_1 から

第 n 項 z_n までの和 $S_n = \sum_{k=1}^{n} z_k$ を**第 n 部分和**という．数列 $\{S_n\}$ が収束するとき，級数 $\sum_{n=1}^{\infty} z_n$ は**収束する**という．このとき，$\{S_n\}$ の極限値 S をこの級数の**和**といい，形式和と同じ記号 $\sum_{n=1}^{\infty} z_n$ で表す．すなわち $\sum_{n=1}^{\infty} z_n = \lim_{n\to\infty} S_n = \lim_{n\to\infty} \sum_{k=1}^{n} z_k$ である．数列 $\{S_n\}$ が発散するとき，級数 $\sum_{n=1}^{\infty} z_n$ は**発散する**という．

級数に関する基本事項は以下の通りである．

命題 5.5.1　(1)　$\sum_{n=1}^{\infty} z_n$ と $\sum_{n=1}^{\infty} w_n$ が収束すれば，$\sum_{n=1}^{\infty}(z_n + w_n)$ も収束して，

$$\sum_{n=1}^{\infty}(z_n + w_n) = \sum_{n=1}^{\infty} z_n + \sum_{n=1}^{\infty} w_n$$

(2)　$\sum_{n=1}^{\infty} z_n$ が収束すれば，任意の複素数 c に対して $\sum_{n=1}^{\infty} cz_n$ も収束して，

$$\sum_{n=1}^{\infty} cz_n = c\sum_{n=1}^{\infty} z_n$$

命題 5.5.2　(1)　$\sum_{n=1}^{\infty} z_n$ が収束すれば，$z_n \to 0$ となる．それゆえ，$z_n \not\to 0$ ならば，$\sum_{n=1}^{\infty} z_n$ は発散する．

(2)　$$\sum_{n=1}^{\infty} z^{n-1} = 1 + z + z^2 + \cdots + z^{n-1} + \cdots = \begin{cases} \dfrac{1}{1-z} & (|z| < 1) \\ \text{発散} & (|z| \geqq 1) \end{cases}$$

(3)　級数 $\sum_{n=1}^{\infty} z_n$ に有限個の項を付け加えても，取り除いてもその収束，発散は変わらない．

(4)　$z_n = x_n + iy_n$ とすると

$$\sum_{n=1}^{\infty} z_n \text{ が収束} \iff \sum_{n=1}^{\infty} x_n \text{と} \sum_{n=1}^{\infty} y_n \text{がともに収束}$$

このとき，$\sum_{n=1}^{\infty} z_n = \sum_{n=1}^{\infty} x_n + i\sum_{n=1}^{\infty} y_n$ が成り立つ．

実変数関数は無限回微分可能であってもテイラー展開できるとは限らない．しかし，複素関数は正則であれば自動的に無限回微分可能で，テイラー展開することができる．

定理 5.5.3 $f(z)$ は領域 D で正則とし，z_0 を D 内の点とする．z_0 を中心とした半径 r の円 C とその内部が D に含まれるとする (図 5.13)．このとき，$f(z)$ は C 内で

$$f(z)=\sum_{n=0}^{\infty}\frac{f^{(n)}(z_0)}{n!}(z-z_0)^n \quad (|z-z_0|<r)$$

と表される．これを $f(z)$ の点 z_0 のまわりの**テイラー (Taylor) 展開**という．ここで

$$\frac{f^{(n)}(z_0)}{n!}=\frac{1}{2\pi i}\int_C\frac{f(\zeta)}{(\zeta-z_0)^{n+1}}d\zeta \quad (n=0,1,2,\cdots)$$

である．特に，$z_0=0$ のまわりのテイラー展開

$$f(z)=\sum_{n=0}^{\infty}\frac{f^{(n)}(0)}{n!}z^n \quad (|z|<r)$$

を**マクローリン (Maclaurin) 展開**という．

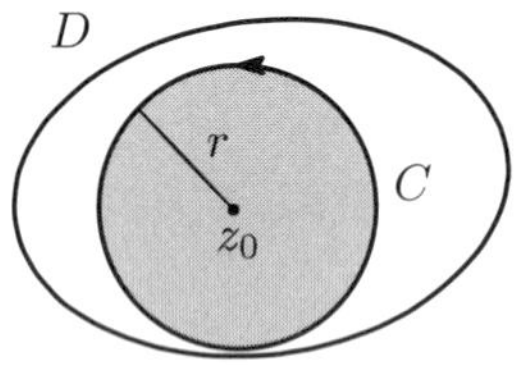

図 5.13

証明 $|z-z_0|<r$ とすると，コーシーの積分公式より

$$f(z)=\frac{1}{2\pi i}\int_C\frac{f(\zeta)}{\zeta-z}d\zeta \tag{5.17}$$

である．曲線 C 上の任意の点 ζ に対して $|(z-z_0)/(\zeta-z_0)|<1$ なので，等比級数の和の公式 (命題 5.5.2 (2)) より

$$\begin{aligned}\frac{1}{\zeta-z}&=\frac{1}{(\zeta-z_0)\left(1-\dfrac{z-z_0}{\zeta-z_0}\right)}\\&=\frac{1}{\zeta-z_0}\left\{1+\frac{z-z_0}{\zeta-z_0}+\left(\frac{z-z_0}{\zeta-z_0}\right)^2+\cdots\right\}\end{aligned}$$

が成り立つ．よって

$$\frac{f(\zeta)}{\zeta-z}=\frac{f(\zeta)}{\zeta-z_0}\sum_{n=0}^{\infty}\left(\frac{z-z_0}{\zeta-z_0}\right)^n=\sum_{n=0}^{\infty}\frac{f(\zeta)}{(\zeta-z_0)^{n+1}}(z-z_0)^n \tag{5.18}$$

である．そこで，(5.18) を (5.17) に代入すると

$$f(z) = \frac{1}{2\pi i}\int_C \sum_{n=0}^{\infty} \frac{f(\zeta)}{(\zeta - z_0)^{n+1}}(z - z_0)^n d\zeta$$

$$= \frac{1}{2\pi i}\sum_{n=0}^{\infty}\int_C \frac{f(\zeta)}{(\zeta - z_0)^{n+1}}(z - z_0)^n d\zeta$$

$$= \sum_{n=0}^{\infty}\left(\frac{1}{2\pi i}\int_C \frac{f(\zeta)}{(\zeta - z_0)^{n+1}}d\zeta\right)(z - z_0)^n$$

となる．ここで，$f^{(n)}(z)$ に関する公式 (定理 5.4.9) より

$$\frac{1}{2\pi i}\int_C \frac{f(\zeta)}{(\zeta - z_0)^{n+1}}d\zeta = \frac{f^{(n)}(z_0)}{n!}$$

なので，テイラー展開

$$f(z) = \sum_{n=0}^{\infty}\frac{f^{(n)}(z_0)}{n!}(z - z_0)^n$$

を得る． □

例 5.5.1 実変数関数の場合と同様に，次のマクローリン展開がすべての複素数 z に対して成り立つ．

(1) $e^z = 1 + \dfrac{z}{1!} + \dfrac{z^2}{2!} + \cdots + \dfrac{z^n}{n!} + \cdots$

(2) $\sin z = \dfrac{z}{1!} - \dfrac{z^3}{3!} + \dfrac{z^5}{5!} - \dfrac{z^7}{7!} + \cdots + (-1)^n\dfrac{z^{2n+1}}{(2n+1)!} + \cdots$

(3) $\cos z = 1 - \dfrac{z^2}{2!} + \dfrac{z^4}{4!} - \dfrac{z^6}{6!} + \cdots + (-1)^n\dfrac{z^{2n}}{(2n)!} + \cdots$

テイラー展開やマクローリン展開は，実際には，等比級数の和の公式や，例 5.5.1 などのすでに知られている展開式を用いて求めることができる．

例題 5.5.1 (1) $f(z) = \dfrac{1}{z-2}$ を $z = 1$ のまわりでテイラー展開せよ．

(2) $f(z) = \dfrac{z}{(z-1)(z-2)}$ をマクローリン展開せよ．

解 (1) $f(z) = \dfrac{1}{z-2}$ は $|z-1| < 1$ で正則である．よって，等比級数の和の公式より，この領域で

$$\frac{1}{z-2} = -\frac{1}{1-(z-1)} = -\sum_{n=0}^{\infty}(z-1)^n$$

とテイラー展開できる．

(2) $f(z) = \dfrac{z}{(z-1)(z-2)}$ は $|z| < 1$ で正則である．等比級数の和の公式

を利用するために

$$f(z) = \frac{2}{z-2} - \frac{1}{z-1} = \frac{1}{1-z} - \frac{1}{1-z/2}$$

と変形して

$$\frac{1}{1-z} = \sum_{n=0}^{\infty} z^n \quad (|z| < 1), \qquad \frac{1}{1-z/2} = \sum_{n=0}^{\infty} \frac{z^n}{2^n} \quad (|z| < 2)$$

を用いれば

$$f(z) = \sum_{n=0}^{\infty} \left(1 - \frac{1}{2^n}\right) z^n = \sum_{n=0}^{\infty} \frac{2^n - 1}{2^n} z^n \quad (|z| < 1)$$

とマクローリン展開できる． □

5.5.2 ローラン展開

テイラー展開は，関数 $f(z)$ の正則な点のまわりでの級数展開である．ここでは，正則でない点のまわりでの負のべきを含む $f(z)$ の級数展開を考える．

定理 5.5.4 $f(z)$ は円環領域 $D : 0 \leqq R_1 < |z - z_0| < R_2 \leqq \infty$ で正則とする．このとき，$f(z)$ は D で

$$f(z) = \sum_{n=-\infty}^{\infty} c_n (z - z_0)^n = \sum_{n=0}^{\infty} c_n (z - z_0)^n + \sum_{n=1}^{\infty} \frac{c_{-n}}{(z - z_0)^n} \tag{5.19}$$

と表される．これを $f(z)$ の点 z_0 のまわりの**ローラン (Laurent) 展開**という．ここで

$$c_n = \frac{1}{2\pi i} \int_C \frac{f(\zeta)}{(\zeta - z_0)^{n+1}} d\zeta \quad (n = 0, \pm 1, \pm 2, \cdots) \tag{5.20}$$

であり，C は z_0 を中心とした半径 r $(R_1 < r < R_2)$ の円とする．

証明 $R_1 < r_1 < r_2 < R_2$ を満たす r_1，r_2 を任意にとり，z_0 を中心とした半径 r_1，r_2 の円をそれぞれ C_1，C_2 とする (図 5.14)．z を C_1 と C_2 で囲まれた円環領域 $D : r_1 < |z - z_0| < r_2$ の任意の点とする．z を中心とした円 K を D 内にとると，ζ の関数 $\dfrac{f(\zeta)}{\zeta - z}$ は，円 C_2 の内部で円 K と円 C_1 の外部にある点からなる領域とその境界で正則なので，定理 5.4.7 より

$$\int_{C_2} \frac{f(\zeta)}{\zeta - z} d\zeta = \int_{C_1} \frac{f(\zeta)}{\zeta - z} d\zeta + \int_K \frac{f(\zeta)}{\zeta - z} d\zeta$$

となる．よって，コーシーの積分公式より

$$f(z) = \frac{1}{2\pi i} \int_K \frac{f(\zeta)}{\zeta - z} d\zeta = \frac{1}{2\pi i} \left\{ \int_{C_2} \frac{f(\zeta)}{\zeta - z} d\zeta - \int_{C_1} \frac{f(\zeta)}{\zeta - z} d\zeta \right\}$$

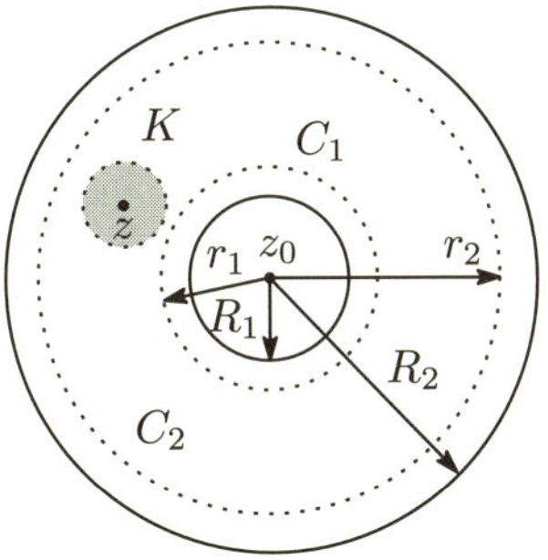

図 5.14

が成り立つ.

まず，右辺の第 1 項はテイラーの定理の証明における (5.18) より

$$\sum_{n=0}^{\infty}\left(\frac{1}{2\pi i}\int_{C_2}\frac{f(\zeta)}{(\zeta-z_0)^{n+1}}d\zeta\right)(z-z_0)^n$$

に等しい．次に，第 2 項について考える．円 C_1 上の任意の点 ζ に対して，$|(\zeta-z_0)/(z-z_0)|<1$ なので

$$-\frac{f(\zeta)}{\zeta-z}=\frac{f(\zeta)}{(z-z_0)-(\zeta-z_0)}=\frac{f(\zeta)}{z-z_0}\cdot\frac{1}{1-\dfrac{\zeta-z_0}{z-z_0}}$$

$$=\frac{f(\zeta)}{z-z_0}\sum_{n=0}^{\infty}\left(\frac{\zeta-z_0}{z-z_0}\right)^n=\sum_{n=0}^{\infty}f(\zeta)(\zeta-z_0)^n(z-z_0)^{-(n+1)}$$

となる．よって，第 2 項は

$$\frac{1}{2\pi i}\int_{C_1}\left\{\sum_{n=0}^{\infty}f(\zeta)(\zeta-z_0)^n(z-z_0)^{-(n+1)}\right\}d\zeta$$

$$=\sum_{n=0}^{\infty}\left\{\frac{1}{2\pi i}\int_{C_1}\frac{f(\zeta)}{(\zeta-z_0)^{-n}}d\zeta\right\}(z-z_0)^{-(n+1)}$$

と変形できる．ここで，z_0 を中心とした半径 r $(R_1<r<R_2)$ の円を C とすると

$$\int_{C_2}\frac{f(\zeta)}{(\zeta-z_0)^{n+1}}d\zeta=\int_{C}\frac{f(\zeta)}{(\zeta-z_0)^{n+1}}d\zeta$$

$$\int_{C_1}\frac{f(\zeta)}{(\zeta-z_0)^{-n}}d\zeta=\int_{C}\frac{f(\zeta)}{(\zeta-z_0)^{-n}}d\zeta$$

が成り立つので

$$f(z) = \sum_{n=0}^{\infty} \left(\frac{1}{2\pi i} \int_C \frac{f(\zeta)}{(\zeta - z_0)^{n+1}} d\zeta \right) (z - z_0)^n$$
$$+ \sum_{n=0}^{\infty} \left(\frac{1}{2\pi i} \int_C \frac{f(\zeta)}{(\zeta - z_0)^{-n}} d\zeta \right) (z - z_0)^{-(n+1)}$$
$$= \sum_{n=-\infty}^{\infty} \left(\frac{1}{2\pi i} \int_C \frac{f(\zeta)}{(\zeta - z_0)^{n+1}} d\zeta \right) (z - z_0)^n$$

となる．そこで，$c_n = \dfrac{1}{2\pi i} \displaystyle\int_C \frac{f(\zeta)}{(\zeta - z_0)^{n+1}} d\zeta \ (n = 0, \pm 1, \pm 2, \cdots)$ とおいて，(5.19) を得る．　□

ローラン展開も，(5.20) の積分計算を行うことなく，すでに知られているテイラー展開や等比級数の和の公式から求めることができる．

例題 5.5.2　次の関数を原点のまわりでローラン展開せよ．

(1)　$e^{1/z}$　　　(2)　$\dfrac{\sin z}{z^3}$

解　(1)　e^z をマクローリン展開すると，任意の z に対して

$$e^z = 1 + \frac{z}{1!} + \frac{z^2}{2!} + \cdots + \frac{z^n}{n!} + \cdots$$

となる．そこで，z の代わりに $1/z$ を代入して，ローラン展開

$$e^{1/z} = 1 + \frac{1}{1!z} + \frac{1}{2!z^2} + \cdots + \frac{1}{n!z^n} + \cdots \quad (0 < |z| < \infty)$$

を得る．

(2)　$\sin z$ をマクローリン展開すると，任意の z に対して

$$\sin z = \frac{z}{1!} - \frac{z^3}{3!} + \frac{z^5}{5!} - \cdots + (-1)^n \frac{z^{2n+1}}{(2n+1)!} + \cdots$$

となる．よって

$$\frac{\sin z}{z^3} = \frac{1}{z^2} - \frac{1}{3!} + \frac{z^2}{5!} - \cdots + (-1)^n \frac{z^{2n-2}}{(2n+1)!} + \cdots \ (0 < |z| < \infty)$$

が求めるローラン展開である．　□

例題 5.5.3　$f(z) = \dfrac{1}{z(z-1)}$ を点 $z = 0$ と点 $z = 1$ のまわりでローラン展開せよ．

解　$f(z)$ は $z = 0, 1$ を除いた点で正則で，$f(z) = \dfrac{1}{z-1} - \dfrac{1}{z}$ である．

まず，点 $z=0$ のまわりでのローラン展開を求める．$f(z)$ は円環領域 (i) $0<|z|<1$，(ii) $1<|z|<\infty$ で正則なので，これらの領域において $z=0$ のまわりのローラン展開を求めると，それぞれ以下のようになる．

(i) $0<|z|<1$ のとき

$$f(z)=-\frac{1}{z}-\frac{1}{1-z}=-\frac{1}{z}-\left\{1+z+z^2+\cdots+z^n+\cdots\right\}$$

(ii) $1<|z|<\infty$ のとき，$|1/z|<1$ なので

$$\begin{aligned}f(z)&=-\frac{1}{z}+\frac{1}{z-1}=-\frac{1}{z}+\frac{1}{z}\cdot\frac{1}{1-\dfrac{1}{z}}\\&=-\frac{1}{z}+\frac{1}{z}\left\{1+\frac{1}{z}+\frac{1}{z^2}+\cdots+\frac{1}{z^n}+\cdots\right\}\\&=\frac{1}{z^2}+\frac{1}{z^3}+\cdots+\frac{1}{z^{n+1}}+\cdots\end{aligned}$$

次に，点 $z=1$ のまわりのローラン展開を求める．今度は，$f(z)$ は円環領域 (i) $0<|z-1|<1$，(ii) $1<|z-1|<\infty$ で正則である．よって

(i) $0<|z-1|<1$ のとき

$$\begin{aligned}f(z)&=\frac{1}{z-1}-\frac{1}{z}=\frac{1}{z-1}-\frac{1}{1+(z-1)}\\&=\frac{1}{z-1}-\left\{1-(z-1)+(z-1)^2-\cdots+(-1)^n(z-1)^n+\cdots\right\}\\&=\frac{1}{z-1}-\sum_{n=0}^{\infty}(-1)^n(z-1)^n\end{aligned}$$

(ii) $1<|z-1|<\infty$ のとき，$|1/(z-1)|<1$ なので

$$\begin{aligned}f(z)&=\frac{1}{z-1}-\frac{1}{z}=\frac{1}{z-1}-\frac{1}{z-1}\cdot\frac{1}{1+\dfrac{1}{z-1}}\\&=\frac{1}{z-1}-\frac{1}{z-1}\left\{1-\frac{1}{z-1}+\frac{1}{(z-1)^2}-\cdots+\frac{(-1)^n}{(z-1)^n}+\cdots\right\}\\&=\frac{1}{(z-1)^2}-\frac{1}{(z-1)^3}+\cdots+\frac{(-1)^{n+1}}{(z-1)^{n+1}}+\cdots\\&=\sum_{n=2}^{\infty}\frac{(-1)^n}{(z-1)^n}\end{aligned}$$

となり，これらが $z=1$ のまわりのローラン展開となる．　□

問題 5.5

1. 次の関数をかっこ内の点のまわりでテイラー展開せよ．

(1) $\dfrac{1}{1+z}\quad(z=0)$　(2) $\dfrac{1}{1-z^2}\quad(z=0)$

(3) $\dfrac{1}{2-z}\quad(z=1)$　(4) $\dfrac{1}{1+z}\quad(z=-i)$

(5) $z\sin\dfrac{z}{2}\quad(z=0)$　(6) $e^{z^2}\quad(z=0)$

(7) $\cos 2z\quad(z=0)$　(8) $e^z\quad(z=3i)$

2. $f(z)=\dfrac{z}{(z-1)(2z+1)}$ を次の点のまわりでテイラー展開せよ．

(1) $z=0$　(2) $z=2$

3. 次の関数をかっこ内の点のまわりでローラン展開せよ．

(1) $z^2e^{1/z}\quad(z=0)$　(2) $z\sin\dfrac{1}{z}\quad(z=0)$

(3) $\dfrac{\cos z-1}{z^2}\quad(z=0)$　(4) $\cos\dfrac{1}{z^2}\quad(z=0)$

(5) $\sin\dfrac{1}{z-i}\quad(z=i)$　(6) $\dfrac{1-e^{-z}}{z^3}\quad(z=0)$

(7) $\dfrac{\sin z}{z-\pi}\quad(z=\pi)$　(8) $\dfrac{e^z}{(z-1)^2}\quad(z=1)$

4. 次の関数をかっこ内の点のまわりでローラン展開せよ．

(1) $\dfrac{2}{(z-1)(z-3)}\quad(z=1)$　(2) $\dfrac{1}{1+z^2}\quad(z=-i)$

5. $f(z)=\dfrac{1}{(z-1)(z-2)}$ を次の領域において原点のまわりで級数展開せよ．

(1) $|z|<1$　(2) $1<|z|<2$　(3) $|z|>2$

5.6 留　数

5.6.1 孤立特異点

関数 $f(z)$ が正則でない点 z_0 を $f(z)$ の**特異点**という．$f(z)$ がある領域 $0<|z-z_0|<R$ で正則であるが，$z=z_0$ では正則でないとき，点 z_0 を $f(z)$ の**孤**

立特異点という．たとえば，関数 $f(z)=\dfrac{1}{z(z-1)}$ に対して，$z=0$ と $z=1$ は孤立特異点である．定理 5.5.4 より，$f(z)$ は孤立特異点 z_0 において次のようにローラン展開される．

$$f(z)=\sum_{n=1}^{\infty}\frac{c_{-n}}{(z-z_0)^n}+\sum_{n=0}^{\infty}c_n(z-z_0)^n \quad (0<|z-z_0|<R) \tag{5.21}$$

ここで

$$\sum_{n=1}^{\infty}\frac{c_{-n}}{(z-z_0)^n},\quad \sum_{n=0}^{\infty}c_n(z-z_0)^n$$

をそれぞれ $f(z)$ のローラン展開の**主要部**，**正則部**という．$f(z)$ の z_0 における特異性は主要部

$$\sum_{n=1}^{\infty}\frac{c_{-n}}{(z-z_0)^n}=\frac{c_{-1}}{z-z_0}+\frac{c_{-2}}{(z-z_0)^2}+\cdots+\frac{c_{-n}}{(z-z_0)^n}+\cdots$$

の状態により以下のように分類される．

(i)　$c_{-n}=0\ (n=1,2,\cdots)$ のとき，すなわち主要部が 0 であるとき，z_0 を**除去可能な特異点**という．

(ii)　主要部が有限個の項からなるとき，z_0 を**極**という．特に，主要部が

$$\frac{c_{-1}}{z-z_0}+\frac{c_{-2}}{(z-z_0)^2}+\cdots+\frac{c_{-k}}{(z-z_0)^k} \quad (c_{-k}\neq 0)$$

であるとき，z_0 を $\boldsymbol{k}$ **位の極**といい，k を極 z_0 の**位数**という．

(iii)　無限個の n に対して $c_{-n}\neq 0$ のとき，すなわち主要部に 0 でない項が無限個あるとき，z_0 を**真性特異点**という．

点 z_0 が $f(z)$ の除去可能な特異点の場合は，$f(z)$ が $z=z_0$ で定義されているいないにかかわらず，$f(z_0)=c_0$ と定義すれば，$f(z)$ は $z=z_0$ で正則になる．したがって，除去可能な特異点においては，$f(z)$ はこのように再定義した正則な関数と考えてよい．

例 5.6.1　(1)　$\sin z=\dfrac{z}{1!}-\dfrac{z^3}{3!}+\dfrac{z^5}{5!}-\cdots+(-1)^n\dfrac{z^{2n+1}}{(2n+1)!}+\cdots$ なので，$f(z)=\dfrac{\sin z}{z}$ の孤立特異点 $z=0$ におけるローラン展開は

$$\frac{\sin z}{z}=1-\frac{z^2}{3!}+\frac{z^4}{5!}-\cdots+(-1)^n\frac{z^{2n}}{(2n+1)!}+\cdots \quad (0<|z|<\infty)$$

となる．主要部は 0 なので，$z=0$ は $f(z)$ の除去可能な特異点である．このと

き，$f(0)=1$，すなわち

$$f(z)=\begin{cases}\dfrac{\sin z}{z} & (z\neq 0)\\ 1 & (z=0)\end{cases}$$

と定義すると，$f(z)$ は全平面で正則になる．

(2) $f(z)=\dfrac{\sin z}{z^2}$ の $z=0$ におけるローラン展開は

$$\frac{\sin z}{z^2}=\frac{1}{z}-\frac{z}{3!}+\frac{z^3}{5!}-\cdots+(-1)^n\frac{z^{2n-1}}{(2n+1)!}+\cdots \quad (0<|z|<\infty)$$

となる．よって，$z=0$ は 1 位の極である．

(3) $f(z)=e^{1/z}$ の $z=0$ を中心としたローラン展開は例題 5.5.2 (1) より

$$e^{1/z}=1+\frac{1}{1!z}+\frac{1}{2!z^2}+\cdots+\frac{1}{n!z^n}+\cdots \quad (0<|z|<\infty)$$

となる．よって，$z=0$ は $f(z)$ の真性特異点である．

関数の零点と極との間には密接な関係がある．$f(z_0)=0$ となる点 z_0 を $f(z)$ の**零点**という．また

$$f(z_0)=f'(z_0)=\cdots=f^{(k-1)}(z_0)=0, \quad f^{(k)}(z_0)\neq 0 \tag{5.22}$$

のとき，z_0 を $f(z)$ の $\boldsymbol{k}$ **位の零点**という．正則関数 $f(z)$ がその零点 z_0 の近傍で定数関数でなければ，ある k が存在して $f^{(k)}(z_0)\neq 0$ となる (問題 3)．零点に関する次の定理は有用である．

定理 5.6.1 $f(z)$ は点 z_0 で正則とする．次は同値である．

(1) z_0 は $f(z)$ の k 位の零点である．

(2) z_0 で正則な関数 $f_1(z)$ で次式を満たすものが存在する．

$$f(z)=(z-z_0)^k f_1(z), \quad f_1(z_0)\neq 0 \tag{5.23}$$

証明 (1) $\Rightarrow$ (2) z_0 を $f(z)$ の k 位の零点とすると，(5.22) より，$f(z)$ の z_0 のまわりのテイラー展開は

$$\begin{aligned}f(z)&=\frac{f^{(k)}(z_0)}{k!}(z-z_0)^k+\frac{f^{(k+1)}(z_0)}{(k+1)!}(z-z_0)^{k+1}+\cdots\\&=(z-z_0)^k\left\{\frac{f^{(k)}(z_0)}{k!}+\frac{f^{(k+1)}(z_0)}{(k+1)!}(z-z_0)+\cdots\right\}\end{aligned}$$

となる．そこで

$$f_1(z)=\frac{f^{(k)}(z_0)}{k!}+\frac{f^{(k+1)}(z_0)}{(k+1)!}(z-z_0)+\cdots$$

とおくと，$f_1(z)$ は z_0 で正則で，(5.23) を満たす．

(2) ⇒ (1) は明らか．□

注意　$f(z)$ を z_0 で正則な定数でない関数とし，z_0 を $f(z)$ の零点する．このとき，定理 5.6.1 より，z_0 のある近傍で $f(z) \neq 0$ $(z \neq z_0)$ となる．すなわち，z_0 の近くに $f(z)$ の零点は存在しない．これを**零点孤立の原理**という．

定理 5.6.2　$f(z)$ は $0 < |z - z_0| < R$ で正則とする．次は同値である．

(1)　点 z_0 は $f(z)$ の k 位の極である．

(2)　点 z_0 で正則な関数 $f_1(z)$ で次式を満たすものが存在する．

$$f(z) = \frac{f_1(z)}{(z - z_0)^k}, \quad f_1(z_0) \neq 0 \tag{5.24}$$

証明　(1) ⇒ (2)　点 z_0 を $f(z)$ の k 位の極とすると，$f(z)$ の z_0 のまわりのローラン展開は

$$\begin{aligned} f(z) &= \frac{c_{-k}}{(z - z_0)^k} + \cdots + \frac{c_{-1}}{z - z_0} + c_0 + c_1(z - z_0) + c_2(z - z_0)^2 + \cdots \\ &= \frac{1}{(z - z_0)^k} \left\{ c_{-k} + c_{-k+1}(z - z_0) + \cdots + c_{-1}(z - z_0)^{k-1} \right. \\ &\qquad \left. + \ c_0(z - z_0)^k + c_1(z - z_0)^{k+1} + \cdots \right\} \end{aligned}$$

となり，$c_{-k} \neq 0$ である．ここで $\{\ \}$ 内の級数から定まる正則関数を $f_1(z)$ とおくと，$f_1(z)$ は (5.24) を満たす．

(2) ⇒ (1) は $f_1(z)$ を z_0 でテイラー展開することにより示せる．□

定理 5.6.1 と定理 5.6.2 から，関数の極と零点の間の密接な関係を示す次の結果が得られる．

定理 5.6.3　$f(z)$ は $0 < |z - z_0| < R$ で正則とする．次は同値である．

(1)　点 z_0 は $f(z)$ の k 位の極である．

(2)　点 z_0 は $\dfrac{1}{f(z)}$ の k 位の零点である．

例題 5.6.1　$f(z) = \dfrac{z+1}{z^3(z-1)}$ の極の位数を求めよ．

解　$f(z)$ の特異点は 0 と 1 である．$z = 0$ のとき，$f_1(z) = \dfrac{z+1}{z-1}$ とおくと，$f_1(z)$ は $z = 0$ で正則で，$f(z) = \dfrac{f_1(z)}{z^3}$，$f_1(0) \neq 0$ を満たす．よって，$z = 0$ は $f(z)$ の 3 位の極である．

$z=1$ のときは，$f_1(z)=\dfrac{z+1}{z^3}$ とおくと，$f_1(z)$ は $z=1$ で正則で，$f(z)=\dfrac{f_1(z)}{z-1}$，$f_1(1)\neq 0$ を満たす．よって，$z=1$ は $f(z)$ の 1 位の極である．

(別解)　定理 5.6.3 を用いる．$z=0$ は $\dfrac{1}{f(z)}=\dfrac{z^3(z-1)}{z+1}$ の 3 位の零点なので，$f(z)$ の 3 位の極となる．一方，$z=1$ は $\dfrac{1}{f(z)}$ の 1 位の零点なので，$f(z)$ の 1 位の極である．　□

除去可能な特異点については次の結果が知られている (証明略).

定理 5.6.4　$f(z)$ は $0<|z-z_0|<R$ で正則とする．次は同値である．

(1)　z_0 は $f(z)$ の除去可能な特異点である．

(2)　$\lim_{z\to z_0} f(z)$ が存在する．

(3)　$\lim_{z\to z_0} (z-z_0)f(z)=0$

問題 5.6.1

1.　次の関数の特異点の種類を調べよ．

(1)　$\dfrac{1-z^2}{1-z}$　　(2)　$z^3\sin\dfrac{1}{z}$

(3)　$\dfrac{e^z}{1+z^2}$　　(4)　$\dfrac{\sin z}{z-\pi}$

(5)　$\dfrac{e^{iz}}{z^2}$　　(6)　ze^{1/z^2}

(7)　$\dfrac{z^3+1}{z}$　　(8)　$\dfrac{1}{\cos^2 z}$

2.　次の関数の極の位数を求めよ．

(1)　$\dfrac{1}{z(z-1)^3}$　　(2)　$\dfrac{1}{(z+i)^2(z-i)}$

(3)　$\dfrac{e^z}{(1+z^2)^2}$　　(4)　$\dfrac{1}{\cos z}$

(5)　$\dfrac{\cos z}{z^3}$　　(6)　$\dfrac{z-i}{(z+i)^2}$

(7)　$\dfrac{z}{z^4-1}$　　(8)　$\tan z$

3.　正則関数 $f(z)$ がその零点 z_0 の近傍で定数関数でなければ，ある k が存在して $f^{(k)}(z_0)\neq 0$ となることを示せ．

5.6.2 留　　数

$f(z)$ を $0 < |z - z_0| < R$ で正則な関数とすると，定理 5.5.4 より

$$f(z) = \sum_{n=-\infty}^{\infty} c_n (z - z_0)^n \quad (0 < |z - z_0| < R)$$
$$= \cdots + \frac{c_{-m}}{(z - z_0)^m} + \cdots + \frac{c_{-1}}{z - z_0}$$
$$+ c_0 + c_1(z - z_0) + c_2(z - z_0)^2 + \cdots$$

とローラン展開される．このとき，$\dfrac{1}{z - z_0}$ の係数 c_{-1} を $f(z)$ の z_0 における**留数** (residue) といい，$\mathrm{Res}\,(f; z_0)$ または $\mathrm{Res}\,(z_0)$ で表す．ローラン展開の係数 c_n は

$$c_n = \frac{1}{2\pi i} \int_C \frac{f(\zeta)}{(\zeta - z_0)^{n+1}} d\zeta \quad (n = 0, \pm 1, \pm 2, \cdots)$$

なので

$$\mathrm{Res}\,(z_0) = c_{-1} = \frac{1}{2\pi i} \int_C f(z) dz$$

ここで，C は z_0 を中心とした半径 r $(0 < r < R)$ の円である．これより

$$\int_C f(z) dz = 2\pi i \,\mathrm{Res}\,(z_0)$$

を得る．したがって，特異点 z_0 を囲む円 C に沿った複素積分 $\displaystyle\int_C f(z) dz$ は，z_0 における $f(z)$ の留数，すなわち，ローラン展開における $\dfrac{1}{z - z_0}$ の係数から求まる．

例 5.6.2　例 5.6.1 から以下が得られる．

(1)　$f(z) = \dfrac{\sin z}{z}$ の特異点 $z = 0$ におけるローラン展開の主要部は 0 である．よって，0 における留数は $\mathrm{Res}\,(0) = c_{-1} = 0$ となる．

(2)　$f(z) = \dfrac{\sin z}{z^2}$ の $z = 0$ におけるローラン展開において，$\dfrac{1}{z}$ の係数は 1 なので，0 における留数は $\mathrm{Res}\,(0) = c_{-1} = 1$ となる．

(3)　$f(z) = e^{1/z}$ の特異点 $z = 0$ におけるローラン展開から，上と同様にして，0 における留数は $\mathrm{Res}\,(0) = c_{-1} = 1$ となる．

以上より，$z = 0$ を中心とした半径 r の円 C に沿った複素積分を，被積分関数の特異点の留数を用いて

$$\int_C \frac{\sin z}{z}dz = 2\pi i \operatorname{Res}(0) = 0, \quad \int_C \frac{\sin z}{z^2}dz = 2\pi i \operatorname{Res}(0) = 2\pi i$$

$$\int_C e^{1/z}dz = 2\pi i \operatorname{Res}(0) = 2\pi i$$

のように求めることができる．

$f(z)$ の特異点 z_0 が極のときは，ローラン展開を用いずに，次の定理を利用して z_0 における留数を求めることができる．

定理 5.6.5 (1) z_0 が $f(z)$ の k 位の極ならば

$$\operatorname{Res}(f; z_0) = \frac{1}{(k-1)!}\lim_{z\to z_0}\frac{d^{k-1}}{dz^{k-1}}\Big[(z-z_0)^k f(z)\Big] \tag{5.25}$$

特に，z_0 が $f(z)$ の 1 位の極ならば

$$\operatorname{Res}(f; z_0) = \lim_{z\to z_0}(z-z_0)f(z) \tag{5.26}$$

(2) $f(z) = \dfrac{h(z)}{g(z)}$ で，$g(z)$，$h(z)$ は $z = z_0$ で正則とする．z_0 が $g(z)$ の 1 位の零点で，$h(z_0) \neq 0$ ならば，z_0 は $f(z)$ の 1 位の極で

$$\operatorname{Res}(f; z_0) = \frac{h(z_0)}{g'(z_0)}$$

証明 (1) z_0 を $f(z)$ の k 位の極とすると，$f(z)$ は z_0 のまわりで

$$f(z) = \frac{c_{-k}}{(z-z_0)^k} + \frac{c_{-k+1}}{(z-z_0)^{k-1}} + \cdots + \frac{c_{-1}}{z-z_0}$$
$$+ c_0 + c_1(z-z_0) + c_2(z-z_0)^2 + \cdots \quad (c_{-k} \neq 0)$$

とローラン展開される．これより

$$(z-z_0)^k f(z) = c_{-k} + c_{-k+1}(z-z_0) + \cdots + c_{-1}(z-z_0)^{k-1}$$
$$+ c_0(z-z_0)^k + c_1(z-z_0)^{k+1} + c_2(z-z_0)^{k+2} + \cdots$$

となる．そこで，上式の両辺を $k-1$ 回微分すると

$$\frac{d^{k-1}}{dz^{k-1}}\Big[(z-z_0)^k f(z)\Big]$$
$$= (k-1)!\,c_{-1} + k\cdots 2\,c_0(z-z_0) + (k+1)\cdots 3\,c_1(z-z_0)^2$$
$$+ (k+2)\cdots 4\,c_2(z-z_0)^3 + \cdots$$

なので

$$\lim_{z\to z_0}\frac{d^{k-1}}{dz^{k-1}}\left[(z-z_0)^k f(z)\right]=(k-1)!\,c_{-1}$$

となり，(5.25) を得る．

(2)　定理 5.6.3 より，$z=z_0$ は $f(z)$ の 1 位の極である．よって，(5.26) より

$$\mathrm{Res}\,(f;z_0)=\lim_{z\to z_0}(z-z_0)\frac{h(z)}{g(z)}=\lim_{z\to z_0}\frac{h(z)}{\dfrac{g(z)-g(z_0)}{z-z_0}}=\frac{h(z_0)}{g'(z_0)}$$

となる．　□

例題 5.6.2　次の関数の特異点における留数を求めよ．

(1)　$f(z)=\dfrac{z^3}{z+1}$　　(2)　$f(z)=\dfrac{\sin z}{(z-i)^2}$

(3)　$f(z)=\dfrac{\cos z-1}{z^2}$　　(4)　$f(z)=z^3e^{1/z}$

解　(1)　$f(z)$ の孤立特異点は $z=-1$ で，定理 5.6.2 より 1 位の極である．よって，定理 5.6.5 (1) より，$\mathrm{Res}\,(-1)=\lim_{z\to -1}(z+1)f(z)=\lim_{z\to -1}z^3=-1$

(別解)　定理 5.6.5 (2) の方法で計算する．$g(z)=z+1$，$h(z)=z^3$ とおくと，$z=-1$ は $g(z)$ の 1 位の零点で，$h(-1)\neq 0$ となる．よって

$$\mathrm{Res}\,(-1)=\frac{h(-1)}{g'(-1)}=-1$$

(2)　$f(z)$ の孤立特異点は $z=i$ である．定理 5.6.2 より，$z=i$ は $f(z)$ の 2 位の極なので

$$\mathrm{Res}\,(i)=\frac{1}{(2-1)!}\lim_{z\to i}\frac{d}{dz}\left[(z-i)^2f(z)\right]=\lim_{z\to i}\frac{d}{dz}\sin z$$

$$=\lim_{z\to i}(\cos z)=\cos i=\frac{e^{i^2}+e^{-i^2}}{2}=\frac{e^{-1}+e}{2}$$

(3)　$\lim_{z\to 0}zf(z)=\lim_{z\to 0}\dfrac{\cos z-1}{z}=0$ (問題 5.3 の 3 (1)) なので，定理 5.6.4 より，$z=0$ は除去可能な特異点である．よって，$\mathrm{Res}\,(0)=0$ となる．

(4)　$f(z)$ の孤立特異点は $z=0$ で，そのまわりでの $e^{1/z}$ のローラン展開は

$$e^{1/z}=1+\frac{1}{1!z}+\frac{1}{2!z^2}+\cdots+\frac{1}{n!z^n}+\cdots\quad(0<|z|<\infty)$$

となる．このとき

$$z^3e^{1/z}=z^3+\frac{z^2}{1!}+\frac{z}{2!}+\frac{1}{3!}+\frac{1}{4!z}+\cdots+\frac{1}{n!z^{n-3}}+\cdots\quad(0<|z|<\infty)$$

なので，$\mathrm{Res}\,(0)=\dfrac{1}{4!}=\dfrac{1}{24}$ を得る．　□

例題 5.6.3 $f(z) = \dfrac{1}{\sin z}$ の特異点における留数を求めよ.

解 $\sin z$ の零点は $z = \pm n\pi$ $(n = 0, 1, 2, \cdots)$ である. これらは 1 位の零点なので, 定理 5.6.5 (2) より, $f(z) = \dfrac{1}{\sin z}$ の 1 位の極であり

$$\mathrm{Res}\,(f(z); \pm n\pi) = \frac{1}{\cos n\pi} = (-1)^n$$

となる. □

問題 5.6.2

1. 次の関数の特異点における留数を求めよ.

(1) $\dfrac{(z-1)(z-2)}{z(z-3)}$ (2) $\dfrac{e^{z^2}}{z^2(z-i)}$

(3) $\dfrac{\cos z}{z}$ (4) $z^2 e^{1/z}$

(5) $\dfrac{e^{iz}}{(z^2+1)^2}$ (6) $\dfrac{\cos z}{\sin z}$

2. $f(z) = \dfrac{3z^2+1}{z^2+1}$ の特異点 $z = i$ における留数を, 定理 5.6.5(1), (2) の方法で求めよ.

3. 次の曲線 C に対して, 積分 $\displaystyle\int_C e^{1/z} dz$ を求めよ. ただし, $0 < r < 1$ とする.

(1) $C : |z| = r$ (2) $C : |z-i| = r$

5.6.3 留数定理と複素積分

上述したように, 複素積分は, 被積分関数の特異点における留数を用いて計算することができる. この事実をより一般化した次の定理は, 多くの応用をもち, 複素関数論において最も重要な結果の 1 つである.

定理 5.6.6 (留数定理) $f(z)$ は領域 D において有限個の特異点 $z_1, \cdots, z_n$ を除いて正則とする. C を $z_1, \cdots, z_n$ を内部に含む D 内の単一閉曲線とすると

$$\int_C f(z)dz = 2\pi i \sum_{k=1}^{n} \mathrm{Res}\,(z_k)$$

が成り立つ.

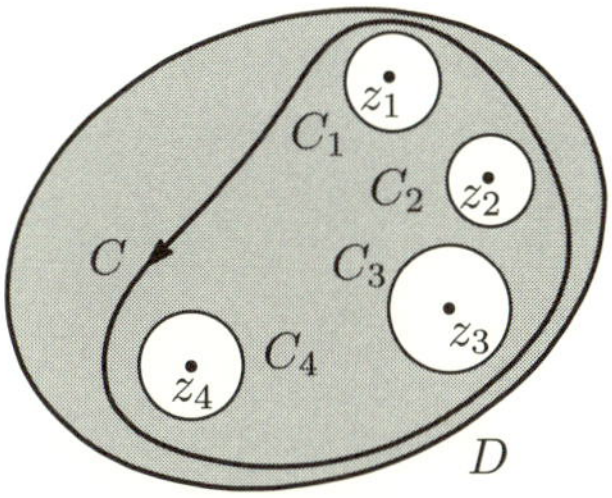

図 5.15　$n=4$ の場合

証明　C の内部に z_k を中心として互いに交わらないように円 C_k $(k=1,2,\cdots,n)$ をとると (図 5.15)，定理 5.4.7 と留数の定義から

$$\int_C f(z)dz = \sum_{k=1}^{n}\int_{C_k} f(z)dz = 2\pi i\sum_{k=1}^{n}\mathrm{Res}\,(z_k)$$

を得る．　□

例題 5.6.4　次の円 C に対して，積分 $\displaystyle\int_C \frac{e^{\pi z}}{z^2(z-i)}dz$ を求めよ．

(1)　$C:|z|=\dfrac{1}{2}$　　(2)　$C:|z|=2$

解　(1)　曲線 $C:|z|=\dfrac{1}{2}$ の内部にある $f(z)=\dfrac{e^{\pi z}}{z^2(z-i)}$ の特異点は $z=0$ である．定理 5.6.2 より，$z=0$ は $f(z)$ の 2 位の極なので

$$\mathrm{Res}\,(0) = \frac{1}{(2-1)!}\lim_{z\to 0}\frac{d}{dz}z^2 f(z) = \lim_{z\to 0}\frac{d}{dz}\left(\frac{e^{\pi z}}{z-i}\right)$$
$$= \lim_{z\to 0}\frac{e^{\pi z}(\pi z-\pi i-1)}{(z-i)^2} = \frac{-\pi i-1}{i^2} = \pi i+1$$

となる．よって，留数定理より

$$\int_C \frac{e^{\pi z}}{z^2(z-i)}dz = 2\pi i\,\mathrm{Res}\,(0) = 2\pi(-\pi+i)$$

となる．

(2)　曲線 $C:|z|=2$ の内部にある $f(z)$ の特異点は $z=0$ と $z=i$ である．(1) より $\mathrm{Res}\,(0)=\pi i+1$ である．また，$z=i$ は 1 位の極だから

$$\mathrm{Res}\,(i) = \lim_{z\to i}(z-i)f(z) = \lim_{z\to i}\frac{e^{\pi z}}{z^2} = \frac{e^{\pi i}}{i^2} = -(\cos\pi+i\sin\pi) = 1$$

となる．よって，留数定理より

$$\int_C \frac{e^{\pi z}}{z^2(z-i)}dz = 2\pi i\{\mathrm{Res}\,(0) + \mathrm{Res}\,(i)\} = 2\pi i(\pi i + 2) = 2\pi(-\pi + 2i)$$

である．□

問題 5.6.3

1. 次の曲線 C に対して，積分 $\displaystyle\int_C \frac{z^2-2}{z(z^2-1)}dz$ を求めよ．

(1) $|z| = 2$　　(2) $|z| = 1/2$

(3) $|z-2| = 1/2$　　(4) $|z-1| = 1/2$

2. 次の曲線 C に対して，積分 $\displaystyle\int_C \frac{dz}{\sin z}$ を求めよ．

(1) $|z| = 1$　　(2) $|z| = 5$

3. 次の積分を求めよ．

(1) $\displaystyle\int_{|z|=2} \frac{dz}{(z+3)(2z-1)}$　　(2) $\displaystyle\int_{|z|=2} \frac{2z}{(z-i)^2}dz$

(3) $\displaystyle\int_{|z|=3/2} \frac{dz}{z(z+1)(z+2)}$　　(4) $\displaystyle\int_{|z|=2} \frac{e^z}{z(z-1)^2}$

(5) $\displaystyle\int_{|z|=1} ze^{1/z}dz$　　(6) $\displaystyle\int_{|z|=10} \frac{dz}{\cos z}$

(7) $\displaystyle\int_{|z|=1} \frac{dz}{e^z}$　　(8) $\displaystyle\int_{|z|=2} \frac{\sin z}{(z-1)^2(z^2+1)}dz$

4. 次の積分を求めよ (問題 5.6.2 の 1 参照)．

(1) $\displaystyle\int_{|z|=4} \frac{(z-1)(z-2)}{z(z-3)}dz$　　(2) $\displaystyle\int_{|z-i|=1/2} \frac{e^{z^2}}{z^2(z-i)}dz$

(3) $\displaystyle\int_{|z|=1} \frac{\cos z}{z}dz$　　(4) $\displaystyle\int_{|z|=1} z^2e^{1/z}dz$

(5) $\displaystyle\int_{|z|=2} \frac{e^{iz}}{(z^2+1)^2}dz$　　(6) $\displaystyle\int_{|z|=4} \frac{\cos z}{\sin z}dz$

5.6.4 実積分への応用

留数定理は実変数関数の積分を計算する際の強力な道具である．特に，微分積分学で学んだ方法では計算が煩雑になる関数や，原始関数を見つける方法では計算できない関数の積分を，留数定理を用いることにより，容易に求めることができる場合がある．ここでは3つの型の実積分を考える．

A. $\displaystyle\int_0^{2\pi} R(\cos\theta, \sin\theta, \cos 2\theta, \sin 2\theta, \cdots)d\theta$

$z = e^{i\theta}$ $(0 \leqq \theta \leqq 2\pi)$ とおき，オイラーの公式を用いて

$$R(\cos\theta, \sin\theta, \cos 2\theta, \sin 2\theta, \cdots)$$

を z で表した式を $G(z)$ とする．このとき，θ を 0 から 2π まで動かすと，z は単位円 $|z| = 1$ 上を一周するので，$dz = ie^{i\theta}d\theta = izd\theta$ より

$$\int_0^{2\pi} R(\cos\theta, \sin\theta, \cos 2\theta, \sin 2\theta, \cdots)d\theta = \int_{|z|=1} \frac{G(z)}{iz}dz$$

となる．そこで，上式の右辺の複素積分を留数定理を用いて計算すればよい．

例題 5.6.5　積分 $\displaystyle\int_0^{2\pi} \frac{\cos 3\theta}{5 - 4\cos\theta}d\theta$ を求めよ．

解　$z = e^{i\theta}$ $(0 \leqq \theta \leqq 2\pi)$ とおくと

$$\cos\theta = \frac{e^{i\theta} + e^{-i\theta}}{2} = \frac{1}{2}\left(z + \frac{1}{z}\right)$$

$$\cos 3\theta = \frac{e^{3i\theta} + e^{-3i\theta}}{2} = \frac{1}{2}\left(z^3 + \frac{1}{z^3}\right)$$

となる．$z = e^{i\theta}$ より，$dz = ie^{i\theta}d\theta = izd\theta$ である．よって

$$\int_0^{2\pi} \frac{\cos 3\theta}{5 - 4\cos\theta}d\theta = \int_{|z|=1} \frac{(z^3 + z^{-3})/2}{5 - 4(z + z^{-1})/2} \cdot \frac{1}{iz}dz$$
$$= -\frac{1}{2i}\int_{|z|=1} \frac{z^6 + 1}{z^3(2z - 1)(z - 2)}dz$$

となる．被積分関数 $f(z) = \dfrac{z^6 + 1}{z^3(2z - 1)(z - 2)}$ の単位円の内部にある特異点は $z = 0$ と $z = \dfrac{1}{2}$ である．$z = 0$ は3位の極なので，その留数は

$$\mathrm{Res}\,(0) = \frac{1}{2!}\lim_{z\to 0}\frac{d^2}{dz^2}z^3 f(z) = \frac{1}{2!}\lim_{z\to 0}\frac{d^2}{dz^2}\frac{z^6 + 1}{(2z - 1)(z - 2)} = \frac{21}{8}$$

となる．また，$z = \dfrac{1}{2}$ は1位の極なので

$$\mathrm{Res}\left(\frac{1}{2}\right) = \lim_{z\to 1/2}\left(z - \frac{1}{2}\right)f(z) = \lim_{z\to 1/2}\frac{z^6 + 1}{2z^3(z - 2)} = -\frac{65}{24}$$

である．よって，留数定理より

$$\int_0^{2\pi} \frac{\cos 3\theta}{5 - 4\cos\theta} d\theta = -\frac{1}{2i} \int_{|z|=1} \frac{z^6 + 1}{z^3(2z-1)(z-2)} dz$$
$$= -\frac{1}{2i} 2\pi i \left\{ \mathrm{Res}\,(0) + \mathrm{Res}\left(\frac{1}{2}\right) \right\}$$
$$= -\pi \left(\frac{21}{8} - \frac{65}{24} \right) = \frac{\pi}{12}$$

となる． □

以下では，$R(x)$ は実係数の有理関数とする．

B. $\displaystyle\int_{-\infty}^{\infty} R(x)dx$

定理 5.6.7 $R(x) = \dfrac{P_m(x)}{Q_n(x)}$ とし，$P_m(x)$，$Q_n(x)$ はそれぞれ m 次，n 次の多項式で，$n - m \geqq 2$ とする．$R(x)$ を複素平面上の関数 $R(z) = \dfrac{P_m(z)}{Q_n(z)}$ に拡張したとき，実軸上で $Q_n(z) \neq 0$ とする．上半平面 $\mathrm{Im}\, z > 0$ にある $R(z)$ の極を $z_1, \cdots, z_k$ とすると

$$\int_{-\infty}^{\infty} R(x)dx = 2\pi i \sum_{i=1}^{k} \mathrm{Res}\,(R(z); z_i)$$

が成り立つ．

証明 まず，無限積分 $\displaystyle\int_{-\infty}^{\infty} R(x)dx = \lim_{L,M\to\infty} \int_{-L}^{M} R(x)dx$ が存在することに注意する．実際，$n - m \geqq 2$ なので，$\displaystyle\lim_{|x|\to\infty} (x^2+1)R(x)$ が存在する．よって，ある定数 $K > 0$ と $r_0 > 0$ が存在して，$|x| \geqq r_0$ のとき $|R(x)| \leqq K/(x^2+1)$ となる．ここで，$\displaystyle\int_{-\infty}^{\infty} \frac{dx}{x^2+1} = \pi$ は有限なので，$\displaystyle\int_{-\infty}^{\infty} R(x)dx$ は存在する．

$Q_n(z) = 0$ は実係数の n 次方程式なので，z が解であれば共役複素数 $\bar{z}$ も解である．また，実軸上に解はないので，$R(z)$ は上半平面に少なくとも 1 つの極をもつ．それらの極を $z_1, \cdots, z_k$ とする．図 5.16 のように，半径 r の半円 $S_r : z = re^{i\theta}$ $(0 \leqq \theta \leqq \pi)$ と，$-r$ と r を結ぶ実軸上の線分 L_r をつないでできる

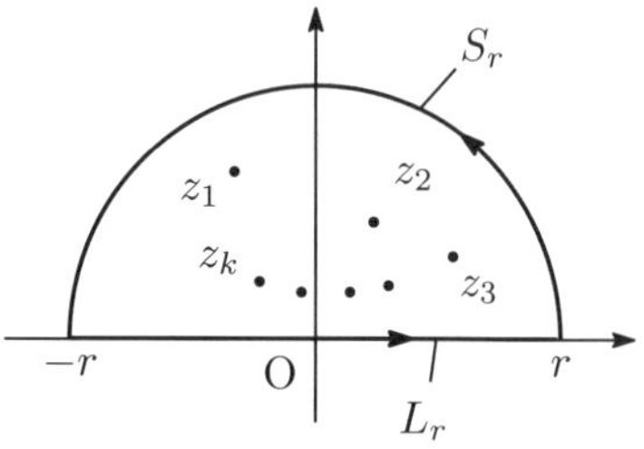

図 5.16

曲線を C_r とする．すなわち，$C_r = S_r + L_r$ である．r を十分大きくとり，C_r が極 $z_1, \cdots, z_k$ を含むようにする．このとき，留数定理より

$$\int_{C_r} R(z)dz = 2\pi i \sum_{j=1}^{k} \mathrm{Res}\,(z_j)$$

となる．また

$$\int_{C_r} R(z)dz = \int_{S_r} R(z)dz + \int_{L_r} R(z)dz$$
$$= \int_{S_r} R(z)dz + \int_{-r}^{r} R(x)dx$$

なので

$$\int_{S_r} R(z)dz + \int_{-r}^{r} R(x)dx = 2\pi i \sum_{j=1}^{k} \mathrm{Res}\,(z_j) \tag{5.27}$$

が成り立つ．ここで

$$\int_{S_r} R(z)dz \to 0 \quad (r \to \infty)$$

である．実際，$n - m \geqq 2$ より，ある定数 $K > 0$ と $r_0 > 0$ が存在して，$|z| \geqq r_0$ のとき $|z^2 R(z)| \leqq K$ となる．半円 S_r の半径 r を $r \geqq r_0$ を満たすようにとる．このとき，S_r 上の任意の点 $z = re^{i\theta}$ に対して，$r^2|R(re^{i\theta})| \leqq K$ なので

$$\left|\int_{S_r} R(z)dz\right| = \left|\int_0^{\pi} R(re^{i\theta})rie^{i\theta}d\theta\right| \leqq \int_0^{\pi} \left|R(re^{i\theta})rie^{i\theta}\right| d\theta$$
$$\leqq \int_0^{\pi} \frac{K}{r^2} r d\theta = \frac{K\pi}{r} \to 0 \quad (r \to \infty)$$

が成り立つ．以上より，(5.27) で $r \to \infty$ として

$$\int_{-\infty}^{\infty} R(x)dx = \lim_{r\to\infty} \int_{-r}^{r} R(x)dx = 2\pi i \sum_{j=1}^{k} \mathrm{Res}\,(z_j)$$

を得る．　□

例題 5.6.6　積分 $\displaystyle\int_0^{\infty} \frac{dx}{1+x^4}$ を求めよ．

解　$R(x) = \dfrac{1}{1+x^4}$ は定理 5.6.7 の条件を満たす．$R(z)$ の特異点は $e^{\pi i/4}$, $e^{3\pi i/4}$，$e^{5\pi i/4}$，$e^{7\pi i/4}$ で，その中で上半平面にあるのは $e^{\pi i/4} = \dfrac{1+i}{\sqrt{2}}$ と $e^{3\pi i/4} = \dfrac{-1+i}{\sqrt{2}}$ である．$1 + z^4$ は

$$1 + z^4 = (z^2 + i)\left(z + e^{\pi i/4}\right)\left(z - e^{\pi i/4}\right)$$

$$= (z^2 - i)\left(z + e^{3\pi i/4}\right)\left(z - e^{3\pi i/4}\right)$$

と因数分解できるので，$e^{\pi i/4}$ と $e^{3\pi i/4}$ は1位の極である．よって，その留数は

$$\begin{aligned}\mathrm{Res}\big(e^{\pi i/4}\big) &= \lim_{z \to e^{\pi i/4}} (z - e^{\pi i/4})R(z) \\ &= \lim_{z \to e^{\pi i/4}} \frac{1}{(z^2 + i)(z + e^{\pi i/4})} = -\frac{\sqrt{2}}{8}(1 + i) \\ \mathrm{Res}\big(e^{3\pi i/4}\big) &= \lim_{z \to e^{3\pi i/4}} (z - e^{3\pi i/4})R(z) \\ &= \lim_{z \to e^{3\pi i/4}} \frac{1}{(z^2 - i)(z + e^{3\pi i/4})} = \frac{\sqrt{2}}{8}(1 - i)\end{aligned}$$

となる．ゆえに，定理 5.6.7 より

$$\begin{aligned}\int_{-\infty}^{\infty} \frac{dx}{1 + x^4} &= 2\pi i \left\{\mathrm{Res}(e^{\pi i/4}) + \mathrm{Res}(e^{3\pi i/4})\right\} \\ &= 2\pi i \left\{-\frac{\sqrt{2}}{8}(1 + i) + \frac{\sqrt{2}}{8}(1 - i)\right\} = \frac{\sqrt{2}}{2}\pi\end{aligned}$$

である．よって

$$\int_0^{\infty} \frac{dx}{1 + x^4} = \frac{1}{2}\int_{-\infty}^{\infty} \frac{dx}{1 + x^4} = \frac{\sqrt{2}}{4}\pi$$

となる． □

C. $\displaystyle\int_{-\infty}^{\infty} R(x) \cos ax dx$ および $\displaystyle\int_{-\infty}^{\infty} R(x) \sin ax dx \quad (a > 0)$

定理 5.6.7 と同様に次の定理が成り立つが，多項式 $P_m(x)$ と $Q_n(x)$ の次数に関する条件は弱くてよい．

定理 5.6.8　$R(x) = \dfrac{P_m(x)}{Q_n(x)}$ とし，$P_m(x)$，$Q_n(x)$ はそれぞれ m 次，n 次の多項式で，$n - m \geqq 1$ とする．$R(x)$ を複素平面上の関数 $R(z) = \dfrac{P_m(z)}{Q_n(z)}$ に拡張したとき，実軸上で $Q_n(z) \neq 0$ とする．$a > 0$ とする．上半平面 $\mathrm{Im}\, z > 0$ にある $R(z)$ の極を $z_1, \cdots, z_k$ とすると

$$\int_{-\infty}^{\infty} R(x)e^{iax} dx = 2\pi i \sum_{i=1}^{k} \mathrm{Res}\left(R(z)e^{iaz}; z_i\right)$$

が成り立つ．特に

$$\int_{-\infty}^{\infty} R(x) \cos ax dx = \mathrm{Re}\left[2\pi i \sum_{i=1}^{k} \mathrm{Res}\left(R(z)e^{iaz}; z_i\right)\right]$$

$$\int_{-\infty}^{\infty} R(x)\sin ax dx = \mathrm{Im}\left[2\pi i \sum_{i=1}^{k} \mathrm{Res}\left(R(z)e^{iaz}; z_i\right)\right]$$

となる．

例題 5.6.7　積分 $\displaystyle\int_0^{\infty} \frac{x\sin 2x}{x^2+4}dx$ を求めよ．

解　$R(x) = \dfrac{x}{x^2+4}$ は定理 5.6.8 の条件を満たす．$R(z)e^{2iz} = \dfrac{ze^{2iz}}{z^2+4}$ の上半平面にある特異点は $2i$ で，これは 1 位の極である．よって，その留数は

$$\mathrm{Res}\left(R(z)e^{2iz}; 2i\right) = \lim_{z\to 2i}(z-2i)\frac{ze^{2iz}}{z^2+4} = \lim_{z\to 2i}\frac{ze^{2iz}}{z+2i} = \frac{2ie^{-4}}{4i} = \frac{1}{2e^4}$$

となる．ゆえに

$$\int_{-\infty}^{\infty} \frac{xe^{2ix}}{x^2+4}dx = 2\pi i\,\mathrm{Res}\left(R(z)e^{2iz}; 2i\right) = 2\pi i\frac{1}{2e^4} = \frac{\pi i}{e^4}$$

である．上式の右辺の虚部を考えて

$$\int_0^{\infty} \frac{x\sin 2x}{x^2+4}dx = \frac{1}{2}\int_{-\infty}^{\infty} \frac{x\sin 2x}{x^2+4}dx = \frac{1}{2}\mathrm{Im}\,\frac{\pi i}{e^4} = \frac{\pi}{2e^4}$$

を得る．　□

問題 5.6.4

1.　次の積分を求めよ．

(1) $\displaystyle\int_0^{2\pi} \frac{d\theta}{2+\cos\theta}$　　(2) $\displaystyle\int_0^{2\pi} \frac{d\theta}{4\sin^2\theta+\cos^2\theta}$

(3) $\displaystyle\int_0^{2\pi} \frac{\sin\theta}{3+\cos\theta}d\theta$　　(4) $\displaystyle\int_0^{2\pi} \frac{d\theta}{2-\sin\theta}$

2.　次の積分を求めよ．

(1) $\displaystyle\int_{-\infty}^{\infty} \frac{dx}{x^2+2x+2}$　　(2) $\displaystyle\int_0^{\infty} \frac{x^2}{x^4+1}dx$

(3) $\displaystyle\int_{-\infty}^{\infty} \frac{x^2}{(x^2+1)^3}dx$　　(4) $\displaystyle\int_0^{\infty} \frac{dx}{(x^2+1)(x^2+4)}$

3.　次の積分を求めよ．ただし，$a>0$ とする．

(1) $\displaystyle\int_0^{\infty} \frac{\cos ax}{x^2+1}dx$　　(2) $\displaystyle\int_0^{\infty} \frac{x\sin ax}{x^2+1}dx$

(3) $\displaystyle\int_{-\infty}^{\infty} \frac{e^{ix}}{x^2+4}dx$　　(4) $\displaystyle\int_{-\infty}^{\infty} \frac{\cos x}{(x^2+1)^2}dx$

4.　定理 5.6.8 の関数 $R(z)$ は上半平面に極をもつことを示せ．

解答とヒント

1章

問題 1.1

1. (1) 1階常微分 (2) 2階偏微分 (3) 1階偏微分 (4) 3階常微分
(5) 2階常微分 (6) 4階偏微分

2. 解であることは，与えられた関数を微分方程式に代入して確かめればよい．また，特殊解は次の通り． (1) $y = \cos x$ (2) $\sin y = x - 1 + \frac{3}{2}e^{-x}$
(3) $x = 1 - 1/(t-1)^2$, $y = -t^2/(t-1)^2$ (4) $y = \frac{e}{e^2-1}(e^x - e^{-x})$

3. (1) $2yy' = 2x(y')^2 + 1$ (2) $xy' - y = x^2 + y^2$ (3) $y'x \log x = y \log y$
(4) $(1+x)y'' - (3x+4)y' + (2x+3)y = 0$ (5) $(y-1)y'' - 2(y')^2 = 0$
(6) $x(y')^2 + xyy'' = yy'$

問題 1.2.1

1. (1) $y = c/x - 1$ (2) $(x-1)^2 + (y+1)^2 = c$ (3) $\sin y = c/\cos x$
(4) $(1+x^2)(1+y^2) = cx^2$ (5) $xy^2 = ce^{2y-x}$ (6) $e^{x^2} + e^{-y^2} = c$
(7) $y = (x-c)/(cx-1)$ (8) $x\sqrt{1-y^2} + y\sqrt{1-x^2} = c$

2. (1) $y = x + (1+ce^{2x})/(1-ce^{2x})$ (2) $e^y = ce^x - x$ (3) $y = ce^{xy}$
(4) $y = x - c\cos x$

3. 変数変換により，与式は $\frac{du}{dx} = bf(u) + a$ となる．

4. 微分方程式とその一般解は次の通り． (1) $xy' = y$, $y = cx$
(2) $yy' = -x$, $x^2 + y^2 = c$ (3) $y' = \pm 1$, $y = \pm x + c$ (4) $xy' = -y$, $xy = c$

問題 1.2.2

1. (1) $x^2 - y^2 = cy$ (2) $y^2 = x^2(-2\log|x| + c)$ (3) $x^2 + 2xy - y^2 = c$
(4) $\sin(y/x) = cx$ (5) $y = x\tan(\log|x| + c)$ (6) $y + \sqrt{x^2+y^2} = cx^2$

2. (1) $p = x - 5/3$, $q = y - 7/3$ とおいて解くと，$p^2 - pq + q^2 = c$ となる．よって，$(x-5/3)^2 - (x-5/3)(y-7/3) + (y-7/3)^2 = c$
(2) $p = x - 1/2$, $q = y$ とおいて解くと，$3p^2 - 2pq - q^2 = c$ となる．よって，$3(x-1/2)^2 - 2(x-1/2)y - y^2 = c$

3. 直交曲線族の方程式は $y' = (y^2 - x^2)/2xy$，特殊解は $x^2 + y^2 = 2x$

問題 1.2.3

1. (1) $y = ce^{-x^2} + 1/2$ (2) $y = (c - \cos x)/x$ (3) $y = (\log|x| + c)/x^4$
(4) $y = (c - \frac{1}{2}\cos 2x)/\cos x$ (5) $y = x(ce^x - 1)$ (6) $y = x^2(-\frac{1}{2}e^{-x^2} + c)$
(7) $y = (x + c)\cos x$ (8) $y = \frac{1}{2}\log x + c/\log x$

2. (1) $1/y^5 = 5x^3/2 + cx^5$ (2) $1/\sqrt{y} = 1 + x + ce^x$
(3) $1/y = e^{-x^2} + ce^{-x^2/2}$ (4) $1/y^2 = cx^2 + \log x + 1/2$

3. (1) $\sin y = ce^{-x^2/2} + 2$ (2) $y^2 = e^{-1/x}(e^x + c)$ (3) $y^2 = cxe^{-x} + xe^x/2$

4. 与式の任意の解を y とし，$z = y - y_1$ とおき，与式に代入すると $\frac{dz}{dx} + P(x)z = 0$ となる． この変数分離形の方程式を解くと，一般解 $z = ce^{-\int P(x)dx}$ が求まる．よって，$y = ce^{-\int P(x)dx} + y_1$ となる．また，一般解は $y = x^2 + c/x$ である．

5. 初期条件を満たす解は，解の公式より，$y(x) = e^{-x}\int_0^x e^t r(t)dt$ となる．よって，すべての $x \geqq 0$ に対して，$|y(x)| \leqq e^{-x}\int_0^x e^t|r(t)|dt \leqq Me^{-x}(e^x - 1) \leqq M$ である．

問題 1.2.4

1. (1) $\sin x + x^2y = c$ (2) $x^2 + xe^y = c$ (3) $x^2y + y = c$
(4) $x^4/4 + x^2y + xy + y^4/4 = c$ (5) $x^4/4 + 5x^2y^2/2 + y^4/2 = c$
(6) $xy^2 + e^x\sin y = c$

2. (1) $e^x\sin y = c$ (2) $xy + 2\log|x| = c$ (3) $e^y(xy + \sin x) = c$
(4) $\tan^{-1}(x/y) + y = c$ (5) $ye^{-x^2y^2/2} = c$

3. (1) $x^2/y + y = c$ (2) $x/y + \log|x| + \log|y| = c$ (3) $\log|x| - x/y = c$
(4) $2x^2 + 3y^2 = cx^8y^6$ (5) $2x^2y - y^4/x^2 = c$

4. 積分因子の条件を満たすことを確かめればよい．
(1) $\frac{\partial}{\partial y}\left\{e^{-\int\varphi dx}P\right\} = e^{-\int\varphi dx}\frac{\partial P}{\partial y}$，$\frac{\partial}{\partial x}\left\{e^{-\int\varphi dx}Q\right\} = -\varphi e^{-\int\varphi dx}Q + e^{-\int\varphi dx}\frac{\partial Q}{\partial x}$ $= e^{-\int\varphi dx}\left\{-\varphi Q + \frac{\partial Q}{\partial x}\right\} = e^{-\int\varphi dx}\frac{\partial P}{\partial y}$ より示される． (2)，(3)，(4) も同様．

問題 1.2.5

1. (1) $y = x(1 + c - \log|x|)$ (2) $y = ce^{x^2/2} + 1$
(3) $x = (t + 2)^2/2 - c$，$y = (t^3 + 3t^2)/3$ (4) $y^3 = c(3x + c)$
(5) $x = \frac{c}{\sqrt{1+t^2}(t+\sqrt{1+t^2})}$，$y = \frac{c}{\sqrt{1+t^2}}$ 媒介変数 t を消去すれば $x^2 + y^2 = 2cx$
(6) $e^{2y} = 1/c^2 - e^{2x}/c$

2. (1) $(y - ce^{-3x})(y - ce^{-2x}) = 0$ (2) $(y - c/x)\left(y - c/x^2\right) = 0$
(3) $(y - c/x)\{y - 1/(\log|x| + c)\} = 0$ (4) $(y - x^2/2 - c)\left(y - 1 + x - ce^{-x}\right) = 0$

3. (a) 与式の両辺を x で微分すると，$p = p + x\frac{dp}{dx} + f'(p)\frac{dp}{dx}$．ゆえに

$$\left(x + f'(p)\right)\frac{dp}{dx} = 0 \qquad \therefore \quad x + f'(p) = 0 \quad \text{または} \quad \frac{dp}{dx} = 0$$

$\frac{dp}{dx} = 0$ を解くと，$p = c$ (c は任意定数) となる．これを与式に代入して得られる $y = cx + f(c)$ は任意定数を 1 つ含む解なので，一般解である．

(b)　媒介変数の微分法より

$$p = \frac{dy}{dx} = \frac{dy}{dt} \bigg/ \frac{dx}{dt} = \frac{-f'(t) - tf''(t) + f'(t)}{-f''(t)} = t$$

なので，$x = -f'(p)$，$y = -pf'(p) + f(p)$ となる．ゆえに，$y = xp + f(p)$ となるので，与式の解である．また，$\frac{dy}{dx} = t$ なので定数でない．よって，y は直線にはならないので，(a) の一般解には含まれない．ゆえに，特異解である．

(1)　$y = cx - \log c$，$y = \log x + 1$　(2)　$y = cx + \sqrt{1 + c^2}$，$y = \sqrt{1 - x^2}$

(3)　$y = cx + c^2$，$y = -x^2/4$　(4)　$y = cx + 1/c$，$y^2 = 4x$

問題 1.2.6

1.　(1)　$y = (x^2 \log|x|)/2 - 3x^2/4 + c_1x^2 + c_2x + c_3$　(2)　$y = c_1e^{-x} + c_2 + e^x$

(3)　$x^2+y^2 = c_1x+c_2$　(4)　$y = c_2e^{c_1x}+2/c_1$　(5)　$y = \pm\frac{1}{15}(2x+c_1)^{5/2}+c_2x+c_3$

(6)　$y = c_1e^{-2x} + c_2x + c_3$　(7)　$y = c_1e^{x/2} + c_2e^{-x/2} + c_3x + c_4$

(8)　$y = c_1e^x + c_2e^{-x} + x^2/2 + c_3x + c_4$

2.　題意より $\int_0^x \sqrt{1 + (y')^2}\, dx = y'$ $(x \geqq 0)$．両辺を x で微分して $y'' = \sqrt{1 + (y')^2}$．これを初期条件 $y(0) = 1$，$y'(0) = 0$ のもとで解くと，$y = (e^x + e^{-x})/2$ となる．

問題 1.3.1

1.　(1)　1 次独立

(2)　1 次従属　実際，$(1 + x + 3x^2) - 2(1 + 2x - x^3) + (1 + 3x - 3x^2 - 2x^3) = 0$

(3)　1 次独立　(4)　1 次独立

2.　(1)　$c_1x^3 + c_2|x|^3 = 0$ とおく．$x = \pm 1$ とすると，$c_1 + c_2 = 0$，$-c_1 + c_2 = 0$ となる．よって，$c_1 = c_2 = 0$ となり，y_1，y_2 は 1 次独立．

(2)　$x \geqq 0$ のときは，$W(y_1, y_2) = \begin{vmatrix} x^3 & x^3 \\ 3x^2 & 3x^2 \end{vmatrix} = 3x^5 - 3x^5 = 0$ である．一方，

$x < 0$ のときも，$W(y_1, y_2) = \begin{vmatrix} x^3 & -x^3 \\ 3x^2 & -3x^2 \end{vmatrix} = -3x^5 - (-3x^5) = 0$ となる．

3.　(1)　$y = c_1x^{\sqrt{2}} + c_2x^{-\sqrt{2}}$　(2)　$y = c_1x + c_2/x^4$

4.　(1)　$y = c_1x^2+c_2/x^2$　(2)　$y = c_1(x+1)+c_2e^x$　(3)　$y = c_1x^3+c_2x^3 \log|x|$

問題 1.3.2

1.　(1)　$y = c_1e^{-2x} + c_2e^{4x}$　(2)　$y = (c_1 + c_2x)e^{3x}$　(3)　$y = c_1 + c_2e^{-x}$

(4)　$y = e^x(c_1 \sin x + c_2 \cos x)$　(5)　$y = c_1 \sin \sqrt{3}x + c_2 \cos \sqrt{3}x$

(6)　$y = e^{2x}(c_1 \sin \sqrt{2}x + c_2 \cos \sqrt{2}x)$

2.　(1)　$y = c_1/x + c_2x^3$　(2)　$y = x^2 \left\{c_1 \sin(\log x) + c_2 \cos(\log x)\right\}$

(3)　$y = (c_1 + c_2 \log x)/x^2$　(4)　$y = \left\{c_1 \sin(\sqrt{2} \log x) + c_2 \cos(\sqrt{2} \log x)\right\}/x^3$

問題 1.3.3

1. (1) $y = c_1e^x + c_2e^{2x} + x^2 + 2$ (2) $y = (c_1x + c_2)e^{-2x} + e^x$

(3) $y = c_1e^x + c_2e^{-x/2} + (2x+5)e^{-x}$ (4) $y = e^{-2x}(c_1\sin x + c_2\cos x) + \sin x$

(5) $y = e^x(c_1\sin\sqrt{3}x + c_2\cos\sqrt{3}x) + \frac{1}{2}e^x\cos x$

(6) $y = c_1e^{2x} + c_2e^{-2x} + \frac{2}{5}e^{3x} - \frac{1}{5}\sin x$

(7) $y = c_1e^{2x} + c_2e^{5x} + \frac{3}{5}x + \frac{21}{50} - \frac{8}{3}xe^{2x}$

(8) $y = e^x(c_1\sin 2x + c_2\cos 2x) + x^2 + \frac{4}{5}x - \frac{2}{25}$

(9) $y = c_1\sin 2x + c_2\cos 2x + \frac{1}{289}e^x(17x\sin 2x - 2\sin 2x - 68x\cos 2x + 76\cos 2x)$

(10) $y = e^{-x}(c_1\sin 2x + c_2\cos 2x) + \frac{4}{17}\sin 2x + \frac{1}{17}\cos 2x + x - \frac{2}{5}$

(11) $y = c_1 + c_2e^{-x} - xe^{-x} + x^2 - 2x + \frac{3}{2}\sin x - \frac{3}{2}\cos x$

(12) $y = (c_1 + c_2x)e^x - \frac{3}{50}\cos 2x - \frac{2}{25}\sin 2x + \frac{1}{2}$

2. (1) $y = c_1e^{-2x} + c_2e^{-4x} + \frac{1}{2}(e^{-2x} + e^{-4x})\log(1 + e^{2x})$

(2) $y = c_1\sin x + c_2\cos x + x\sin x + (\cos x)\log|\cos x|$

問題 1.4.1

1. (1) $6x + 2x^2$ (2) $-4x^4 + 4x^3 - 24x^2 + 24x$ (3) $4e^{2x}$

(4) $-3\sin x - 5\cos x$ (5) $10\cos x$

(6) $24xe^{-x} - 72x^2e^{-x} + 48x^3e^{-x} - 8x^4e^{-x}$

(7) $-e^x\cos 2x - 6e^x\sin 2x$ (8) $4e^{2x}\cos x$

2. (1) $y = c_1e^x + c_2e^{-2x} + c_3e^{3x}$ (2) $y = c_1e^{2x} + (c_2 + c_3x)e^{-x}$

(3) $y = (c_1 + c_2x)e^x + (c_3 + c_4x)e^{-x}$

(4) $y = (c_1 + c_2x)e^{-x/2}\sin\frac{\sqrt{3}x}{2} + (c_3 + c_4x)e^{-x/2}\cos\frac{\sqrt{3}x}{2}$

(5) $y = (c_1 + c_2x)e^x + e^x(c_3\sin 2x + c_4\cos 2x)$

(6) $y = (c_1 + c_2x + c_3x^2)e^{-2x} + (c_4 + c_5x)e^{2x}\sin x + (c_6 + c_7x)e^{2x}\cos x$

3. 与式は定数係数 3 階同次線形なので，一般解の形より，基本解は e^{-x}，$e^x\cos\sqrt{2}x$，$e^x\sin\sqrt{2}x$ である．よって，特性方程式の解は $\lambda = -1$，$1 \pm \sqrt{2}i$ である．ゆえに，特性多項式は $(\lambda+1)\{(\lambda-1)^2+2\} = \lambda^3 - \lambda^2 + \lambda + 3$ となる．一方，与式の特性多項式は $\lambda^3 + a\lambda^2 + b\lambda + c$ なので，両者を比較して，$a = -1$，$b = 1$，$c = 3$ を得る．

問題 1.4.2

1. (1) $y = c_1e^{2x} + c_2e^{-x} - \frac{x^2}{2} + \frac{x}{2} - \frac{3}{4}$

(2) $y = c_1e^{(\sqrt{2}-1)x} + c_2e^{-(\sqrt{2}+1)x} + \frac{1}{4}(\sin x - \cos x)$ (3) $y = (c_1 + c_2x)e^{-2x} + \frac{1}{9}e^x$

(4) $y = c_1 + c_2e^{-2x} + \frac{2}{5}(2\sin x - \cos x)$ (5) $y = c_1 + (c_2 + c_3x)e^{-2x} + (1-x)e^{-x}$

(6) $y = c_1e^x + c_2e^{3x} - (x^2+3)e^{2x}$

(7) $y = e^x(c_1\sin 3x + c_2\cos 3x) + \frac{1}{37}e^{2x}(\sin 3x - 6\cos 3x)$

(8) $y = c_1\sin x + c_2\cos x + c_3e^{-x} + \frac{1}{5}e^{-x}(2\sin x - \cos x)$

2. (1) $y = c_1 + c_2e^x + c_3e^{2x} + \frac{1}{6}(x^3 + 3x^2 + 9x)$

(2) $y = c_1 + c_2x + (c_3 + c_4x)e^x + \frac{1}{6}x^3 + x^2$ (3) $y = (c_1 + c_2x)e^{-3x} + \frac{1}{2}x^2e^{-3x}$

(4) $y = c_1 + c_2 \sin 3x + c_3 \cos 3x - \frac{1}{9} x \cos 3x$
(5) $y = e^x (c_1 \sin x + c_2 \cos x) + \frac{1}{2} e^x x \sin x$
(6) $y = (c_1 + c_2 x) e^x + \frac{1}{2} x^2 e^x$

3. (1) $y = (c_1 + c_2 x) e^{2x} - \frac{1}{16} (\sin 2x - 2)$
(2) $y = c_1 + c_2 e^x + c_3 e^{-x} + \frac{1}{20} \sin 2x - \frac{x}{2}$
(3) $y = c_1 + c_2 e^{-x} + \frac{1}{30} (15 \sin x - 15 \cos x + \sin 3x - 3 \cos 3x)$
(4) $y = (c_1 + c_2 x) e^{-x} + c_3 e^{-2x} + \frac{1}{36} e^{2x} + \frac{1}{6} e^x + \frac{1}{2}$

問題 1.5

1. (1) $y = c_1 e^{3x} + c_2 e^{2x}$, $z = -c_1 e^{3x} - 2c_2 e^{2x}$
(2) $y = c_1 e^{\sqrt{3}x} + c_2 e^{-\sqrt{3}x}$, $z = \sqrt{3}(c_1 e^{\sqrt{3}x} - c_2 e^{-\sqrt{3}x})$
(3) $y = c_1 e^{3x} + c_2 x e^{3x}$, $z = (c_1 - c_2) e^{3x} + c_2 x e^{3x}$
(4) $y = e^{-x} (c_1 \sin 2x + c_2 \cos 2x)$, $z = \frac{1}{2} e^{-x} (-c_1 \cos 2x + c_2 \sin 2x)$
(5) $y = c_1 e^{-3x/2} + c_2 e^x + c_3 x e^x$, $z = -3c_1 e^{-3x/2} - \frac{1}{2}(c_2 + 3c_3) e^x - \frac{1}{2} c_3 x e^x$
(6) $y = c_1 \sin x + c_2 \cos x + c_3 \sin \sqrt{3}x + c_4 \cos \sqrt{3}x$,
$z = -c_1 \sin x - c_2 \cos x + c_3 \sin \sqrt{3}x + c_4 \cos \sqrt{3}x$

2. (1) $y = c_1 e^x + c_2 e^{-5x} + \frac{3}{7} e^{2x} - \frac{2}{5} x - \frac{13}{25}$,
$z = c_1 e^x - c_2 e^{-5x} + \frac{4}{7} e^{2x} - \frac{3}{5} x - \frac{12}{25}$
(2) $y = c_1 + c_2 e^{-2x} + e^x$, $z = c_1 - c_2 e^{-2x} + e^x$
(3) $y = c_1 + c_2 e^{4x} + \frac{1}{17}(5 \sin x - 3 \cos x) + e^x$,
$z = -\frac{4}{3} c_2 e^{4x} + \frac{1}{17}(4 \cos x - \sin x) - \frac{2}{3} e^x$
(4) $y = c_1 + c_2 e^{2x} + \frac{1}{4}(x^2 - x) - \frac{1}{8} e^{-2x}$,
$z = -c_1 - 3c_2 e^{2x} - \frac{1}{4}(x^2 - 3x - 1) - \frac{1}{8} e^{-2x}$
(5) $y = c_1 + c_2 e^{2x} + c_3 e^{-2x} + \frac{1}{2} x e^{2x} - \frac{1}{4} x^2$,
$z = -4c_1 + 2c_2 e^{2x} - 2c_3 e^{-2x} + x e^{2x} - \frac{1}{2} x - \frac{1}{2}$
(6) $y = c_1 e^{-7x} + \left(c_2 - \frac{3}{2}\right) e^{-4x} + \frac{3}{4} e^{-3x} - \left(x^2 + x + \frac{3}{2}\right) e^{-5x}$,
$z = -c_1 e^{-7x} + \frac{1}{2} c_2 e^{-4x} + \frac{1}{4} e^{-3x} - \left(x + \frac{1}{2}\right) e^{-5x}$

3. (1) $y = -3e^x + x + 1$, $z = 2e^x - 1$ (2) $y = x + 1$, $z = -x^2 - 2x - 1$
(3) $y = -\frac{1}{6} \sin x + \frac{1}{6} \cos x + \frac{1}{6} x^3 - \frac{1}{2} x^2$, $z = \frac{1}{3} \sin x - \frac{1}{2} \cos x + \frac{1}{3} x^3 + x$

2章

問題 2.1

1. 任意の $t \geqq |s|$ に対して $t^2 - st \geqq 0$ なので，$R \to \infty$ のとき，$\int_0^R e^{-st} e^{t^2} dt = \int_0^R e^{t^2 - st} dt \geqq \int_{|s|}^R 1 dt = R - |s| \to \infty$ となる．ゆえに，どんな s に対してもラプラス変換は収束しない．

2. (1) $s = 0$ のときは，任意の $R > b$ に対して，$\int_0^R e^{-st} f(t) dt = \int_a^b 1 dt = b - a$ となる．$s \neq 0$ のときは，任意の $R > b$ に対して，$\int_0^R e^{-st} f(t) dt = \int_a^b e^{-st} dt =$

$\left(e^{-as}-e^{-bs}\right)/s$ となる．よって，すべての s に対してラプラス変換は収束する．
(2) $s=2$ のときは，任意の $R>2$ に対して，$\int_0^R e^{-st}f(t)dt=\int_0^2 e^{-2t}e^{2t}dt=2$ となる．$s\neq 2$ のときは，任意の $R>2$ に対して，$\int_0^R e^{-st}f(t)dt=\int_0^2 e^{-(s-2)t}dt=(1-e^{-2(s-2)})/(s-2)$ となる．よって，すべての s に対してラプラス変換は収束する．

3. $s\leqq 0$ のときは，すべての $t\geqq 0$ に対して $e^{-st}\geqq 1$ なので，$\int_0^R e^{-st}\log t dt=\lim_{\varepsilon\to+0}\int_\varepsilon^R e^{-st}\log t dt\geqq\lim_{\varepsilon\to+0}\int_\varepsilon^R\log t dt=R\log R-R-\lim_{\varepsilon\to+0}(\varepsilon\log\varepsilon-\varepsilon)$ となる．ロピタルの定理より，$\lim_{\varepsilon\to+0}\varepsilon\log\varepsilon=0$ である．また，$\lim_{R\to\infty}(R\log R-R)=\lim_{R\to\infty}R(\log R-1)=\infty$ となる．よって，$R\to\infty$ とすると，$\int_0^R e^{-st}\log t dt$ は ∞ に発散する．$s>0$ のときは，変数変換 $st=u$ より，$\int_0^R e^{-st}\log t dt=\frac{1}{s}\int_0^{sR}e^{-u}(\log u-\log s)du=\frac{1}{s}\left\{\int_0^{sR}e^{-u}\log u du+(e^{-sR}-1)\log s\right\}$ となる．$R\to\infty$ のとき，$\int_0^{sR}e^{-u}\log u du\to -C$ なので，$\int_0^R e^{-st}\log t dt\to-\frac{\log s+C}{s}$ となる．

問題 2.2

1. (1) $\frac{2+3s+4s^2}{s^3}$ (2) $\frac{6-6s+3s^2-s^3}{s^4}$ (3) $\frac{1}{2}\frac{\sqrt{3}s-2}{s^2+4}$ (4) $\frac{2s^2}{s^4-1}$
(5) $\frac{s^2-4s+5}{(s-3)^3}$ (6) $\frac{s+1}{(s+1)^2+1}$ (7) $\frac{se^{-2s}}{s^2+1}$

2. (1) $\frac{2s}{(s^2+1)^2}$ (2) $\frac{2s(s^2-3)}{(s^2+1)^3}$ (3) $\frac{s^2+4}{(s^2-4)^2}$ (4) $\frac{1}{(s-1)^3}-\frac{1}{(s+1)^3}$

3. (1) $\log\frac{s-2}{s}$ (2) $\frac{1}{2}\log\frac{s^2+1}{(s-1)^2}$ (3) $\frac{1}{2}\log\frac{s^2+4}{s^2+1}$ (4) $\frac{1}{2}\log\frac{s+1}{s-1}$

4. (1) $\frac{2}{s(s^2+4)}$ (2) $\frac{6}{(s^2+1)(s^2+9)}$ (3) $\frac{s^2-3}{(s^2+1)(s^2+9)}$ (4) $\frac{s(s^2+5)}{(s^2+1)(s^2+9)}$

5. 積分結果とそのラプラス変換は次の通り． (1) $\frac{1}{3}(e^{3t}-1)$, $\frac{1}{s(s-3)}$
(2) $\frac{1}{2}(1-\cos 2t)$, $\frac{2}{s(s^2+4)}$ (3) $\frac{1}{4}(1-\cos 2t)$, $\frac{1}{s(s^2+4)}$

6. 合成積とそのラプラス変換は次の通り． (1) $\frac{1}{4}e^{2t}-\frac{1}{2}t^2-\frac{1}{2}t-\frac{1}{4}$, $\frac{2}{s^3(s-2)}$
(2) $\frac{1}{2}t\sin t$, $\frac{s}{(s^2+1)^2}$ (3) $\frac{1}{5}e^{2t}-\frac{1}{5}\cos t-\frac{2}{5}\sin t$, $\frac{1}{(s-2)(s^2+1)}$

問題 2.3

1. (1) $\frac{1}{2}e^{-t/2}$ (2) $2e^{2t}(1+2t)$ (3) $\frac{1}{2}e^t(2\cos 2t+\sin 2t)$
(4) $\frac{1}{4}(3e^{3t}+e^{-t})$ (5) $\left(\frac{1}{2}t^2e^{-2t}\right)_2$ (6) $\left(\frac{1}{2}\sinh 2t\right)_1$

2. (1) $2e^{-2t}-e^{3t}$ (2) $\frac{1}{3}\sin t-\frac{1}{6}\sin 2t$ (3) $1-e^t+2e^{-2t}$
(4) $e^{-2t}+2e^{-t}(\cos t+\sin t)$ (5) $\frac{1}{4}(\cosh 2t-1)$
(6) $\frac{1}{2}e^t(t^2-4t+6)-t-3$

3. (1) $e^{-t}+t-1$ (2) $\frac{1}{9}e^{2t}-\frac{1}{3}te^{-t}-\frac{1}{9}e^{-t}$ (3) $\frac{1}{2}t\cos 2t+\frac{1}{4}\sin 2t$

4. (1) $-\frac{\sin t}{t}$ (2) $\frac{1}{t}\left(1+2\cos t-2\cos\frac{t}{\sqrt{2}}\right)$ (3) $\frac{2}{t}(\cosh t-\cos t)$

問題 2.4.1

1. (1) $e^{2t}-e^t$ (2) $2(e^{2t}-e^{t/2})$ (3) $2te^{3t}$ (4) $e^{2t}\cos t$

2. (1) $\{2-e^t(2\cos\sqrt{2}t-\sqrt{2}\sin\sqrt{2}t)\}/6$ (2) $(e^t+\cos t-\sin t)/2$

(3) $(7e^{-t}-e^{-4t}+e^{3t}-7)/21$ (4) $(-e^{t}\sin 2t+e^{t}\cos 2t+3\cosh t+\sinh t)/2$

問題 2.4.2

1. (1) $e^{\pi-2t}\sin t$ (2) $(e^{t}-e^{4t})/(e-e^{4})$

(3) $(e^{-5t/2}-e^{2t/3})/(e^{-5/2}-e^{2/3})$ (4) $3e^{-2t}(e^{\pi/\sqrt{2}}\sin\sqrt{2}t+\cos\sqrt{2}t)$

2. (1) $1+(e^{3t}-e^{t+2})/(e^{2}-1)$ (2) $5(e^{3t}-1)/\{18(e^{3}-1)\}-t^{2}/6-t/9+1$

(3) $(2te^{t}-\pi e^{t}+\pi\cos t)/2\pi$

問題 2.4.3

1. (1) $f(t)=\cos t-2\sin t,\ g(t)=2\cos t+\sin t$

(2) $f(t)=3e^{3t}+e^{-3t},\ g(t)=3e^{3t}-e^{-3t}$ (3) $f(t)=0,\ g(t)=1$

(4) $f(t)=(5\sqrt{6}\sin\sqrt{6}t-6t)/12,\ g(t)=5(1-\cos\sqrt{6}t)/6$

2. (1) $f(t)=g(t)=\sin t$ (2) $f(t)=1,\ g(t)=h(t)=2e^{-t}-1$

(3) $f(t)=2e^{-2t}+t-2,\ g(t)=e^{-2t}+2t-1,\ h(t)=-3e^{-2t}+2t+3$

問題 2.5

1. (1) $3\cos 2kt\sin 2x$ (2) $\frac{1}{4k}\sin 4kt\sin 4x$

2. (1) $f(x,t)=e^{t+x}$ (2) $f(x,t)=\cos t\cos x-\sin t\sin x$ (3) $e^{-k^{2}t}\sin x$

(4) $\{(e^{3t}-e^{-3t})\sin 3x\}/6$

3章

問題 3.1

1. 略

2. (1) $\frac{2}{\pi}\sum\frac{1}{n}\{1-(-1)^{n}\}\sin nx$ (2) $\sum\frac{2}{n}(-1)^{n+1}\sin nx$

(3) $-3+\sum\frac{4}{n}(-1)^{n+1}\sin nx$ (4) $\frac{\pi^{2}}{3}+\sum\{\frac{4}{n^{2}}(-1)^{n}\cos nx+\frac{6}{n}(-1)^{n}\sin nx\}$

(5) $(1-\cos 2x)/2$

(6) $\frac{1}{\pi}(e^{\pi}-e^{-\pi})\left[\frac{1}{2}+\sum\{\frac{1}{n^{2}+1}(-1)^{n}\cos nx+\frac{n}{n^{2}+1}(-1)^{n+1}\sin nx\}\right]$

3. (1) $\pi^{2}/12$ (2) $\pi/4$

問題 3.2

1. 略

2. (1) 余弦 $\frac{\pi}{2}+\sum\frac{2}{\pi n^{2}}\{1-(-1)^{n}\}\cos nx$ 正弦 $\sum\frac{2}{n}\sin nx$

(2) 余弦 1 正弦 $\sum\frac{2}{\pi n}\{1-(-1)^{n}\}\sin nx$

(3) 余弦 $-2-\frac{\pi}{2}+\sum\frac{2}{\pi n^{2}}\{1-(-1)^{n}\}\cos nx$ 正弦 $\sum\frac{2}{\pi n}\{-2+(2+\pi)(-1)^{n}\}\sin nx$

(4) 余弦 $\frac{1}{3}\pi^{2}+2\pi+\sum\frac{4}{\pi n^{2}}\{-2+(2+\pi)(-1)^{n}\}\cos nx$

正弦 $\sum\frac{2}{\pi n^{3}}\{-2+(4\pi n^{2}+\pi^{2}n^{2}-2)(-1)^{n+1}\}\sin nx$

(5) 余弦 $\frac{2}{\pi} - \sum_{n=2}^{\infty} \frac{2}{\pi(n^2-1)}\{1+(-1)^n\}\cos nx$ 正弦 $\sin x$

(6) 余弦 $\frac{1}{2\pi}(e^{2\pi}-1) + \sum \frac{4}{\pi(n^2+4)}\{e^{2\pi}(-1)^n - 1\}\cos nx$

正弦 $\sum \frac{2n}{\pi(n^2+4)}\{1-e^{2\pi}(-1)^n\}\sin nx$

問題 3.3

1. (1) $\pi^2/6$ (2) $\pi^2/8$ (3) $\pi^4/90$

2. (1) $S_5(x) = \sum_{n=1}^{5} \frac{4(-1)^{n+1}}{n}\sin nx$

(2) $S_5(x) = 1 + \sum_{n=1}^{5} \frac{2}{\pi n}\{1-(-1)^n\}\sin nx$

問題 3.4

1. (1) $\sum \frac{2}{\pi n}\{1-(-1)^n\}\sin\frac{\pi nx}{\ell}$ (2) $\sum \frac{2\ell}{\pi n}(-1)^{n+1}\sin\frac{\pi nx}{\ell}$

(3) $3 - \sum \frac{4\ell}{\pi n}(-1)^{n+1}\sin\frac{\pi nx}{\ell}$ (4) $\frac{\ell^2}{3} + \sum \frac{4\ell^2}{\pi^2 n^2}(-1)^n\cos\frac{\pi nx}{\ell}$

(5) $(3\sin\frac{\pi x}{\ell} - \sin\frac{3\pi x}{\ell})/4$

(6) $\frac{1}{2\ell}(e^{\ell}-e^{-\ell}) + \sum \frac{1}{\ell^2+\pi^2 n^2}(e^{\ell}-e^{-\ell})(-1)^n(\ell\cos\frac{\pi nx}{\ell} + \pi n\sin\frac{\pi nx}{\ell})$

2. (1) 余弦 3 正弦 $\sum \frac{6}{\pi n}\{1-(-1)^n\}\sin\frac{\pi nx}{\ell}$

(2) 余弦 $\frac{\ell}{2} - 1 + \sum \frac{2\ell\{(-1)^n-1\}}{\pi^2 n^2}\cos\frac{\pi nx}{\ell}$ 正弦 $\sum \frac{2}{\pi n}\{-1+(-1)^n(1-\ell)\}\sin\frac{\pi nx}{\ell}$

(3) 余弦 $\cos\frac{2\pi x}{\ell}$ 正弦 $\sum_{n\neq 2} \frac{2n\{1-(-1)^n\}}{\pi(n^2-4)}\sin\frac{\pi nx}{\ell}$

(4) 余弦 $\frac{\ell^3}{4} + \sum \left(\frac{6\ell^3(-1)^n}{\pi^2 n^2} - \frac{12\ell^3\{(-1)^n-1\}}{\pi^4 n^4}\right)\cos\frac{\pi nx}{\ell}$

正弦 $\sum \left(\frac{12\ell^3}{\pi^3 n^3} - \frac{2\ell^3}{\pi n}\right)(-1)^n\sin\frac{\pi nx}{\ell}$

問題 3.5

1. (1) 絶対積分不可能 (2) 絶対積分不可能 (3) 絶対積分可能

(4) 絶対積分不可能

2. (1) $\frac{1}{\pi}\int \frac{2}{u}\sin u\cos ux\,du$ (2) $\frac{1}{\pi}\int \left(-\frac{4}{u}\cos 2u + \frac{2}{u^2}\sin 2u\right)\sin ux\,du$

(3) $\frac{1}{\pi}\int \left\{\left(-\frac{\sin 2u}{u} - \frac{2(\cos 2u-1)}{u^2}\right)\cos ux + \left(\frac{\cos 2u+3}{u} - \frac{2\sin 2u}{u^2}\right)\sin ux\right\}du$

(4) $\frac{1}{\pi}\int \frac{2}{u^2}(1-\cos\pi u)\cos ux\,du$

(5) $\frac{1}{\pi}\int \left[\left\{\frac{1}{u}(\sin 2u - 2\sin u) + \frac{2}{u^2}(2\cos 2u + \cos u) - \frac{2}{u^3}(\sin 2u + \sin u)\right\}\cos ux + \right.$
$\left.\left\{-\frac{1}{u}(\cos 2u + 2\cos u) + \frac{2}{u^2}(2\sin 2u - \sin u) + \frac{2}{u^3}(\cos 2u - \cos u)\right\}\sin ux\right]du$

(6) $\frac{1}{\pi}\int \left(-\frac{2}{u}\cos u + \frac{6}{u^2}\sin u + \frac{12}{u^3}\cos u - \frac{12}{u^4}\sin u\right)\sin ux\,du$

問題 3.6

1. (1) 余弦 $\sqrt{2}(\sin au)/\sqrt{\pi}u$ 正弦 $\sqrt{2}(1-\cos au)/\sqrt{\pi}u$

(2) 余弦 $\sqrt{2}(1-\cos au)/\sqrt{\pi}u^2$ 正弦 $\sqrt{2}(au-\sin au)/\sqrt{\pi}u^2$

(3) 余弦 $\sqrt{2}(7u\sin 3u + 4\cos 3u - 4)/\sqrt{\pi}u^2$

正弦 $\sqrt{2}(-7u\cos 3u-5u+4\sin 3u)/\sqrt{\pi}u^2$

(4) 余弦 $\sqrt{\frac{2}{\pi}}\left(\frac{4u^2-6}{u^3}\sin u+\frac{8}{u^2}\cos u-\frac{2}{u^2}\right)$ 正弦 $\sqrt{\frac{2}{\pi}}\left(\frac{-4u^2+6}{u^3}\cos u+\frac{8}{u^2}\sin u-\frac{u^2+6}{u^3}\right)$

(5) $a<1$ のとき 余弦 $\sqrt{\frac{2}{\pi}}\{\frac{1-a}{u}\sin au-\frac{1}{u^2}(\cos au-1)\}$ 正弦 $\sqrt{\frac{2}{\pi}}\{\frac{a-1}{u}\cos au-\frac{1}{u^2}\sin au+\frac{1}{u}\}$, $a\geqq 1$ のとき 余弦 $\sqrt{\frac{2}{\pi}}\left(\frac{a-1}{u}\sin au+\frac{1}{u^2}\cos au-\frac{2}{u^2}\cos u+\frac{1}{u^2}\right)$ 正弦 $\sqrt{\frac{2}{\pi}}\left(\frac{1-a}{u}\cos au+\frac{1}{u^2}\sin au-\frac{2}{u^2}\sin u+\frac{1}{u}\right)$

(6) 余弦 $\sqrt{2}(ue^{2a}\sin au+2e^{2a}\cos au-2)/\{\sqrt{\pi}(u^2+4)\}$
正弦 $\sqrt{2}(2e^{2a}\sin au-ue^{2a}\cos au+u)/\{\sqrt{\pi}(u^2+4)\}$

2. $f(x)\sim\frac{2}{\pi}\int_0^\infty\frac{(\cos\pi u+1)\cos ux}{1-u^2}du$ より求まる.

3. $f(x)\sim\frac{2}{\pi}\int_0^\infty\frac{u\sin ux}{1+u^2}du$ より求まる.

問題 3.7

1. (1) $1+\sum_{n\neq 0}\frac{i\{(-1)^n-1\}}{\pi n}e^{inx}$ (2) $\frac{\pi}{2}+\sum_{n\neq 0}\frac{(-1)^n-1}{\pi n^2}e^{inx}$ (3) $(e^{3ix}-e^{-3ix})/2i$

(4) $\sum_{n\neq 0}\{\frac{i\pi^2}{n}(-1)^n-\frac{6i}{n^3}(-1)^n\}e^{inx}$

2. (1) $\sum_{n\neq 0}\frac{i(-1)^n}{n}e^{inx}$ 実数形 $\sum\frac{2(-1)^{n+1}}{n}\sin nx$

(2) $1+\frac{\pi^2}{3}+\sum_{n\neq 0}\{\frac{i}{n}(-1)^{n+1}+\frac{2}{n^2}(-1)^n\}e^{inx}$
実数形 $1+\frac{\pi^2}{3}+\sum\{\frac{4}{n^2}(-1)^n\cos nx-\frac{2}{n}(-1)^{n+1}\sin nx\}$

(3) $1+\frac{\pi}{4}+\sum_{n\neq 0}\{\frac{i(-1)^n}{2n}+\frac{(-1)^n-1}{2\pi n^2}\}e^{inx}$
実数形 $1+\frac{\pi}{4}+\sum\{\frac{(-1)^n-1}{\pi n^2}\cos nx+\frac{(-1)^{n+1}}{n}\sin nx\}$

(4) $\sum\frac{1}{2\pi(1-in)}(-1)^n\left(e^{\pi}-e^{-\pi}\right)e^{inx}$
実数形 $\frac{1}{\pi}(e^{\pi}-e^{-\pi})(\frac{1}{2}+\sum\frac{1}{n^2+1}(-1)^n\cos nx+\frac{n}{n^2+1}(-1)^{n+1}\sin nx)$

問題 3.8

1. (1) $\frac{1}{\sqrt{2\pi}}\{\frac{8i}{u}e^{4iu}+\frac{1}{u^2}(e^{-4iu}-e^{4iu})\}$

(2) $\frac{1}{\sqrt{2\pi}}\{\frac{1}{iu}(e^{iu}-e^{-iu})+\frac{1}{u^2}(e^{iu}+e^{-iu}-2)\}$ (3) $\frac{1}{\sqrt{2\pi}(1+iu)}$

(4) $\frac{1}{\sqrt{2\pi}}\{(\frac{i}{u}+\frac{3}{u^2}-\frac{6i}{u^3}-\frac{6}{u^4})e^{-iu}+\frac{6}{u^4}\}$

2. (1) $\hat{f}=\frac{\sqrt{2}i}{\sqrt{\pi}u}\left(e^{-2iu}-e^{2iu}\right)$ $f\sim\frac{1}{\pi}\int\frac{4}{u}\sin 2u\cos ux\,du$

(2) $\hat{f}=\frac{1}{\sqrt{2\pi}}\{(\frac{i}{u}+\frac{1}{u^2})e^{-iu}+(\frac{i}{u}-\frac{1}{u^2})e^{iu}\}$ $f\sim\frac{1}{\pi}\int\left(-\frac{2}{u}\cos u+\frac{2}{u^2}\sin u\right)\sin ux\,du$

(3) $\hat{f}=\frac{\sqrt{2}}{\sqrt{\pi}(u^2+1)}$ $f\sim\frac{2}{\pi}\int\frac{1}{u^2+1}\cos ux\,du$

(4) $\hat{f}=\frac{1}{\sqrt{2\pi}}\{\frac{8i}{u}\left(e^{-3iu}-e^{3iu}\right)+\frac{6}{u^2}\left(e^{-3iu}+e^{3iu}\right)-\frac{2i}{u^3}\left(e^{-3iu}-e^{3iu}\right)\}$
$f\sim\frac{1}{\pi}\int\left(\frac{16}{u}\sin 3u+\frac{12}{u^2}\cos 3u-\frac{4}{u^3}\sin 3u\right)\cos ux\,du$

問題 3.9

1. (1) $u(x,t)=\sum\frac{2}{\pi n}\{1-(-1)^n\}e^{-k^2n^2t}\sin nx$

(2) $u(x,t)=\sum \frac{2}{\pi n}\left\{-1+(-1)^{n+1}+2\cos\frac{\pi n}{2}\right\}e^{-k^2n^2t}\sin nx$

2. (1) $\sum \frac{2\left(e^{ny}-e^{-ny}\right)}{n\left(e^{n\pi}-e^{-n\pi}\right)}(-1)^{n+1}\sin nx$

(2) $\sum\limits_{n\neq 2}\frac{2\left(e^{ny}-e^{-ny}\right)}{\pi\left(e^{n\pi}-e^{-n\pi}\right)}\frac{n}{n^2-4}\{1-(-1)^n\}\sin nx$

3. $\sum \frac{2(e^{n(\pi-y)}-e^{-n(\pi-y)})}{\pi(e^{n\pi}-e^{-n\pi})}(\int_0^\pi f(t)\sin nt dt)\sin nx$

$\sum \frac{2(e^{n(\pi-y)}-e^{-n(\pi-y)})}{n(e^{n\pi}-e^{-n\pi})}(-1)^{n+1}\sin nx$

4 章

問題 4.1.1

1. 図 4.3 において，底辺の長さは $|\boldsymbol{b}|$，高さは $|\boldsymbol{a}|\sin\theta$ なので，$S=|\boldsymbol{a}||\boldsymbol{b}|\sin\theta$

2. $\boldsymbol{a}\times\boldsymbol{b}=(5,-1,-3)$，$|\boldsymbol{a}\ \boldsymbol{b}\ \boldsymbol{c}|=7$，$\cos\varphi=\sqrt{7}/5$

3. (1) $a=b$ (2) $ab=-1$

4. $(\text{左辺})=(a_1^2+a_2^2+a_3^2)(b_1^2+b_2^2+b_3^2)-(a_1b_1+a_2b_2+a_3b_3)^2$
$=(a_2b_3-a_3b_2)^2+(a_3b_1-a_1b_3)^2+(a_1b_2-a_2b_1)^2=(\text{右辺})$

5. 仮定と (4.5) より，平面のベクトル (a_2,a_3) と (b_2,b_3) は 1 次従属．同様に，(a_3,a_1) と (b_3,b_1)，(a_1,a_2) と (b_1,b_2) はそれぞれ 1 次従属となり，$\boldsymbol{a}$ と $\boldsymbol{b}$ は 1 次従属である．

6. 仮定とスカラー三重積の性質 (1) より，$|\boldsymbol{a}\ \boldsymbol{b}\ \boldsymbol{a}\times\boldsymbol{b}|=|\boldsymbol{a}\times\boldsymbol{b}|^2>0$ となる．

7. (1) 仮定から，$\tilde{\boldsymbol{a}}\times\tilde{\boldsymbol{b}}=ab\sin\theta\boldsymbol{e}_3$ かつ $ab\sin\theta>0$ となるため．
(2) 回転してもスカラー三重積が不変なので，仮定より $0<|\tilde{\boldsymbol{a}}\ \tilde{\boldsymbol{b}}\ \tilde{\boldsymbol{c}}|=|\tilde{\boldsymbol{a}}\times\tilde{\boldsymbol{b}}||\tilde{\boldsymbol{c}}|\cos\varphi$ となる．よって，$0\leqq\varphi<\pi/2$

8. 左辺の第 1 成分は

$$a_2\begin{vmatrix} b_1 & b_2 \\ c_1 & c_2 \end{vmatrix}-a_3\begin{vmatrix} b_3 & b_1 \\ c_3 & c_1 \end{vmatrix}=a_2(b_1c_2-b_2c_1)-a_3(b_3c_1-b_1c_3)$$
$$=b_1(a_2c_2+a_3c_3)-c_1(a_2b_2+a_3b_3)$$

となり，右辺の第 1 項に $a_1b_1c_1$ を加え，同じものを第 2 項から減じると，$(\boldsymbol{a}\cdot\boldsymbol{c})b_1-(\boldsymbol{a}\cdot\boldsymbol{b})c_1$ に等しい．同様に，(4.9) の左辺の第 i 成分は $(\boldsymbol{a}\cdot\boldsymbol{c})b_i-(\boldsymbol{a}\cdot\boldsymbol{b})c_i$ となるから，(4.9) が示される．また，$\boldsymbol{a}$，$\boldsymbol{b}$，$\boldsymbol{c}$ が 1 次独立のときは，$\boldsymbol{a}\times(\boldsymbol{b}\times\boldsymbol{c})-(\boldsymbol{a}\times\boldsymbol{b})\times\boldsymbol{c}=(\boldsymbol{b}\cdot\boldsymbol{c})\boldsymbol{a}-(\boldsymbol{a}\cdot\boldsymbol{b})\boldsymbol{c}$ が 0 になるのは，$\boldsymbol{b}\cdot\boldsymbol{c}=0$ かつ $\boldsymbol{a}\cdot\boldsymbol{b}=0$ のときに限られるので，後半の主張も示される．

問題 4.1.2

1. $\boldsymbol{a}'=(-\sin t,\cos t,1)$，　$\boldsymbol{b}'=(-\sin t,\cos t,-e^{-t})$，　$\boldsymbol{c}'=(0,1,e^t)$，　$(|\boldsymbol{a}|^2)'=2t$，　$(\boldsymbol{a}\cdot\boldsymbol{b})'=(1-t)e^{-t}$，　$(\boldsymbol{a}\times\boldsymbol{b})'=((e^{-t}-t)\cos t-(e^{-t}+1)\sin t,(e^{-t}-t)\sin t+(e^{-t}+1)\cos t,0)$，　$|\boldsymbol{a}\ \boldsymbol{b}\ \boldsymbol{c}|'=\{(t-1)e^{-t}-t^2-1\}\sin t+t(e^{-t}+1)\cos t$

2. (5) $(\boldsymbol{a}(t)\times\boldsymbol{b}(t))'=(a_2(t)b_3(t)-a_3(t)b_2(t),a_3(t)b_1(t)-a_1(t)b_3(t),a_1(t)b_2(t)-a_2(t)b_1(t))'$ より，第 1 成分は，$(a_2(t)b_3(t)-a_3(t)b_2(t))'=(a_2'(t)b_3(t)-a_3'(t)b_2(t))+$

$(a_2(t)b_3'(t) - a_3(t)b_2'(t))$ となり，$\boldsymbol{a}'(t) \times \boldsymbol{b}(t) + \boldsymbol{a}(t) \times \boldsymbol{b}'(t)$ の第 1 成分に等しい．その他の成分も同様である．

(6)　公式 (3) より $|\boldsymbol{a}(t)\ \boldsymbol{b}(t)\ \boldsymbol{c}(t)|' = ((\boldsymbol{a}(t) \times \boldsymbol{b}(t)) \cdot \boldsymbol{c}(t))' = (\boldsymbol{a}(t) \times \boldsymbol{b}(t))' \cdot \boldsymbol{c}(t) + (\boldsymbol{a}(t) \times \boldsymbol{b}(t)) \cdot \boldsymbol{c}'(t)$ となる．第 2 項は $|\boldsymbol{a}(t)\ \boldsymbol{b}(t)\ \boldsymbol{c}'(t)|$ に等しく，第 1 項は公式 (5) より $(\boldsymbol{a}(t)\times\boldsymbol{b}(t))'\cdot\boldsymbol{c}(t) = (\boldsymbol{a}'(t)\times\boldsymbol{b}(t)+\boldsymbol{a}(t)\times\boldsymbol{b}'(t))\cdot\boldsymbol{c}(t) = |\boldsymbol{a}'(t)\ \boldsymbol{b}(t)\ \boldsymbol{c}(t)|+|\boldsymbol{a}(t)\ \boldsymbol{b}'(t)\ \boldsymbol{c}(t)|$ となるので示される．

3.　各成分について商の微分を行えばよい．

4.　各成分に関する合成関数の微分を行えばよい．

5.　$\boldsymbol{a}_1$，$\boldsymbol{a}_2$，$\boldsymbol{a}_3$ は正規直交基底なので，各 $i = 1, 2, 3$ について，$\boldsymbol{a}_i \cdot \boldsymbol{a}_i' = 0$．よって，$\boldsymbol{a}_i'$ は $\boldsymbol{a}_i$ と直交し，$\boldsymbol{a}_i$ 以外の基底の 1 次結合で $\boldsymbol{a}_i' = (\boldsymbol{a}_i' \cdot \boldsymbol{a}_j)\boldsymbol{a}_j + (\boldsymbol{a}_i' \cdot \boldsymbol{a}_k)\boldsymbol{a}_k$ となる．後は，$0 = (\boldsymbol{a}_i \cdot \boldsymbol{a}_j)' = \boldsymbol{a}_i' \cdot \boldsymbol{a}_j + \boldsymbol{a}_i \cdot \boldsymbol{a}_j'$ から，$\boldsymbol{a}_i' \cdot \boldsymbol{a}_j = -\boldsymbol{a}_i \cdot \boldsymbol{a}_j'$ となることを使う．

6.　成分ごとに線形微分方程式の解の公式を用いる．

7.　$\boldsymbol{A}' = \boldsymbol{B}' = \boldsymbol{a}$ なので，$(\boldsymbol{B} - \boldsymbol{A})' = \boldsymbol{0}$ となり，$\boldsymbol{B} - \boldsymbol{A}$ は定ベクトルとなる．

問題 4.2.1

1.　例題 4.2.1 の表示を用いると，$|\dot{\boldsymbol{r}}(t)| = \sqrt{a^2 + b^2}$ なので，特異点をもたない．点 $\boldsymbol{r}(t_0) = (a\cos t_0, a\sin t_0, bt_0)$ における接線は $\boldsymbol{p}(t) = (a(\cos t_0 - t\sin t_0), a(\sin t_0 + t\cos t_0), b(t + t_0))$ で与えられる．

2.　$\dot{\boldsymbol{r}} = (a(1-\cos t), a\sin t, b)$, $\ddot{\boldsymbol{r}} = (a\sin t, a\cos t, 0)$. $|\dot{\boldsymbol{r}}|^2 = 2a^2(1 - \cos t) + b^2 \geqq b^2 > 0$ より，特異点はない．

3.　$t = 0$ のとき, $\dot{\boldsymbol{r}} = (2t, 3t^2, 0) = \boldsymbol{0}$ なので, $\boldsymbol{r}(0) = \boldsymbol{0}$ は特異点となる．グラフは右図のようになる．

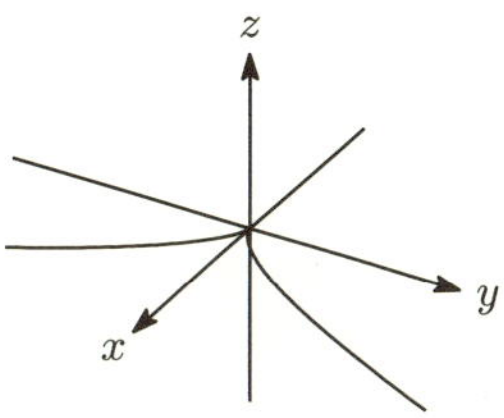

$\boldsymbol{r}(t) = (t^2, t^3, 0)$

4.　(1)　$\left(2\cos\frac{s}{2}, 2\sin\frac{s}{2}\right)$　(2)　$\left(\frac{s}{\sqrt{5}}, 1 + \frac{2s}{\sqrt{5}}\right)$

問題 4.2.2

1.　$\boldsymbol{e}_3(s) = \boldsymbol{e}_1(s) \times \boldsymbol{e}_2(s)$ なので，右手系である．$\boldsymbol{e}_1(s)$，$\boldsymbol{e}_2(s)$ は単位ベクトルなので，$\boldsymbol{e}_3(s)$ も単位ベクトルになる．実際，$\boldsymbol{e}_1(s)$，$\boldsymbol{e}_2(s)$ は 1 辺の長さが 1 の正方形をつくるので，外積の性質 (2) より，その面積は $|\boldsymbol{e}_3(s)| = |\boldsymbol{e}_1(s) \times \boldsymbol{e}_2(s)| = 1$．外積の性質 (1) から，$\boldsymbol{e}_3(s)$ は $\boldsymbol{e}_1(s)$，$\boldsymbol{e}_2(s)$ と直交し，(4.18) より，$\boldsymbol{e}_1(s)$，$\boldsymbol{e}_2(s)$ も直交する．

2.　合成関数の微分より，$\boldsymbol{r}' = \frac{\dot{\boldsymbol{r}}}{|\dot{\boldsymbol{r}}|}$ となるので，$\boldsymbol{r}'' = \frac{|\dot{\boldsymbol{r}}|^2\ddot{\boldsymbol{r}} - (\dot{\boldsymbol{r}}\cdot\ddot{\boldsymbol{r}})\dot{\boldsymbol{r}}}{|\dot{\boldsymbol{r}}|^4}$．よって，$\kappa(t) = |\boldsymbol{r}''|$ を計算すれば曲率が求まる．$\boldsymbol{e}_i(t)$ や $\tau(t)$ も同様．

(1)　$\boldsymbol{e}_1 = \frac{(-a\sin t, b\cos t, 0)}{\sqrt{a^2\sin^2 t + b^2\cos^2 t}}$，$\boldsymbol{e}_2 = \frac{(-b\cos t, -a\sin t, 0)}{\sqrt{a^2\sin^2 t + b^2\cos^2 t}}$，$\boldsymbol{e}_3 = (0, 0, 1)$，
$\kappa = \frac{ab}{(a^2\sin^2 t + b^2\cos^2 t)^{3/2}}$，$\tau = 0$

(2)　$\boldsymbol{e}_1 = \frac{(\sinh t, \cosh t, 1)}{\sqrt{1 + \cosh 2t}}$，$\boldsymbol{e}_2 = \frac{(2\cosh t, 0, -\sinh 2t)}{1 + \cosh 2t}$，
$\boldsymbol{e}_3 = \frac{(-\sinh t, \cosh t, -1)}{\sqrt{1 + \cosh 2t}}$，$\kappa = \tau = \frac{1}{1 + \cosh 2t}$

3.　(1)　$1/2$　(2)　$(\cosh 2t)^{-3/2}$

4. $\dot{\boldsymbol{r}} = (1, \dot{f})$，$\ddot{\boldsymbol{r}} = (0, \ddot{f})$ を上の問いの 3 の公式に代入すればよい．また，曲率は
(1) $2(1+4t^2)^{-3/2}$ (2) $e^{-t}(1+e^{-2t})^{-3/2}$

問題 4.2.3

1. (1) $\frac{(-2u,2v,1)}{\sqrt{4u^2+4v^2+1}}$ (2) $-(\cos u \cos v, \cos u \sin v, \sin u)$
(3) $\frac{(-\cos v, -\sin v, \sinh u)}{\cosh u}$

2. $|\boldsymbol{r}_u \times \boldsymbol{r}_v| = a^2 \sin u$ より，$u = 0, \pi$ のとき，$\boldsymbol{r}(u, v) = (0, \pm a, 0)$ は特異点となる．

3. (1) 合成関数の微分法による． (2) $|\boldsymbol{a}+\boldsymbol{b}|^2 = \boldsymbol{a}\cdot\boldsymbol{a} + 2\boldsymbol{a}\cdot\boldsymbol{b} + \boldsymbol{b}\cdot\boldsymbol{b}$ を使う．
(3) $s(t) = \int_\alpha^t |\dot{\boldsymbol{x}}(t)| dt$ を用いる． (4) E，F，G の定義から明らか．

4. $|\boldsymbol{r}_u \times \boldsymbol{r}_v| = \sqrt{|\boldsymbol{r}_u|^2|\boldsymbol{r}_v|^2 - (\boldsymbol{r}_u \cdot \boldsymbol{r}_v)^2} = \sqrt{EG - F^2}$ より等式が証明される．
(1) $\sqrt{2}\pi$ (2) $8\pi^2$

問題 4.3.1

1. (1) $nr^{n-2}\boldsymbol{r}$ (2) $r^{-3}(r-1)e^r\boldsymbol{r}$ (3) $r^{-2}\boldsymbol{r}$

2. (1) $\left(\frac{e^x}{1+y^2+z^2}, \frac{-2ye^x}{(1+y^2+z^2)^2}, \frac{-2ze^x}{(1+y^2+z^2)^2}\right)$ (2) $2\boldsymbol{r}$
(3) $(2xy+y^2, x^2+2xy, -1)$ (4) $(2x \sin y \cos z, x^2 \cos y \cos z, -x^2 \sin y \sin z)$

3. 流線 $\boldsymbol{r}(t) = (x(t), y(t), z(t))$ は $\dot{x} = x$，$\dot{y} = y$，$\dot{z} = 0$ を満たすので，$\boldsymbol{r}(t) = (c_1e^t, c_2e^t, c_3)$ となる．ただし，c_1，c_2，c_3 は定数である．

4. 流線 $\boldsymbol{r}(t) = (x(t), y(t), z(t))$ は $\dot{x} = -y$，$\dot{y} = x$，$\dot{z} = 0$ を満たす．最初の 2 つの等式を t について微分すると，$\ddot{x} = -x$，$\ddot{y} = -y$．よって，$x = A\sin t + B\cos t$，$y = B\sin t - A\cos t$．$a = \sqrt{A^2+B^2}$，$\sin b = -A/a$，$\cos b = B/a$ とおくと，$x(t) = a\cos(t+b)$，$y(t) = a\sin(t+b)$ となる．任意の定数 a，b，c に対して，$\boldsymbol{r}(t) = (a\cos(t+b), a\sin(t+b), c)$ は流線の方程式を満たす．

5. 流線の接線ベクトル $\dot{\boldsymbol{r}}(t)$ は $\boldsymbol{E}$ のポテンシャル $\phi(\boldsymbol{r}) = Q/r$ の等位面である球面の単位法線ベクトルと平行なので，$\dot{\boldsymbol{r}}(t)$ と $\boldsymbol{r}(t)$ は平行．よって，流線は $\boldsymbol{r}(t) = r(t)\boldsymbol{e}$ ($r(t) = |\boldsymbol{r}(t)|$ で $\boldsymbol{e}$ は任意の単位ベクトル) と表される．このとき，$\dot{r}(t) = Q/r(t)^2$ を得るので，$r(t)^3 = 3Qt + c$ (c は定数) となる．ゆえに，$\boldsymbol{r}(t) = (3Qt+c)^{1/3}\boldsymbol{e}$ である．

6. c_1，c_2 を定数とすると，流線は次で与えられる．
(1) $\boldsymbol{r}(t) = (c_1e^t + c_2e^{-t}, c_1e^t - c_2e^{-t})$ (2) $\boldsymbol{r}(t) = (c_1e^t - 1, c_2e^t)$
(3) $\boldsymbol{r}(t) = ((c_1 - t)^{-1}, (c_2 - 2t)^{-1/2})$

問 1 合成関数の微分法より，$\frac{\partial}{\partial x} f(g(\boldsymbol{r})) = f'(g(\boldsymbol{r}))\frac{\partial}{\partial x} g(\boldsymbol{r})$ となることを使う．

問題 4.3.2

1. (1) $\nabla \cdot \boldsymbol{r} = \frac{\partial}{\partial x}x + \frac{\partial}{\partial y}y + \frac{\partial}{\partial z}z = 3$
(2) $\nabla \times \boldsymbol{r} = (\frac{\partial}{\partial y}z - \frac{\partial}{\partial z}y, \frac{\partial}{\partial z}x - \frac{\partial}{\partial x}z, \frac{\partial}{\partial x}y - \frac{\partial}{\partial y}x) = \boldsymbol{0}$

2. (1) $\mathrm{div}\,\boldsymbol{a} = 2(x+y+z)$, $\mathrm{rot}\,\boldsymbol{a} = \boldsymbol{0}$ (2) $\mathrm{div}\,\boldsymbol{a} = 0$, $\mathrm{rot}\,\boldsymbol{a} = (0, 0, 2)$
(3) $\mathrm{div}\,\boldsymbol{a} = 0$, $\mathrm{rot}\,\boldsymbol{a} = \boldsymbol{0}$ (4) $\mathrm{div}\,\boldsymbol{a} = 0$, $\mathrm{rot}\,\boldsymbol{a} = (x^2 - 2xz, y^2 - 2xy, z^2 - 2yz)$

(2)，(3)，(4) は湧き出しなし，(1)，(3) は渦なし．

3. (1) $-r^{-3}\boldsymbol{r}$ (2) 0 (3) $2\boldsymbol{\omega}$

4. $i=j$ または $l=m$ のときは，両辺が 0 になる．$i\neq j$ かつ $l\neq m$ とすると，(左辺) $=\varepsilon_{ij1}\varepsilon_{lm1}+\varepsilon_{ij2}\varepsilon_{lm2}+\varepsilon_{ij3}\varepsilon_{lm3}$ と (右辺) $=\delta_{il}\delta_{jm}-\delta_{im}\delta_{jl}$ は $\{i,j\}=\{l,m\}$ のときに限り 0 にならない．この場合，右辺の $\varepsilon_{ijk}\epsilon_{lmk}$ のうち 1 つだけが 0 にはならず，$i=l$ かつ $j=m$ ならば 1，$i=m$ かつ $j=l$ ならば -1 となって，左辺に等しい．

5. (1) $\boldsymbol{a}=-\boldsymbol{\nabla}f$ を満たすとき，$\operatorname{rot}\boldsymbol{a}=-\boldsymbol{\nabla}\times(\boldsymbol{\nabla}f)=\boldsymbol{0}$ なので矛盾．
(2) $\boldsymbol{a}=\boldsymbol{\nabla}\times\boldsymbol{b}$ を満たすとき，$\operatorname{div}\boldsymbol{a}=\boldsymbol{\nabla}\cdot(\boldsymbol{\nabla}\times\boldsymbol{b})=\boldsymbol{0}$ なので矛盾．

問 2 (1) (左辺) $=\sum_{i,j,k=1}^{3}\varepsilon_{ijk}\nabla_i(a_jb_k)=\sum_{i,j,k=1}^{3}\varepsilon_{ijk}\{(\nabla_ia_j)b_k+a_j(\nabla_ib_k)\}=$ (右辺)

(2) (左辺の第 i 成分) $=\sum_{j,k=1}^{3}\varepsilon_{ijk}\nabla_j\left(\sum_{l,m=1}^{3}\varepsilon_{klm}a_lb_m\right)=\sum_{j,k=1}^{3}\sum_{l,m=1}^{3}\varepsilon_{ijk}\varepsilon_{klm}\nabla_j(a_lb_m)$
$=\sum_{j,l,m=1}^{3}(\delta_{il}\delta_{jm}-\delta_{im}\delta_{jl})\{(\nabla_ja_l)b_m+a_l(\nabla_jb_m)\}=\sum_{j=1}^{3}\{b_j(\nabla_ja_i)-(\nabla_ja_j)b_i+a_i(\nabla_jb_j)$
$-a_j(\nabla_jb_i)\}=\boldsymbol{b}\cdot\boldsymbol{\nabla}a_i-b_i(\boldsymbol{\nabla}\cdot\boldsymbol{a})+a_i(\boldsymbol{\nabla}\cdot\boldsymbol{b})-\boldsymbol{a}\cdot\boldsymbol{\nabla}b_i=$ (右辺の第 i 成分)

問題 4.4.1

1. (1) $\pi+1/2$ (2) $7/6$

2. $\boldsymbol{\nabla}U=\boldsymbol{r}$ なので，$\boldsymbol{F}=-\boldsymbol{\nabla}U$．このとき，(左辺) $=-\int_C\boldsymbol{F}\cdot d\boldsymbol{r}=\frac{|\boldsymbol{r}_2|^2}{2}-\frac{|\boldsymbol{r}_1|^2}{2}$

3. $\boldsymbol{r}_1=\boldsymbol{r}(t_1)$，$\boldsymbol{r}_2=\boldsymbol{r}(t_2)$ とすると，定理 4.4.1 と (4.31) より，$T(t_2)-T(t_1)=\int_C\boldsymbol{F}\cdot d\boldsymbol{r}=-U(\boldsymbol{r}(t_2))+U(\boldsymbol{r}(t_1))$ を得る．

4. $\int_C\frac{\dot{\boldsymbol{r}}}{|\dot{\boldsymbol{r}}|}\cdot d\boldsymbol{r}=\int_0^L\boldsymbol{r}'(s)\cdot\boldsymbol{r}'(s)ds=\int_0^L|\boldsymbol{r}'(s)|^2ds=L$

問 3 曲線 $C:\boldsymbol{r}(t)=\boldsymbol{r}(t)$ の逆向きの曲線を $-C:\tilde{\boldsymbol{r}}(t)=\boldsymbol{r}(t_2+t_1-t)$ と表示すると，$\frac{d\tilde{\boldsymbol{r}}}{dt}=-\dot{\boldsymbol{r}}(t_2+t_1-t)$ なので，変数変換 $\tilde{t}=t_2+t_1-t$ により，$\int_{-C}\boldsymbol{a}\cdot d\boldsymbol{r}=-\int_{t_1}^{t_2}\boldsymbol{a}(\boldsymbol{r}(t_2+t_1-t))\cdot\dot{\boldsymbol{r}}(t_2+t_1-t)dt=-\int_C\boldsymbol{a}\cdot d\boldsymbol{r}$ となる．

問題 4.4.2

1. (1) $1/2$ (2) $-1/4$

2. (1) $-5\sqrt{14}/12$ (2) $121\pi/5$ (3) $26\pi/3$

問 4 単位法線ベクトルが同じ向きならば $J=\begin{vmatrix}\partial u/\partial\tilde{u} & \partial u/\partial\tilde{v}\\ \partial v/\partial\tilde{u} & \partial v/\partial\tilde{v}\end{vmatrix}>0$ なので，$dudv=Jd\tilde{u}d\tilde{v}$ かつ $\tilde{\boldsymbol{r}}_{\tilde{u}}\times\tilde{\boldsymbol{r}}_{\tilde{v}}=J(\boldsymbol{r}_u\times\boldsymbol{r}_v)$ である．よって，$\iint_S\boldsymbol{a}\cdot d\boldsymbol{S}=\iint_D\boldsymbol{a}(\boldsymbol{r}(u,v))\cdot(\boldsymbol{r}_u\times\boldsymbol{r}_v)dudv=\iint_{\tilde{D}}\boldsymbol{a}(\tilde{\boldsymbol{r}}(\tilde{u},\tilde{v}))\cdot(\tilde{\boldsymbol{r}}_{\tilde{u}}\times\tilde{\boldsymbol{r}}_{\tilde{v}})d\tilde{u}d\tilde{v}$ となる．また，$-S$ を $\tilde{\boldsymbol{r}}(\tilde{u},\tilde{v})=\boldsymbol{r}(\tilde{v},\tilde{u})$ と表示すると，$J=-1$ なので，$dudv=d\tilde{u}d\tilde{v}$ かつ $\tilde{\boldsymbol{r}}_{\tilde{u}}\times\tilde{\boldsymbol{r}}_{\tilde{v}}=-\boldsymbol{r}_u\times\boldsymbol{r}_v$ となり，$\iint_S\boldsymbol{a}\cdot d\boldsymbol{S}=-\iint_{-S}\boldsymbol{a}\cdot d\boldsymbol{S}$ が示される．

問題 4.5.1

1. (1) 4π (2) 7

2. (1) $3\pi/2$ (2) 0

3. (1) πab (2) $\pi/2$

4. (1) D_1 の境界を $\partial D_1 = C_1^{(1)} + C_2^{(1)} + C_3^{(1)} + C_4^{(1)}$ と分解する．ただし，$C_1^{(1)} : \boldsymbol{r}(t) = (t, 0)$，$1 \leqq t \leqq 2$，$C_2^{(1)} : \boldsymbol{r}(t) = (2\cos t, 2\sin t)$，$0 \leqq t \leqq \pi/2$，$C_3^{(1)} : \boldsymbol{r}(t) = (0, 2-t)$，$0 \leqq t \leqq 1$，$C_4^{(1)} : \boldsymbol{r}(t) = (\cos(\pi/2 - t), \sin(\pi/2 - t))$，$0 \leqq t \leqq \pi/2$ とする．このとき，$0 \leqq x \leqq 2$ で，$C_4^{(1)} + C_1^{(1)}$ は $(x, y_1(x))$，$-C_2^{(1)}$ は $(x, y_2(x))$ と表され，$-\iint_{D_1} \frac{\partial P}{\partial y} dxdy = -\int_0^2 \left(\int_{y_1}^{y_2} \frac{\partial P}{\partial y} dy \right) dx = \int_0^2 P(x, y_1(x)) dx - \int_0^2 P(x, y_2(x)) dx$ $= \int_{C_1^{(1)} + C_4^{(1)}} Pdx - \int_{-C_2^{(1)}} Pdx = \int_{C_1^{(1)} + C_2^{(1)} + C_4^{(1)}} Pdx$．$C_3^{(1)}$ 上では $\frac{dx}{dt} = 0$ なので，$\int_{C_3^{(1)}} Pdx = 0$ となり，(4.35) が成り立つ．D_2，D_3，D_4 も同様．

(2) $\iint_D \left(\frac{\partial Q}{\partial x} - \frac{\partial P}{\partial y} \right) dxdy = \sum_{i=1}^{4} \iint_{D_i} \left(\frac{\partial Q}{\partial x} - \frac{\partial P}{\partial y} \right) dxdy = \sum_{i=1}^{4} \int_{\partial D_i} (Pdx + Qdy) = \int_{\sum_{i=1}^{4} \partial D_i} (Pdx + Qdy)$．ここで，$\sum_{i=1}^{4} \partial D_i = \sum_{i=1}^{4} \left(C_1^{(i)} + \cdots + C_4^{(i)} \right)$ で，$C_1^{(i)}$ は x 軸に平行な直線，$C_2^{(i)}$ は C_2 を通る曲線，$C_3^{(i)}$ は y 軸に平行な直線，$C_4^{(i)}$ は C_1 を通る曲線である．たとえば，D_1 と D_2 を考えると，∂D_1 と ∂D_2 は $C_3^{(1)}$ と $C_3^{(2)}$ で接していて，$C_3^{(1)} = -C_3^{(2)}$ である．同様の考察により，$C_1^{(3)} = -C_1^{(2)}$，$C_3^{(4)} = -C_3^{(3)}$，$C_1^{(1)} = -C_1^{(4)}$ となり $\sum_{i=1}^{4} \partial D_i = \sum_{i=1}^{4} \left(C_2^{(i)} + C_4^{(i)} \right) = C_2 + C_1$ である．よって，(4.35) が成り立つ．

問題 4.5.2

1. (1) $128\pi/5$ (2) 8π (3) 504π (4) 6

2. $\operatorname{div} \boldsymbol{r} = 3$ なので，$\iint_S \boldsymbol{r} \cdot d\boldsymbol{S} = 3 \iiint_V dxdydz = 3V$

(1) $4\pi abc/3$ (2) $2\pi^2 a^2 b$

3. (1) ⇒ (3) $\boldsymbol{b} = \left(\int_a^z a_2(x, y, z) dz - \int_b^y a_3(x, y, a) dy, -\int_a^z a_1(x, y, z) dz, 0 \right)$ は，$\boldsymbol{\nabla} \times \boldsymbol{b} = \boldsymbol{a}$ を満たす．(3) ⇒ (2) $\boldsymbol{a} = \boldsymbol{\nabla} \times \boldsymbol{b}$ なる $\boldsymbol{b}$ が存在すれば $\operatorname{div} \boldsymbol{a} = 0$ となる．よって，ガウスの発散定理より (2) が成立．(2) ⇒ (1) $\operatorname{div} \boldsymbol{a} \neq 0$ ならば，$\operatorname{div} \boldsymbol{a}$ の連続性から，$\operatorname{div} \boldsymbol{a} > 0$ (または < 0) となる領域 V が存在．ガウスの発散定理より，V の内部の閉曲面 S に対して，$\iint_S \boldsymbol{a} \cdot d\boldsymbol{S} \neq 0$ となるので矛盾．

4. $\operatorname{div}(r^n \boldsymbol{r}) = (n+3) r^n$ なので，ガウスの発散定理より求める等式を得る．

問題 4.5.3

1. (1) $-\sqrt{6}\pi/3$ (2) 0 (3) -4π (4) π^2

2. -2

3. (1) ⇒ (2)，(2) ⇒ (3) は例題 4.5.1．(3) ⇒ (1) $\boldsymbol{a} = -\boldsymbol{\nabla} f$ となる f が存在すれば $\operatorname{rot} \boldsymbol{a} = \boldsymbol{0}$ となる．

4. $\mathrm{rot}\,(\boldsymbol{a}\times\boldsymbol{r}) = 2\boldsymbol{a}$ なので $\frac{1}{2}\int_{\partial S}(\boldsymbol{a}\times\boldsymbol{r})\cdot d\boldsymbol{r} = \iint_S \frac{1}{2}\mathrm{rot}\,(\boldsymbol{a}\times\boldsymbol{r})\cdot d\boldsymbol{S} = \iint_S \boldsymbol{a}\cdot d\boldsymbol{S}$

5 章

問題 5.1

1. (1) $\sqrt{2}\{\cos(\pi/4) + i\sin(\pi/4)\}$ (2) $\cos(-\pi/2) + i\sin(-\pi/2)$
(3) $2\{\cos(5\pi/6) + i\sin(5\pi/6)\}$ (4) $\sqrt{2}\{\cos(7\pi/12) + i\sin(7\pi/12)\}$

2. (1) $2(\sqrt{3}+1) + i(4-\sqrt{3})$ (2) i (3) $16(1-\sqrt{3}i)$ (4) $-32i$
(5) $-1+\sqrt{3}i$ (6) $(1+i)/\sqrt{2}$

3. 略

4. (1) $\pm(1-i)/\sqrt{2}$ (2) $(\pm\sqrt{3}+i)/2,\ -i$ (3) $(1\pm i)/\sqrt{2},\ (-1\pm i)/\sqrt{2}$
(4) $\pm(\sqrt{3}+i)/\sqrt{2}$ (図は省略)

5. $z = x + iy$ とおく．

6. 共役複素数の性質 (命題 5.1.4 (3)) を使う．

7. (2) $(1-\zeta)(1+\zeta+\zeta^2+\cdots+\zeta^{n-1})$ を計算する．

問題 5.2

1. (1) $1/2$ (2) $1+i$ (3) 存在しない (4) 存在しない
((3), (4) とも，z が実軸に沿って 0 に近づくと 1，虚軸に沿って近づくと 0)

2. (1) $w = x^2 - y^2 + 2xyi$ (2) $w = (x^2-y^2)/(x^2+y^2)^2 - 2xyi/(x^2+y^2)^2$
(3) $w = (e^y + e^{-y})\cos x - i(e^y - e^{-y})\sin x$
(4) $w = x^2 - y^2 - x - y + i(2xy + x - y - 1)$

3. (1) $e(1+\sqrt{3}i)/2$ (2) $e^2(\sqrt{3}-i)/2$ (3) $\frac{\sin 1}{2}(e+e^{-1}) + i\frac{\cos 1}{2}(e-e^{-1})$
(4) $-(e+e^{-1})/2$ (5) $i(e+e^{-1})/(e-e^{-1})$
(6) $\log 2 + i(\pi/6 + 2n\pi)$，主値は $\log 2 + \pi i/6$ (7) $(2n+1)\pi i$，主値は πi
(8) $e^{-(2n+1)\pi}$ (9) $\cos(\log 3) + i\sin(\log 3)$ (10) $\pm i$，主値は i
(11) $\pm(1+i)/\sqrt{2}$，主値は $(1+i)/\sqrt{2}$ (12) $\pm\sqrt{3}-i,\ 2i$，主値は $\sqrt{3}-i$

4. (1) $n\pi\ (n = 0, \pm 1, \pm 2, \cdots)$
(2) $z = 2n\pi \pm i\log(2+\sqrt{3})\ (n = 0, \pm 1, \pm 2, \cdots)$

5. $\sin z$ や $\cos z$ などの定義を用いる．

6. (1) $z_1 = e^{-\pi i/3}$，$z_2 = e^{-2\pi i/3}$ とすると，$\mathrm{Log}\, z_1 z_2 = \pi i \neq -\pi i = \mathrm{Log}\, z_1 + \mathrm{Log}\, z_2$ (2) $z = e^{-\pi i/2}$ とすると，$\mathrm{Log}\, z^2 = \pi i \neq -\pi i = 2\mathrm{Log}\, z$

問題 5.3

1. (1) $-2/(z-1)^2$ (2) $2z(e^{z^2} - e^{-z^2})$ (3) $-\sin z$ (4) $1/\cos^2 z$
(5) $3\sin 6z$ (6) $e^{iz}(1+iz)$

2. (1) すべての z で正則でない． (2) 原点以外で正則，$f'(z) = -1/z^2$
(3) すべての z で正則，$f'(z) = 2z + 1$

3. (1) 0 (2) 1

4. コーシー・リーマンの関係式を使う.

問題 5.4.1

1. (1) $(-2+2i)/3$ (2) $-(e^3+e^{-3})/3$ (3) $-14/3+3i/2$ (4) 0 (5) $(2+2i)/3$

2. (1) $2\pi i$ (2) 0 (3) 0

3. (1) $\pi i/2$ (2) i (3) $2\pi i$

問題 5.4.3

1. (1) $2\pi i$ (2) 0 (3) $2\pi i$ (4) $2\pi i$

2. (1) 0 (2) $2\pi i$ (3) $4\pi i$ (4) $2\pi i$

3. (1) 0 (2) $2\pi i$ (3) 0 (4) 0 (5) $10\pi i$ (6) $2\pi i$ (7) $-6\pi i$ (8) $2\pi i$

4. (1) $\pi/4$ (2) $2\pi i$ (3) $2\pi i$ (4) $-12\pi i$ (5) $2\pi i/e$ (6) $2\pi i$ (7) $-12\pi i$ (8) $-\pi i/e$

問題 5.5

1. (1) $\sum_{n=0}^{\infty}(-1)^n z^n\ (|z|<1)$ (2) $\sum_{n=0}^{\infty} z^{2n}\ (|z|<1)$

(3) $\sum_{n=0}^{\infty}(z-1)^n\ (|z-1|<1)$ (4) $\sum_{n=0}^{\infty}\{(-1)^n/(1-i)^{n+1}\}(z+i)^n\ (|z+i|<\sqrt{2})$

(5) $\sum_{n=0}^{\infty}(-1)^n z^{2n+2}/\{(2n+1)!\,2^{2n+1}\}\ (|z|<\infty)$ (6) $\sum_{n=0}^{\infty} z^{2n}/n!\ (|z|<\infty)$

(7) $\sum_{n=0}^{\infty}(-1)^n 2^{2n} z^{2n}/(2n)!\ (|z|<\infty)$ (8) $e^{3i}\sum_{n=0}^{\infty}(z-3i)^n/n!\ (|z|<\infty)$

2. (1) $(1/3)\sum_{n=1}^{\infty}\{-1+(-2)^n\}z^n\ (|z|<1/2)$

(2) $(1/3)\sum_{n=0}^{\infty}(-1)^n\{1+2^n/5^{n+1}\}(z-2)^n\ (|z-2|<1)$

3. (1) $z^2+z/1!+1/2!+\sum_{n=1}^{\infty}1/\{(n+2)!\,z^n\}\ (0<|z|<\infty)$

(2) $\sum_{n=0}^{\infty}(-1)^n/\{(2n+1)!\,z^{2n}\}\ (0<|z|<\infty)$

(3) $\sum_{n=1}^{\infty}(-1)^n z^{2n-2}/(2n)!\ (0<|z|<\infty)$

(4) $\sum_{n=0}^{\infty}(-1)^n/\{(2n)!\,z^{4n}\}\ (0<|z|<\infty)$

(5) $\sum_{n=1}^{\infty}(-1)^{n-1}/\{(2n-1)!\,(z-i)^{2n-1}\}\ (0<|z-i|<\infty)$

(6) $\sum_{n=1}^{\infty}(-1)^{n-1}z^{n-3}/n!\ (0<|z|<\infty)$

(7) $\sum_{n=1}^{\infty}(-1)^n(z-\pi)^{2n-2}/(2n-1)!\ (0<|z-\pi|<\infty)$

(8) $e\sum_{n=0}^{\infty}(z-1)^{n-2}/n!\ (0<|z-1|<\infty)$

4. (1) $-1/(z-1)-\sum_{n=0}^{\infty}(z-1)^n/2^{n+1}\ \ (0<|z-1|<2)$,

$\sum_{n=1}^{\infty}2^n/(z-1)^{n+1}\ \ (|z-1|>2)$

(2) $(i/2)/(z+i)+(i/2)\sum_{n=0}^{\infty}\ (z+i)^n/(2i)^{n+1}\ (|z+i|<2)$,

$\sum_{n=1}^{\infty}(2i)^{n-1}/(z+i)^{n+1}\ \ (|z+i|>2)$

5. (1) $\sum_{n=0}^{\infty}(1-1/2^{n+1})z^n\ (|z|<1)$

(2) $-\sum_{n=0}^{\infty}(1/z^{n+1}+z^n/2^{n+1})\ (1<|z|<2)$ (3) $\sum_{n=0}^{\infty}(2^n-1)/z^{n+1}\ (|z|>2)$

問題 5.6.1

1. (1) 1 は除去可能な特異点 (2) 0 は真性特異点 (3) $\pm i$ は極
(4) π は除去可能な特異点 (5) 0 は極 (6) 0 は真性特異点 (7) 0 は極
(8) $\pi/2+n\pi\ (n=0,\pm1,\pm2,\cdots)$ は極

2. (1) 0 は 1 位の極，1 は 3 位の極 (2) i は 1 位の極，$-i$ は 2 位の極
(3) $\pm i$ は 2 位の極 (4) $\pi/2+n\pi\ (n=0,\pm1,\pm2,\cdots)$ は 1 位の極
(5) 0 は 3 位の極 (6) $-i$ は 2 位の極 (7) ±1，$\pm i$ は 1 位の極
(8) $\pi/2+n\pi\ (n=0,\pm1,\pm2,\cdots)$ は 1 位の極

3. $f(z)$ を z_0 のまわりでテイラー展開する．

問題 5.6.2

1. (1) $\mathrm{Res}\,(0)=-2/3$，$\mathrm{Res}\,(3)=2/3$ (2) $\mathrm{Res}\,(0)=1$，$\mathrm{Res}\,(i)=-1/e$
(3) $\mathrm{Res}\,(0)=1$ (4) $\mathrm{Res}\,(0)=1/6$ (5) $\mathrm{Res}\,(i)=-i/(2e)$，$\mathrm{Res}\,(-i)=0$
(6) $\mathrm{Res}\,(\pm n\pi)=1\ (n=0,1,2,\cdots)$

2. $\mathrm{Res}\,(i)=i$

3. (1) $2\pi i$ (2) 0

問題 5.6.3

1. (1) $2\pi i$ (2) $4\pi i$ (3) 0 (4) $-\pi i$

2. (1) $2\pi i$ (2) $-2\pi i$

3. (1) $2\pi i/7$ (2) $4\pi i$ (3) $-\pi i$ (4) $2\pi i$ (5) πi (6) 0 (7) 0
(8) $\pi i(\cos 1-\sin 1)$

4. (1) 0 (2) $-2\pi i/e$ (3) $2\pi i$ (4) $\pi i/3$ (5) π/e (6) $6\pi i$

問題 5.6.4

1. (1) $2\pi/\sqrt{3}$ (2) π (3) 0 (4) $2\pi/\sqrt{3}$

2. (1) π (2) $\pi/(2\sqrt{2})$ (3) $\pi/8$ (4) $\pi/12$

3. (1) $\pi/(2e^a)$ (2) $\pi/(2e^a)$ (3) $\pi/(2e^2)$ (4) π/e

4. $Q_n(z)=0$ は実軸上に解をもたないことに注意する．$n-m \geqq 1$ だから，$Q_n(z)=0$ の解で $P_m(z)=0$ の解でないものが存在する．それを $z_0 \notin \mathbb{R}$ とすると，$Q_n(z)=0$ は実係数の方程式だから，$\bar{z}_0$ も解である．これらは $P_m(z)=0$ の解でないから，$P_m(z)/Q_n(z)$ の極であり，どちらか一方は上半平面にある．

索　引

さ 行

わ

著者略歴

大野博道（おおの ひろみち）

2005年　東北大学大学院情報科学研究科博士課程修了
現　在　信州大学工学部教授
博士（情報科学）

加藤幹雄（かとう みきお）

1974年　広島大学大学院理学研究科修士課程修了
現　在　九州工業大学名誉教授
理学博士

河邊　淳（かわべ じゅん）

1986年　東京工業大学大学院理工学研究科博士後期課程修了
現　在　信州大学名誉教授
理学博士

鈴木章斗（すずき あきと）

2008年　北海道大学大学院理学院博士課程修了
現　在　公立小松大学生産システム科学部教授
博士（理学）

2013年6月12日　初版発行
2025年1月20日　初版第14刷発行

応用解析の基礎

著　者　大野博道
　　　　加藤幹雄
　　　　河邊　淳
　　　　鈴木章斗
発行者　山本　格

発行所　株式会社　培風館
東京都千代田区九段南4-3-12・郵便番号102-8260
電話(03)3262-5256(代表)・振替00140-7-44725

中央印刷・牧製本

PRINTED IN JAPAN

ISBN 978-4-563-01149-9　C3041